JN145565

Global Environmental History of Hunter-Gatherers
Living with Nature, Neighbors, and Civilization

狩猟採集民からみた地球環境史

自然・隣人・文明との共生

池谷和信——編
IKEYA Kazunobu

東京大学出版会

Global Environmental History of Hunter-Gatherers:
Living with Nature, Neighbors, and Civilization

Kazunobu IKEYA, Editor
University of Tokyo Press, 2017
ISBN 978-4-13-060317-1

狩猟採集民からみた地球環境史

自然・隣人・文明との共生

目　次

序論　狩猟採集民からみた地球環境史

池谷 和信

数百万年におよぶ人類の歴史の99%以上は狩猟採集民の時代であった．今からおよそ1万年前に農耕や家畜飼育が開始され，その後自然資源の産業化が進行していくことで狩猟採集活動は消えていくかと思われた．しかし，現在でも山菜採りや釣りをする人が多数いるなど，採集や漁撈（ぎょろう）の伝統は維持されている．また，現在の私たちは，自然資源を調理し料理すると同時に，ともにいっしょに食べているが，これら2つも狩猟採集民の時代から継承されてきた人類の基本的特徴である．このように狩猟採集民の時代に，私たちはきめ細やかな自然とのつきあい方や人と人との親密なかかわり方を生みだしたのである．つまり，私たちが狩猟採集民を知ることは，私たち人類文化の原点を知ることにつながるであろう．

1　狩猟採集民の歴史の捉え方

本書の目的は，これまで様々な学問分野で個別に行われていた世界の狩猟採集民の研究をふまえて，地球環境史という視野からそれらを整理することで，狩猟採集民からみた新たな人類史像を提示することである[1]．同時に，狩猟採集民の生き方を見直すことから，地球のなかでいかに長期的に持続可能な自然資源利用を維持するのか，いかに他民族との共生を維持するのかといった地球の将来を考えるうえでの多くのヒントを得ることである．

1）英語圏では狩猟採集民研究の全体像を紹介するハンドブックが刊行されている［Cummings et al. 2014］．そこでは，その研究の意義，マン・ザ・ハンター会議の位置づけ，狩猟採集民の多様性をめぐる論議，民族考古学研究の動向，修正主義アプローチと文化接触の問題など，本書の序論と重なるところが多い．しかしながら，世界の狩猟採集民を対象にして長期的な時間のなかで，考古学と文化人類学を統合することから新たな人類史像を求める本書のような試みはまだ行われていないことがわかる．

先住民としての狩猟採集民

まず，狩猟採集民とはいったい誰であるのか．この概念は，エルマン・サーヴィスらによる人類の社会進化を論議する場合には都合のよい概念であった［サーヴィス 1977］．人類は，大きく狩猟採集社会，農耕社会，牧畜社会，都市社会に分類できるからである．この意味では，狩猟採集民とは，狩猟・採集・漁撈という生業を複合的に組み入れ生存の基盤とする人々であると定義できる［Lee and DeVore 1968: 4］．しかし，農耕や牧畜を行わないというこの定義は民族誌からみられる現代の狩猟採集民の実態にはそぐわない．よって本書では，例えば縄文人やアイヌの人々のように，部分的に農耕や家畜飼育がこれらの社会に部分的に導入されていたとしても［e.g., 池谷 1995］，ものや獲得した肉の分配方法からみられる平等社会が維持されている限りにおいて農耕や家畜飼育を行う人々についても狩猟採集民と呼ぶことにする．

しかしながら，農耕や家畜飼育がある程度の比重を占めると狩猟採集社会を変えてきたことも事実であり，それらを農耕民や家畜飼育民（牧畜民）と呼ぶ．世界の農耕民の世界をみてみると，とくに芋類を主食とする農耕民の場合には，1年間にわたる農耕を中心にして狩猟，採集，漁撈が複合的に位置づくということが多い．南米のアマゾンやニューギニアの事例が，よく知られている．1968年にシカゴで開催された世界で初めての狩猟採集民会議において，「アマゾンには狩猟採集民はいない」とフランスの人類学者レヴィ＝ストロースは言及した．その後，アマゾンでは，ワオラニやヤノマミなどの研究は活発に行われているが，彼らを狩猟採集民とみるのか否かは現在においても論議になっている．

このように，変わりつつある個別の狩猟採集民の事例にこの定義を当てはめて議論をしても意味がないのかも知れない．しかしながら，狩猟採集社会と農耕社会は厳密には区別しにくいが，これらの比較によって，社会の特徴を抽出するという方法がみられる【5章（佐藤）】．これによって，狩猟採集社会は人類の基本的特質が生み出された社会として重要な研究対象になった．現在でも，この研究の伝統は，進化生物学の理論を適用した人間の行動生態学の研究に受け継がれている［口蔵 2000］．

ここで狩猟採集民という概念の問題点について述べておこう．まず，この概念は，先史から現在まで極地から熱帯までの狩猟採集民に適用することができるが，自然資源利用の形やその変容過程などの個々の実態はあまりにも多様である．またこの概念は，あくまでも研究者による分析概念であり，対象となる住民が自らを狩猟採集民と言っているわけではない．1990年代になると，世界的に先住民運動が広がってきたのであるが，自らを狩猟採集民でなく先住民と呼ぶ事例が増え，研究者もそれにならうようになっている．アイヌの人々の場合においても，1960年代以降は狩猟採集民として研究されてきたが［Watanabe 1973; 煎本 2010］，現在では先住民研究の枠のなかでとらえられることが増えている［e.g., 多原 2006; 信田 2010; 池谷 2012］．

これをふまえて本書では，人類の歴史を把握する際に狩猟採集民概念を使用するのであるが，地球の各地域における先住民として彼らをみて地域の歴史のなかに位置づける試みにもなっている．

狩猟採集民をめぐる研究史——民族間比較と修正主義

これまでの狩猟採集民の研究は，先史学，考古学，美術史，自然人類学，歴史学，文化人類学（民族学），心理学，民族音楽学，人類遺伝学など多様な分野で展開されてきた．例えば，日本の縄文時代を対象にした考古学的研究のすべてが，狩猟採集民の研究である．そこでは，遺跡に残された主として石器や土器などの彼らの物質文化をとおして，先史時代の狩猟採集民の技術や生業などの実際が明らかにされてきた．一方で，文化人類学が成立した19世紀にはすでに多くの狩猟採集民の社会変容は進行していたと推察されるが，そこではインドのアンダマン島，アフリカのピグミーやサン（ブッシュマン），アメリカのインディアン，エスキモー（イヌイット），日本の北海道やサハリン・千島のアイヌなどを対象にした多数の民族誌が蓄積されてきた［市川 1976ほか多数］（図1）．ルイス・ビンフォードは、とりわけ北米のエスキモーの民族誌の事例を先史時代の狩猟採集民の生活復元に利用している［Binford 2001］．ロバート・ケリーは，これらの事例をふまえて世界中のすべての民族誌の事例を集めた本を刊行している［Kelley 2013］．

しかし，考古学と文化人類学の研究対象では，扱っている地域が異なっている．まず，文化人類学の研究対象は，熱帯と寒帯の事例が多いことである．温帯の事例は，ほとんどみられない．また，熱帯といっても，アンダマン島を除いて内陸部の事例がほとんどである．これらは，人類の歴史において，中緯度

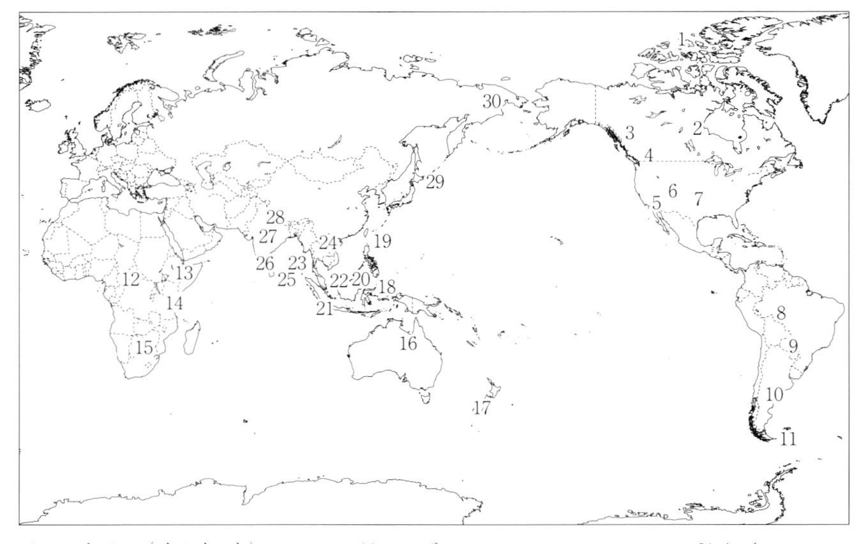

1 エスキモー（イヌイット）
2 極北インディアン
3 北西海岸インディアン
4 高原インディアン
5 カリフォルニアインディアン
6 大平原インディアン
7 平原インディアン
8 アマゾン盆地の狩猟採集民
9 グランチャコインディアン
10 テフエルチェ
11 フエゴ
12 ピグミー
13 オキエク
14 ハッツア
15 サン（ブッシュマン）
16 オーストラリア・アボリジニ
17 マオリ
18 トアラ
19 アエタ
20 プナン
21 クブ
22 セマン
23 アンダマン島民
24 ムラブリ
25 ヴェッダ
26 カダール
27 チェンチュ
28 ビホール
29 アイヌ
30 チュクチ

図1　19～20世紀にかけて知られていた狩猟採集民（池谷作成）

地帯にて農耕・牧畜や都市が誕生したこと，帝国主義時代において海岸部から開発の波が広がったことに関係しているであろう．このことから，文化人類学の民族誌の事例を集めて地球規模の全体像を構築する際に，事例のもつバイアスに留意する必要がある．一方で，考古学の研究では，温帯地域は多いのであるが，コンゴ盆地や東南アジアやアマゾンなどの湿潤熱帯の事例があまりない．これは，湿潤地域における遺物の残存が難しいということに関与している．

さて，過去数十年の間に，狩猟採集民研究の枠組みは2回にわたり変化を遂げた．まず，1968年以前において狩猟採集民は多くの時間を労働にさいて困窮した暮らしをしているとみられていた．しかしながら，1968年にシカゴで開催された「マン・ザ・ハンター（人類はハンター）」の会議において，彼らの多くは１日に２～３時間の労働で暮らしていけることが明らかにされた［Lee and DeVore 1968］．また，このときに初めて，世界的視野から比較ができるように各地の事例が報告されると同時に，文化人類学と考古学のような分野の交流が行われた点も大きい．とりわけアフリカの狩猟採集民サンやハッツァの事例を中心として生態人類学の研究は，現存の民族誌的資料が人類の初期的な姿を考えるのに有効であるとされた．つまり，採集中心の生業や平等主義を規範とする社会などが，カラハリモデル（実際は，サンの一集団のクン・サンのモデル）として地域を越えて適用されていった．これは，「伝統主義」の見方である．この会議では，日本からは渡辺仁（ひとし）がアイヌの生態系研究を報告していて，アイヌと縄文人の比較を視野に入れるなど，日本独自の生態人類学を展開している点もまた注目される．

さらに，1980年代になると，またしてもサンの事例をめぐって，サンの生業や社会をめぐる実像は歴史的に作られたものであり，人類の初期的な姿を示すものではないという「修正主義」の考え方も現れて，新たな論議を呼ぶようになった．これは，上述の伝統主義が生まれたボツワナ北西部に暮らすクン・サンの実像が論議の対象になっていて，考古学・歴史学のウィルムンセンによる批判的な検討である．これは，人類学の雑誌『カレント・アンソロポロジー』誌のなかで活発に議論されていた［池谷 2002a］．この論争は，カラハリ論争と呼ばれ，アフリカの熱帯雨林地帯の狩猟採集民の存在をめぐっても広がっている．また，東南アジアの一部では，フィリピンのルソン島の事例からアエタと農耕民との共生関係が歴史的に継続してきたことが知られていたが［Headland and Reid 1989］，現代の狩猟採集民も過去に農耕を経験していたという説が強くなっている．近年の遺伝学の研究ではタイ北部のムラブリが対象となり，また，ボルネオ島ではプナンの成立をめぐる議論が活発になっている［Hoffman 1984］【附論１（小泉）】．

さらに，論争の発端となったカラハリ・サン研究では，1990年代になると生態人類学者が社会経済史の研究を始めていった．カラハリ・サンのなかの地域集団ごとに植民地時代に行われていた交易を認めるものの，交易が彼らの社会を変えていたのか否かという論点である．その結果は，地域集団ごとに交易の程度が異なり地域を越えて一般化できないというものであった．しかし，1993年の世界先住民年の広がりとともに，カラハリ・サン研究の中心は現在の新しい状況を最もよく説明するために先住民研究に移行していったことで，過去の実像を求めるこの論争は活発ではなくなった．

2000年代になると，文化人類学の側でこれまでのような数十年間という短期の社会変容ではなくて，数百年，数千年の長期の変容をみようとする動きがみられた［池谷・長谷川 2005 参照］．一方で，考古学者のなかにも先史から現在までのサンと隣人との関係に言及する人もあらわれた［Mitchell 2009］．現在，こうして文化人類学と考古学とが伝統主義と修正主義について再び議論を始めているが、具体的に実証するのは困難である．

「人類学的地球環境史」――「新しい世界史」とグローバル・ヒストリー

以上の動向をふまえて，筆者は，上述した論争を解決するために，ここでは地球環境史のアプローチを提示する［池谷 2009a］．まず，狩猟採集民が居住してきた地球のほとんどの地域を対象にする．これまでの狩猟採集民が暮らした地域は，極地から熱帯に至るまで，低地から高地に至るまでほぼ地球全体におおうのか否かは論議がみられる．しかしながら，先史時代と現在との間に，いくつかの時期を仮に設定して歴史的に長期間にわたる狩猟採集民の動向をみていくことはできるであろう［煎本 1987; 池谷 2009b］．なお，環境史とは，ある特定の時空間において，人間がどのように自然資源を利用し管理するのかを明らかにすることである［池谷 2009a: 2］．

例えば，南部アフリカ地域は世界的にみても狩猟採集民を対象にした考古学および民族誌の研究の豊かな地域である．現存するサンの祖先が，考古学の遺物から復元された人々と同じであるということが人類遺伝学の研究などによって定説になっている．このため，先史時代から現在までのサンの歴史を展望する研究がみられる．なかでも，英国の考古学者ピーター・ミッチェルによる約1800年間にわたるサンと隣人との関係を展望したものは，研究の到達点を示している［Mitchell 2009］．同様に，フィリピンのルソン島においても同様の試みが見られる．ここでは，文化人類学と言語学との協力によって，狩猟採集民アエタと隣人との関係を先史時代から現在まで展望している［Headland and Reid 1989］．これら2つの地域の事例のみならず，世界の狩猟採集民と自然環境との関係，および隣人との関係についての事例を集めて記述すること，同時に地球的視野から個々の地域の事例を比較していくことが，地球環境史のアプローチである．

なお，このアプローチは，近年，歴史学のなかで活発になってきたグローバル・ヒストリーの動向とも密接に関連している［水島 2008］．羽田正（はねだまさし）は，西洋中心の歴史観に基づくのではなくて，中心性を排除して，地球上の一部の地域を自由に設定して，そこでの地域の関係性に注目した歴史を「新しい世界史」と呼ぶ［羽田 2011］．本書では，気候変動と人間社会との関係，交易などを媒介とする狩猟採集民と隣人との関係など，様々な空間スケールにおける生産者と需要者との地域間の社会経済関係を論じることが多い．この点からすると本書は，羽田の言及する「新しい世界史」のなかで狩猟採集民と隣人との関係性に焦点を当てて記述したものである．また，これまでのグローバル・ヒストリー研究では世界システム論，環境史，疾病史，人やものの動きの歴史などが注目されてきたが，狩猟採集民の歴史を正面にすえた研究はみられない．このため，本書の研究枠組みや事例研究は，この分野の研究に大きく貢献する可能性が高いとみられる．なぜなら，アイヌの歴史に注目することで日本列島の歴史の描き方が変わってきたように，国家というものを前提として支配者側の歴史が長らく世界史と呼ばれてきたことで生まれた偏った歴史像を修正することに貢献するからである．筆者は，グローバル・ヒストリー研究の動向を意識しながら，先史から現在までの長い時間の枠の中で地球環境史アプローチを採用する分野を「人類学的地球環境史」と呼びたい．

本書では，狩猟採集民の動態を自然環境とのかかわり，および隣人とのかかわりから把握する．この２つの視点は，先史から現代までの狩猟採集民に幅広く適用できる大きな枠組みである．以下，本書では便宜的ではあるが，狩猟採集民の歴史を，①狩猟採集民のみの時代，②狩猟採集民と農耕民との共生関係や農耕民化の時代，③前近代・近代の国家形成の時代，④市場経済化の時代という４つの時代に区分して論を進めていく．また，それぞれの時代における本書の問いを各時代の冒頭に明示しておく．これらの答えは，各時代の狩猟採集民が自然環境および社会環境にどのように適応したのかを示すことになるであろう．

2　地球の最初の住人・狩猟採集民

【問い①】先史時代の狩猟採集民は，地球上の多様な自然環境にどのように適応してきたのであろうか？　とりわけ西アジアでは，どのようにして狩猟採集民が定住化して農耕を始めたのであろうか？

私たち人類の拡散の歴史をふりかえってみよう．私たちは，新人（ホモ・サピエンス）といわれる人類である．今から数万年前に，アフリカ大陸から外に出て，ユーラシア大陸へ，そしてベーリング海（当時は陸続き）を渡って北アメリカの氷塊を通り，南アメリカの南端のフエゴ島まで拡散していったといわれる．一方で，ユーラシア大陸からインドネシアの島嶼（とうしょ）部，オーストラリア，ニューギニア島へと島づたいに移動して海洋にも適応する集団が生まれた【1章（小野）】．その際に，人類は，本当に世界の周縁部にまで拡散したのであろうか．現時点において，熱帯雨林や高山において自立した狩猟採集民がいたのか否かについては論議がみられる．しかしながら，地球のなかの熱帯雨林や高山を除いた大部分の陸地に人類が足を踏み入れたことは間違いないであろう．ここで重要な点は，この時代の人類のすべては，狩猟採集民であったということである．同時に，この時代が人類史の99％以上を占めてきたという事実がある．人類の基本的な特徴である火を利用する調理技術，分配，共食などに加えて未知なる土地への好奇心などの精神性は，この時代に形成されたと考えられる．

例えば，当時の狩猟採集民・新人は，世界各地に岩絵を描き，約数万年前にはアフリカにおいて貝やダチョウの卵殻でできたビーズを使用して首飾りをつくるなど，芸術活動が活発であった点も特徴的である．世界各地で，岩をキャンバスとして赤鉄鉱などの粉を利用して岩絵が描かれている．フランスのラスコーのものは遠近法が使われていてよく知られているが，オーストラリアのそれは魚の骨まで描かれた岩絵であり，それはレントゲン技法と呼ばれている．これら以外の地域では，動物種などは異なるものの同様な方法で書かれた岩絵が各地で見いだせる．これらの技法が，独立に発生したのか伝播したのか明らかにするための十分な証拠が見いだせていない．

人骨のDNAを対象にした研究によると，新人はその初期にユーラシア大陸の西部や北部において，ネアンデルタール人のような旧人と接触したといわれる［ペーボ 2015］．また，大陸の東部ではデニソワ人，南東部ではフローレンス人など，先住の旧人と接触していた可能性が高い．両者は果たして共存できたのであろうか，それとも一時的に紛争になったのであろうか[2)]．わが国においても，旧人と新人の狩猟技術や行動圏などから「交代劇」の要因が追究されてきた［赤澤 2005; 西秋 2015］．旧人と新人とが共存できた場所もあったに違いない．どうして新人は旧人の生活域を越えて広い地域に生活を適応できたのであろうか．その答えの1つは，両者の学習能力の違いであったといわれる［西秋 2014］．また，人類の好奇心に基づく冒険的な移動であるとされ，新人はホモ・モビリタスともいわれるが，それらが十分に実証されたわけではない［印東 2013］．

近年の歴史生態学の研究によると，世界最大の熱帯雨林アマゾンの森も，人為の関与しない原生林ではなく，二次林の集合体であるといわれる［池谷 2003, 2016］．アフリカのコンゴ盆地や熱帯アジアのボルネオの森においても同様の指摘がなされ，アボリジニやカラハリ狩猟採集民のサバンナ植生への火入れなど，人為の作用によって刻まれてきた地球の歴史が注目されてきた．これは，地球の大部分の地域では，人間活動の痕跡が残っているとみなす考え方である．しかし，これにはまだ異論が多い．また，当時の狩猟採集民が世界の大型動物を狩猟によって絶滅させたのか，それとも気候変動などによってそれらの動物が消えたのかが論議になっている［春成 2009］．いずれにせよ狩猟採集民は，地球上に拡散しながらも，地球の植物や動物に大きな影響を与えてきたとみなしてよいであろう．

当時の狩猟採集民も遊動民と定住民の2つのタイプが存在したと推察される．まず人類は，もともとアフリカ大陸では遊動する狩猟採集民ノマッドであったといわれる．彼らは，季節に応じて自らが利用する自然資源の分布域に応じて，居住地を移動させた．しかしながら，この考えは年間の降水量変動が大きい砂漠やサバンナの環境をベースにつくられたものであるとみなされる．一方で，

2）初期の人類・新人がユーラシア大陸内で拡散する際に，各地の先住民であった旧人と接触していたと推察されているが，両者の関係の実態はよくわかっていない．この課題を解決するために，現在，パレオアジア（絶滅人類が生息していた頃のアジア）の文化史的研究のプロジェクト（文部科学省科学研究費補助金新学術領域研究）が進行している．

海岸や河川部において水産資源に安定的に依存できる場合はどうであったのか．定住や半定住の生活様式であったの可能性も高いと推察できる．

先史時代の西アジアにおいても，もともとすべての人々はノマッドであったとされる．しかしながら，今から１万年以上前に，気候変動ほか様々な要因が考えられてはいるが，この地域の狩猟採集民に定住化が生じたといわれる【２章（那須)】．人類学者の西田正規(まさき)はこれを「定住革命」と呼ぶ［西田 2007］．その後，この定住化した狩猟採集民こそが，世界で初めてとされる農耕や家畜飼育を始めたのである【３章（三宅)】．現在では，農耕によって定住が始まったという考えは否定されている．当時，彼らは狩猟採集が経済の中心であり農耕や家畜飼育もおこなうと同時に，「神殿」をつくっていた．これこそが，西アジアの中緯度温帯という環境での狩猟採集民の特徴を示すものであると指摘できる【３章（三宅)】．

当時の狩猟採集民は，私たちが予想する以上に，自然とのかかわりや隣人とのかかわりなどをきめ細かく巧みに扱っていた可能性が高いのである．

3　先史時代における農耕民との共生，農耕民への同化

【問い②】どのような状況下で狩猟採集民と農耕民・牧畜民との共生関係がみられ，どのような状況下で狩猟採集民から農耕民への移行がみられたのであろうか？　つまり，狩猟採集民が社会環境にどう適応したかである．

人類はアフリカ大陸から外に出て，地球の大部分に拡散していった．その後，およそ１万年前に西アジアにて初めて農耕が開始されて，農耕民が誕生する．その農耕民もまた極北や乾燥帯を除いて地球の各大陸や島嶼部において拡散することになった［Bellwood 2004］．狩猟採集民と農耕民は，各地域においてどのような関係を維持してきたであろうか．そこには，狩猟採集民が農耕民になって狩猟採集民が消滅したタイプ，あるいは狩猟採集民と農耕民とが共生するタイプという２つの展開過程があったと推測される．ここでは，狩猟採集民が農耕民と接触した場合，農耕民との共生を維持するのか，農耕民に同化するのかが何によって決定されるのかに焦点を当てる．両者の関係は，時間とともにも変化していく点も注意を要する．

まず，ある特定の過去の時代の狩猟採集民と隣人との関係は，主として，考古学，歴史学，歴史人類学などの分野で研究が蓄積されてきた【6章（金沢）および7章（大石）】．その際に，時間幅の取り方の違いが認められる．1万～2000年前の期間，現在までの1000～2000年間［Headland and Reid 1989; Mitchell 2009］，前近代国家の時代までの数百年間，植民地時代の数十年間といった4つの単位が挙げられる［Bollane 2013］．例えば，両者の関係は，主として熱帯に暮らす人々を対象にした民族誌のなかで議論されてきた．それは，東南アジアではルソン島北東部のアエタ［Headland and Reid 1989］，アフリカではコンゴ盆地のピグミーやカラハリ砂漠のサンの事例を中心に議論されてきた．その後，アフリカ大陸全体の狩猟採集民に広く研究が展開されたり，先史時代から現在までという長い時間幅のなかでアジアとアフリカの事例を比較する研究が蓄積されてきた［Ikeya et al. 2009］．その後，両者の関係をめぐる研究は，ユーラシア，アフリカ，南アメリカの3大陸を視野に入れた研究へと展開している［Ikeya and Hitchcook 2016］．今後は、北アメリカやオセアニアの地域も含めた地球全体を対象にした環境史が求められている．

約1万年前の西アジアにおける狩猟採集民と農耕民の居住状況をみてみよう．当時，現在のシリアからイラクにかけて農耕民が暮らしており，その周辺で狩猟採集民が生活していた．しかしながら，この時代に両者はどのような関係を持っていたのかは，貝や石製の交易品の交換を除いて十分に明らかにされていない．また，先史時代の日本においても狩猟採集民・縄文人と農耕民・弥生人との関係のあり方は，重要な研究テーマである［Akazawa 1979; Ikeya et al. 2009］．約2000年前に，弥生人の生活圏の拡大によって，縄文人はどのような影響を受けたのであろうか．はたして，両者が共生する暮らしは生まれたのであろうか．近年の研究によって弥生時代の開始時期が500年近く古くなった［藤尾 2011］．これによって，縄文人と弥生人との共存関係が維持された時代が従来の知見より長期間であったことが推測されている．しかし，当時，両者がどのような関係であったのかを示す資料を土器や石器などを除いてほとんど見出すことはできない［藤尾 2011］．

例えば，日本においては縄文人が暮らしていた西日本に，水田稲作農耕の技術を持つ弥生人が朝鮮半島からやってくる．当時，両者のあいだには共存関係は見られなかったのであろうか（図3）．それとも，縄文人の生活スタイルが弥生人に変化していったのであろうか［藤尾 2003, 2011］．この点については，九州，関西，関東，東北で両者の関係が異なることがいわれている。また，江戸時代のアイヌを対象にした歴史的研究も数多い．これは，当時のアイヌ社会が江戸時代の藩制度のもとにどのような状態であったのか，松前藩のなかの場所における商人とアイヌとの関係がどのようなものであったか否か，両者の関係を扱っている．

その後，狩猟採集民は，農耕民のみならず牧畜民，商業民，職人などと世界各地で接するようになる．彼らは，狩猟で得た肉や毛皮，採集で得た森林産物などを隣人と交易することや自らの労働力を提供することで，農産物，畜産物，鉄製品や装飾品などを入手してきた【6章（金沢），7章（大石），9章（手塚）】．また，狩猟採集民と他者との婚姻によって両者の間で新たな社会関係が生まれたりもした．さらには，ある狩猟採集民が独自の言語を失い農耕民の言語を話すようになった場合，自らの言語と農耕民の言語の両者を話す場合とがみられる．例は少ないが，近隣に暮らす農耕民が，狩猟採集民の言語を話す場合もまた知られている．

一方で，狩猟採集民による農耕民化や家畜飼養民化の報告は，世界で数多くの事例が挙げられる【前者の例として4章（鶴見），後者の例として8章（稲村），両者の例として附論3（八塚（やつか））】．北海道の先住民として知られるアイヌは，明治時代の日本政府による同化政策によって，アイヌの言語や服装が禁止された．その後，現在まで和人の政策によってアイヌの人々の暮らしは変わってきている．

以上，狩猟採集民と他者との関係の歴史は，農耕民との関係のみならず，多様な隣人から構成される他者との関係を維持してきたものであるとまとめられる．

4　前近代における国家や宗教とのかかわり方 ——世界システムと自然産物の担い手

【問い③】前近代の国家形成（ムガール帝国と林産物，コンゴ王国と象牙など）や各地域の植民地形成にともない狩猟採集民はどのように自然環境や社会環境に対応してきたのであろうか？

人類は西アジアにおいて初めて農耕や家畜飼育を始めたあとに，同じ地域において新たに都市を形成してきた．これが，文明の誕生の初期的な姿である．エジプト，メソポタミア，インダス，黄河、メソアメリカ、アンデスといった6大文明をはじめとして，世界各地で王国や帝国が広がっては衰退してきた．世界史の地図をみる限りにおいて，この時代は都市文明の時代であり，狩猟採集民社会の紹介はほとんどなく完全に世の中から消えたものとみられるであろう．しかしながら，彼らのなかにはそれでも孤立した社会を形成していたものもあれば，自然産物を文明社会に供給する担い手として地域システムのなかで欠かせなかった人びとも知られている．

ここでは，世界各地の探検記をみてみよう．例えば，マゼラン，ダーウィンやリヴィングストンの探検記には，狩猟民との出会いが書かれている［リヴィングストン 1977; 池田 2003］．また，キリスト教の布教を目的にした宣教師の活動も無視することはできない【11章（高田）】．これは，16世紀から現在まで世界各地で続いている．同様に，マレーシアのオラン・アスリやインドネシアのクブでは，キリスト教ほど布教活動は強くはないが，イスラム化にともなう社会変化の問題が挙げられる．

コンゴ王国は，ポルトガルが初めてアフリカ中部にやってきた際に，すでに成立していた王国である．当時，その勢力範囲は，王都の位置していた現在のアンゴラ北部からコンゴ川の下流域までに広がる巨大な王国であった．王国では，巨大な象牙を持つことは王様の権威の象徴であった．その象牙を供給していたのが，コンゴ盆地の森に暮らすピグミー系狩猟採集民である．彼らにとっては，槍を用いた象狩りは伝統的な狩猟であったのであるが，当時の狩猟法はよくわかっていない．おそらくは，王様とピグミーが直接に結び付くのではなくて，その中間にバントゥー系農耕民が介在したと推察される．また，このような象牙の交易関係は，18世紀に多数の象牙が英国に輸出されるようになると，ウガンダのピグミーがその生産者として関与していたことが，当時の写真などからうかがえる．

このような関係は，19世紀の南部アフリカの内陸部においても見出せる．19世紀には，ツワナ系の首長国が成立したことはよく知られているが，首長国内の首長に貢物を渡していたのは，カラハリ砂漠に暮らす狩猟採集民サンであった［池谷 2002a］．サンは，キツネやジャッカルを対象にした狩猟を行い，その毛皮を首長に供給していた．その際には，彼らはタバコやマリファナなどを受け取っていたという．ここでも，サンと首長の間にはバントゥー系のカラハリの人々が関与しているということである．ちなみに，この毛皮からは職人によって外套（がいとう）が製作されていたという．その後，この地域が首長国からイギリスの保護領に変わった際には，首長が毛皮としての税を納める行政官の役割を担うことになった．

以上のような狩猟採集民と王国との関係は，熱帯アジアにおいても広く見られる【10章（信田（のぶた））】．ボルネオのサラワクに暮らすプナンは，古くから中国で消費されるツバメの巣や中東で利用される沈香（じんこう）を採取していたという【6章（金沢）】．また，ラタンやハチミツのような森林産物もまた交易品になっていた．当時，ボルネオのサラワクはイギリスの保護領であったので，それらは保護領の収益として重要であったインドのムガール帝国においても，南インドの高地の森に暮らす狩猟民が森林産物を供給する役割を担っていた点では，東南アジアの事例とよく類似している．

これは，江戸時代のアイヌの生活とも重なる所である．当時，北海道は蝦夷（えぞ）地と呼ばれており，アイヌの土地，アイヌモシリであった．しかしながら，北海道の南西部に松前藩が成立すると，幕藩体制の一部に組み込まれていった［菊池 1984，1994，2010］．当初は，松前藩のなかを区域に分けての商場（あきないば）知行制であったが，各々の場所に商人を置き海産物を藩に納める場所請制に変わっていった．それにともない前者では，アイヌは和人との間で交易関係にあったのであるが，後者では和人の漁場への強制的な労働者として活用されるようになった．なかには，自分稼ぎと称して自ら漁業に従事するアイヌも知られているが，藩によるアイヌの生活の管理が進んだことは間違いないであろう．

19世紀の北東アジアにおいても，狩猟採集民の動向は興味深い［岸上 2002; 池谷 2002b］．それは，ロシア北東部とアムール川流域では大きく異なっていた．前者では，アラスカや欧米との関係が深く，ホッキョクキツネの毛皮が交易品として注目された．しかし後者では，清朝とのかかわりのために朝貢をしていたのである．それには，アムール川流域に暮らすナーナイやウデヘが関与していたといわれる［佐々木 1996］．

このように，16世紀以降になると，狩猟採集民は前近代国家や植民地のなかに組み込まれることが多くなった．北米やオーストラリアにおける植民地化は，狩猟採集民を政治的に支配下におく歴史であった［藤川 2004］．江戸時代の松前藩や幕府のアイヌ政策もまた同様である．彼らは，支配の及ばない地域に移動するか多様な人々と多様な関係を持つようになった．それらは，王様，植民地行政官，象牙や毛皮の商人，藩主，木材会社や鉱物会社のような会社の経営者など多様な人々が挙げられる［岸上 2001; 森永 2008］．

5　現代社会で生きる人々
――国民国家，市場経済，先住民運動

【問い④】沈香などの森林産物や象牙を求める中国経済の増大など市場経済化や，国民国家のなかでの定住化政策などが進められるなかで，狩猟採集民社会はどのように自然環境や社会環境に対応してきたのであろうか？

世界の狩猟採集民の一部は，近現代において形成された国民国家のなかで生き続けており，各地域で多様な対応をしてきた．そのなかには，20 世紀以前から知られている狩猟採集民もあれば，つい最近に発見された人々もいる（図 2）．例えば，エクアドルアマゾンでは，1990 年代に宣教師がこの地を訪れたが，ワオラニの一部タガエリ集団に殺されている［リバス・トレド 2008］．タガエリは，文明との接触をこばみ，森のなかを移動した生活をしている．ブラジルアマゾ

図 2　狩猟採集民ワオラニの吹き矢猟
　彼らの仲間は，森のなかを移動して文明との接触を拒んでいる．

図 3　井戸の周囲に定住化した狩猟採集民

図 4　市場経済化の影響を受けた狩猟採集民サン
毛皮（ジャッカル）の販売風景

ンにおいても 100 集団以上が未接触の状態であるといわれており，国家との関与のまったくない狩猟採集民が生存していると推察されている［FUNAI 2016］．

また，国家の関与の少ない狩猟採集民として，インドのアンダマン諸島やニコバル諸島の狩猟採集民などの事例が挙げられる．現在，政府は彼らの生活域を保護区として，外部の人間の自由な立ち入りを禁止しているので，彼らの自給的な生活が維持されている．政府は，彼らとの交渉場所において食料や生活物資を供給している程度である．

一方で，近代化の影響を受けた狩猟採集民は数多い．ここでの近代化とは，学校教育，医療サーヴィスをつくり，そこに定住することである（図 3）【12 章（小谷（おだに））】．この種の近代化は，旧社会主義国では 1930 年代のロシアなどで進行するが，アフリカの旧フランス植民地では 1960 年代に，旧イギリス植民地では 1980 年代に定住化が進行する．いずれにおいても，これまで遊動していた人々がある場所に集まり，新しい定住地の形成として定住するものである．しかしながら，この政策がつねにうまくいっているとは限らない．なかには，定住地での諸問題をさけてもとの居住地にもどり，再び半定住の生活を行うものもいる［池谷 2012］．

また，国家の国立公園政策によって翻弄されそうな狩猟採集民も多い【13 章（服部）】．彼らは，自然の豊かな所にひっそりと暮らしていたのであるが，国が国立公園のような保護区に指定して，その地域の人々の立ち退きを進めることが各地でみられる［e.g., 池谷 2008］．この場合，住民は補償金を受け取り新たな暮らしを模索するが，うまくいかないことも多い．

最後は，市場経済化の影響を受けた狩猟採集民である（図4）【12章（小谷），14章（大橋）】．これは，彼らの生活圏内に商品となる資源が存在することが条件である．東南アジアの森にあるラタンは，広く商品として近隣で利用される．また，沈香などの森林産物は，中国や中東などの消費地の周辺域として産物の供給が行われている．この経済システムは，植民地時代のものが再編されたものが多いことが知られている．その一方で，ペルーアマゾンでは，商品経済化の影響を受けて，川岸の漁撈民と内陸の狩猟民との間で野生動物の肉の供給などの関係がみられる．とりわけ，氾濫のような災害時には両者の関係の仕方が重要な意味を持つようになる．

これらの結果，途上国においても都市や町に暮らす狩猟採集民が生まれたことも指摘しておきたい【15章（加藤）】．従来，先進国に暮らすイヌイット，アボリジニン，アイヌなどは都市生活の人もいたが，近年ではガボンのピグミーやボルネオのシハンのなかにそのような人が生まれている．

その一方で，1990年代に入り，世界各地で先住民運動が生じて，少数者である彼らの新しい動向も注目される．1990年代から，狩猟採集民のなかで先住民を名乗る人も生まれてきた．彼らは，国家との交渉によって土地権などを請求している．その結果，政府の立ち退き政策を批判する人々も知られている．ボツワナ中部に暮らすサンの場合には，国際NGOの財政をはじめとする援助を受けて，2006年には政府との土地権をめぐる裁判に勝訴することも起きている［池谷 2012］．エクアドルアマゾンでは，すでに先住民の組織化が進んでいて，石油会社シェルから莫大（ばくだい）な補償金を得ている．

このように，現代の世界の狩猟採集民の生活は以前より多様化しており，森のなかで遊動している人もいれば，先進国にまでキャンペーンに行って先住民運動を担う政治家に分かれている．国家の進める定住化や移住や開発政策の影響を受けているところあれば，それらに反対している人々も少数ではあるがみられる．もちろん，現代の資本主義経済のなかで生きるにはお金が必要であり，商業的な資源が存在する場合には商業的狩猟採集民として生きる道はある．しかし，一方でかつての自立的なシステムが崩壊した所では政府に依存してしか生きることができないことも多い．

6　おわりに

以上のように，狩猟採集民の歴史を，①狩猟採集民の時代，②狩猟民と農耕民との共生関係や農耕民化の時代，③前近代・近代の国家形成の時代，④市場経済の時代という４時代に便宜的に区分して研究の展望を試みた．その結果，狩猟採集民は農耕民化するとか，文明化するという１つの方向のみではなかったということがわかる．農耕民が狩猟民に変化するという現象もみられた．つまり，各時代において多様な対応があったので，容易に一般化は難しい．しかしながら，これまでの研究成果を示すことで，今後，４時代に分けた時代区分をより補強できるのか，それとも新たな枠組みが必要であるのかが問われることになるであろう．

本書では，これらの時代区分をふまえて，ユーラシア，アフリカ，南北アメリカ，オーストラリアという５大陸に暮らす「狩猟採集民」を中心とした世界史を環境史として新たに構築することを試みる．以下，時間軸に沿って第１部から第４部までが配置され，それぞれは３～４の各論と１～２の附論から構成される．この試みによって，冒頭で述べたように，これまでの都市文明中心の世界史ではなく狩猟採集民の視点からの世界史を，地球環境史として構築することができることであろう．

参照文献

Akazawa, T.（1979）Maritime Adaptation of Prehistoric Hunter-Gatherers and Their Transition to Agriculture in Japan, *Senri Ethnological Studies* 9: 213–258.

赤澤威（2005）『ネアンデルタール人の正体——彼らの「悩み」に迫る』朝日選書．

Bellwood, P.（2004）*First Farmers: The Origins of Agricultural Societies*, Blackwell.

Binford, L. R.（2001）*Constructing Frames of Reference: An Analytical Method for Archaeological Theory Building Using Ethnographic and Environmental Data Sets*, University of California Press.

Bollane, M.（2013）*Chiefs, Hunters and San in the Creation of the Moremi Game Reserve, Okavango Delta, Multiracial Interactions and Initiatives, 1956–1979*, Senri Ethnological Studies, National Museum of Ethnology.

Cummings V., P. Jordan, and M. Zvelebi（eds.）（2014）*The Oxford Handbook of the Archaeology and Anthropology of Hunter-Gatherers*, Oxford University Press.

藤川隆男（2004）『オーストラリアの歴史』有斐閣.
藤尾慎一郎（2003）『弥生変革期の考古学』同成社.
藤尾慎一郎（2011）『〈新〉弥生時代——五〇〇年早かった水田稲作』吉川弘文館.
FUNAI（Fundação Nacional do Índio）（2016）Povos Indígenas Isolados e de Recente Contato, acessado dezembro 21, http://www.funai.gov.br/index.php/nossas-acoes/povos-indigenas-isolados-e-de-recente-contato.
羽田正（2011）『新しい世界史へ——地球市民のための構想』岩波書店.
春成秀爾（2009）「野生動物の絶滅と人類」『ヒトと動物の関係学 4 野生と環境』池谷和信・林良博編，岩波書店，pp. 22–44.
Headland, T. N., and L. Reid（1989）Hunter-Gatherers and Their Neighbours from Prehistory to the Present, *Current Anthropology* 30: 43–66.
Hoffman, C.（1984）Punan Foragers in the Trading Network of Southeast Asia, *Past and Present in Hunter Gatherer Studies*, C. Schrire（ed.）, Academic Press, pp. 123–149.
市川光雄（1976）『森の狩猟民——ムブテイ・ピグミーの生活』人文書院.
池田光穂（2003）「ダーウィン『ビーグル号航海記』におけるフィールドワーク」『文学部論叢』（熊本大学）77: 45–71.
池谷和信（1995）「狩猟採集社会のなかの農耕——階級社会を阻止する分配システム」『農耕と文明』梅原猛・安田喜憲編，朝倉書店，pp. 235–242.
池谷和信（2002a）『国家のなかでの狩猟採集民——カラハリ・サンにおける生業活動の歴史民族誌』国立民族学博物館研究叢書 4，国立民族学博物館.
池谷和信（2002b）「20 世紀前半における“トナカイチュクチ”とアメリカ人との毛皮交易——シベリア北東部のチャウン地区の事例」『開かれた系としての狩猟採集社会』佐々木史郎編，国立民族学博物館調査報告 34: 51–69.
池谷和信（2008）「排除の論理から共存の論理へ——動物保護区をめぐる新たな関係」『ヒトと動物の関係学　第 4 巻　野生と環境』池谷和信・林良博編，岩波書店，pp. 296–319.
池谷和信（2009a）「地球環境史研究の現状と課題」『地球環境史からの問い——ヒトと自然の共生とは何か』池谷和信編，岩波書店，pp. 1–12.
池谷和信（2012）「カラハリ先住民の静かな戦い——南部アフリカの先住民運動と政治的アイデンティティ」『政治的アイデンティティの人類学——21 世紀の権力変容と民主化にむけて』太田好信編，昭和堂，pp. 215–247.
池谷和信（2016）「近年における歴史生態学の展開——世界最大の熱帯林アマゾンと人」『環境に挑む歴史学』水島司編，勉誠出版，pp. 43–54.
池谷和信編（2003）『地球環境問題の人類学——自然資源へのヒューマンインパクト』世界思想社.

池谷和信編（2009b）『地球環境史からの問い――ヒトと自然の共生とは何か』岩波書店.
池谷和信・長谷川政美編（2005）『日本の狩猟採集文化――野生生物とともに生きる』世界思想社.
Ikeya, K., H. Ogawa, and P. Mitchell (eds.) (2009) *Interactions between Hunter-Gatherers and Farmers: From Prehistory to Present*, Senri Ethnological Studies 73, National Museum of Ethnology.
Ikeya K. and R. K. Hitchcock (2016) *Hunter-Gatherers and Their Neighbors: Asia, Africa, and South America*, Senri Ethnological Studies 93, National Museum of Ethnology.
印東道子編（2013）『人類の移動誌』臨川書店.
煎本孝（1987）「沙流川流域アイヌに関する歴史的資料の文化人類学的分析―― C. 1300–1867 年」『北方文化研究』18: 1–218.
煎本孝（2010）『アイヌの熊祭り』雄山閣.
Kelley, R. (2013) *The Lifeways of Hunter-Gatherers: The Foraging Spectrum*, Cambridge University Press.
菊池勇夫（1984）『幕藩体制と蝦夷地』雄山閣出版.
菊池勇夫（1994）『アイヌ民族と日本人――東アジアのなかの蝦夷地』朝日新聞社.
菊池勇夫（2010）『十八世紀末のアイヌ蜂起――クナシリ・メナシの戦い』サッポロ堂書店.
岸上伸啓（2001）「北米北方地域における先住民による諸資源の交易について――毛皮交易とその影響を中心に」『国立民族学博物館研究報告』25(3): 293–354.
岸上伸啓（2002）「18–20 世紀におけるベーリング海峡地域の先住民交易と社会組織」『開かれた系としての狩猟採集社会』佐々木史郎編，国立民族学博物館調査報告 34, pp. 39–50.
口蔵幸雄（2000）「最適採食戦略――食物獲得の行動生態学」『国立民族学博物館研究報告』24(4): 767–872.
Lee, R., and I. DeVore (eds.) (1968) *Man the Hunter*, University of Chicago.
リヴィングストン，D（1977）『アフリカ探検記』菅原清治訳，河出書房新社.
Mitchell, P. (2009) Hunter-Gatherers and Farmers: Some Implications of 1,800 Years of Interaction in the Maloti-Drakensberg Region of Southern Africa, *Interactions between Hunter-Gatherers and Farmers: From Prehistory to Present*, Ikeya, K., H. Ogawa, and P. Mitchell (eds.), Senri Ethnological Studies 73, National Museum of Ethnology.
水島司編（2008）『グローバル・ヒストリーの挑戦』山川出版社.
森永貴子（2008）『ロシアの拡大と毛皮交易―― 16–19 世紀シベリア・北太平洋の商人世界』彩流社.

西田正規（2007）『人類史のなかの定住革命』講談社学術文庫.
西秋良宏編（2014）『ホモ・サピエンスと旧人 2 考古学からみた学習』六一書房.
西秋良宏編（2015）『ホモ・サピエンスと旧人 3 ヒトと文化の交替劇』六一書房.
信田敏宏（2010）「市民社会の到来――マレーシア先住民運動への人類学的アプローチ」『国立民族学博物館研究報告』35(2): 269-297.
ペーボ，S（2015）『ネアンデルタール人は私たちと交配した』野中香方子訳，文藝春秋.
リバス・トレド，A（2008）「世界システムとアマゾン先住民――タゲリへの襲撃をめぐって」山本誠訳，『四天王寺大学紀要』46: 487-499.
佐々木史郎（1996）『北方から来た交易民――絹と毛皮とサンタン人』日本放送出版協会.
サーヴィス，E・R（1977）『文化進化論――理論と応用』松園万亀雄・小川正恭訳，社会思想社.
多原香里（2006）『先住民族アイヌ』にんげん出版.
Watanabe, H.（1972）*Ainu Ecosystem*, University of Washington.

I

先史狩猟採集民の
定住化と自然資源利用

第Ⅰ部は，先史時代の狩猟採集民の実像について，主として考古学のアプローチによる新たな知見が紹介される．私たち人類は，約20万年前にアフリカで生まれて，数万年前にはアフリカの外に拡散していったといわれる．ここでは，東南アジアやオセアニアへの人類の移動の拡散の事例に焦点がおかれる．その後，およそ2万年前には西アジアにおいて狩猟採集民の定住化，それにつづいて栽培化や家畜化が生じるが，ここでは西アジアの事例のみならず東アジアの日本列島，中央アメリカでの生業の移行と自然環境とのかかわりが示される．また，その後，農耕を生業の中心とする農耕民が生まれて狩猟採集民と農耕民とのかかわりの時代を迎えるのであるが，アンデスの事例では，狩猟採集民のみが生きた時代から両者の共存の時代まで長い時間幅のなかで言及される．以下，5つの論考の内容を少し詳しくみていこう．

小野（第1章）は，アフリカを起源とする人類の移住と拡散の仕方や資源利用の在り方を整理したあとに，東南アジアやオセアニアの海域世界に進出した人類が，熱帯の島嶼（とうしょ）部にどのように適応したのか（海洋適応）を論述する．また，対象地域における農耕の出現や伝播に関する知見を整理して，狩猟採集民と農耕民との関係史について推論する．

那須（第2章）は，近年の考古学資料から，先史時代の狩猟採集民の定住化と農耕化がどのように起こったのか，西アジアの新石器時代，日本列島の縄文から弥生時代，中米の古期から古典期の事例を個々に紹介する．その際，定住度の違いは食糧や資源獲得戦略と密接に関連していること，利用可能な資源の豊富さと人口とのバランスで決まることが提示されるなど，3地点の比較から共通性が指摘される．さらに，これらの背景には，安定した気候という条件があったことが論議される．

三宅（第3章）は，西アジア各地を対象にして遊動的狩猟採集社会から定住農耕牧畜社会への移行のなかに定住的狩猟採集社会が存在したことを考古学の方法から実証する．これは，対象地域における従来の狩猟採集民像を大きく変える成果である．定住化の実際とその要因に注目することから，遺跡で発見された大型の建物や石柱，そして動物を中心とする図像が表現された遺物や装飾品などから，当時の狩猟採集社会がかなり複雑な社会を発達させていたことを指摘する．

鶴見（第4章）は，中央アンデスの初期の狩猟採集民・農耕民について，資源利用と定住性から紹介すると同時に，紀元前3000年ごろから始まる形成期に神殿が成立した背景，そこでの狩猟活動について言及する．先史時代のアンデスの狩猟採集民は，地域差はみられるが，海産資源や動物資源を中心に植物資源も利用する季節移動者であった．一方で農耕民は，定住集落で暮らしたとされる．その後，神殿が形成された時代のシカを対象にした狩猟は，生存のためだけでなくエリートが行う儀礼の意味を持つなど，その意味の変化が指摘される．

一方で，狩猟採集民の生成と動態についてはさまざまな論議がある．小泉（附論1）は，ボルネオ島における狩猟採集民の由来について，オーストロネシア語族の拡散によって農耕民が狩猟採集民化したのか否かの論争を紹介している．また，近年では，DNAの分析からオーストロネシア語族の移動以前に大陸部と島嶼部のあいだで相互の移動がみられること，新石器時代には，サラワク州において農耕集団と狩猟採集集団が併存した点などの最新の研究動向を示している．最後に，ボルネオ島における狩猟採集民と農耕民との関係史について3つのシナリオを提案している．

以上のように，先史時代の狩猟採集民像をめぐっては，現在でも，多くの論争がみられるテーマであり，この時代の研究成果がそのあとの時代の研究に与える影響は大きい．今後も，ますます目の離せない研究領域である．

1　東南アジア・オセアニア海域に進出した漁撈採集民と海洋適応

小野 林太郎

1.1　はじめに

私たち人類は，約600万年前にアフリカ大陸の森林帯で誕生したといわれる．そのはるか後に，人類として初めて新人（ホモ・サピエンス）が移住に成功したオセアニアや日本，アメリカ大陸といった環太平洋域が，彼らにとってそれまでとは異なる新たな生態・居住環境であったことは容易に想像できよう．アフリカを出て，環太平洋域への進出に成功した新人集団の生計は，狩猟採集に依拠していたと現在では考えられている．つまり，この海域世界に最初に登場した人類も狩猟採集民だったことになる．ただし，残されている考古学的痕跡に基づくなら，その捕獲対象として海産物を含む水産資源が占める割合も高く，「漁撈（ぎょろう）採集民」と表現する方が妥当かもしれない．

本章では，長期的な人類史の視点から「狩猟採集」や「漁撈採集」と呼べるような生業がそもそもいつ頃から開始されたのか，またアフリカを起源とする彼らの海洋適応とアフリカを超えての移住・拡散についてまず整理する．そのうえで，本章で特に注目する東南アジア島嶼（とうしょ）部やオセアニアの海域世界に進出した人類の狩猟採集活動が，それまでの人類にとって未知の世界であった熱帯の島嶼域という新たな環境にどのように適応したのか，さらにはその後の完新世期以降に出現する農耕社会とどのような関係性のもとで発展してきたのかについて検討したい．

1.2　人類史からみた狩猟採集民と海域世界への進出

そもそも人類はいつから「狩猟採集」活動を始めたのだろうか．山極寿一（やまぎわじゅいち）［2012］によれば人類の祖先となる類人猿は，今から約3000万年前の漸新世初期に地球上に登場した．その起源地もアフリカが有力視されてきたが，現在ではアラビア半島など諸説がある［e.g., Zalmout et al. 2010］．温暖で熱帯雨林が発達していたこの時代，類人猿はヨーロッパからアジアにかけて広く分布し，その後の中新世前期から中期にかけて大いに繁栄したという．ところが中新世後期になり寒冷・乾燥化が始まると森林は激減し，類人猿の繁栄も終わりを遂げる．その要因は，大型化を選んだ類人猿が毒性の少ない葉や完熟した果実しか食べられなかった点にあったようだ．

こうした寒冷化による森林と食糧の減少が，かつての類人猿にとって大きな危機となったことは，その後の類人猿，そして人類の進化と拡散の歴史を考えるうえでも興味深い．しかし，ここでより注目すべきはこれら類人猿にとっての主な食物が，果実や葉を主とする森林産物であったという事実である．その類人猿からアフリカ大陸の森林帯で進化・誕生したとされる初期の人類も，その主な食物は森林産物だった．現在も類人猿としてアフリカに生息するチンパンジー，ゴリラ，ボノボらが森林産物を主な食料としている事実からも，その可能性を指摘できる．

ただし，森林帯からその周辺のサバンナ域にまで生息するチンパンジーは，果実のほかに昆虫食を発達させ，シロアリ等も捕獲はする．初期の人類もこうした昆虫食を行っていた可能性は高いが，昆虫利用はまだ狩猟とまでは呼べない．約600万年前までには誕生していたとされる人類が，最初に行っていたのは狩猟ではなく「採集」だけだっただろう．

では狩猟はいつ頃から始まったのだろうか．初期の人類として知られるのは猿人の仲間でアウストラロピテクス属を含め複数種が確認されているが，現時点で最古の肉食痕跡は，エチオピアで出土した340万年前頃の石器による切痕がある動物の骨で，これを残したとされるアウストラロピテクス属がタンパク源として動物肉にも手を出し始めたことが窺（うかが）える．しかし，これらの動物肉を解体したであろう石器については，この遺跡からは見つからなかった．現時点で最古の石器は，アウストラロピテクス・ガルヒが残したと考えられている約260万年前のもので，同じくエチオピアで出土している．

これら限られた痕跡からは，人類が猿人の段階で300万年頃前までには肉食も開始していた可能性を指摘できる．ただし忘れてはいけないのは，サバンナに進出した初期人類が，動物界においては強者には属していなかったことだ．このため初期の肉食は，積極的な狩猟によるものではなく，肉食動物が残した死肉の利用が主だったと推測する人類・考古学者も多い．実際，死肉漁りはアフリカに暮らす現代の狩猟採集民も実践する獲得手段の一つでもある．

これに対し，人類による肉食の痕跡がより顕著になるのは，初期のホモ属が出現する250万年前以降になってからだ．初期のホモ属としては，ホモ・ハビリスやその直系とされるホモ・エルガステルなどがおり，さらに200万年前頃までには人類初の出アフリカに成功したホモ・エレクトゥスが登場する．このうち彼らが残したとされる遺跡からは，ガゼットやレイヨウなどの草食動物の骨が出土し，より積極的な肉食の痕跡が窺える．この時期においてもこれらの肉が狩猟によって捕獲されたものか，死肉漁りによるものだったかでは解釈が分かれているが，原人として知られるホモ・エレクトゥスの時代までにハンドアックス（手斧）を主体とするより精巧で鋭利な石器群が登場する（アシューリアン石器文化）点や，出土した動物骨の解体痕分析の結果を考慮するなら，少なくともその一部は狩猟によって捕獲され，利用・廃棄された可能性は十分にある．

同じく初期ホモ属の出現期に新たに開始された可能性が高いのが，水産資源の利用だ．現在，人類が魚を捕獲したであろう最も古い痕跡は，約195万年前のケニアのトゥルカナ盆地で確認されている［Archer et al. 2014］．具体的に魚類としてその出土が確認されているのは，ナマズを主とする淡水魚である．そのほかにワニやカメの骨も出土した．その捕獲方法については，漁具的な道具が出土しなかったこともあり不明な点が多いが，ナマズの場合，素手やこん棒の利用等でも捕獲可能であることから，より原始的な方法での捕獲が推測されている．しかし陸産資源と異なり，これら水産資源の獲得は人類自身の手で行われた可能性が高いため，この頃から意図的な捕獲が実践されていたことが窺える．

またこうした人類による肉食や魚食の浸透が，脳の進化や身長の増大を促進し，その結果としてより高度な知能をもつホモ属が出現したとする説もある［e.g., Crawford 1992］．興味深い仮説だが，ここではとりあえず，ホモ属がアフリカ大陸内で繁栄しだし，出アフリカを果たす200～190万年前頃までには，人類が「狩猟」活動も部分的に開始されていたと考えたい．しかし全体としては採集が中心で，「採集狩猟」民に近かったといえるだろう．

その後，アフリカに加えて，原人が拡散に成功したユーラシア大陸や，現在のジャワ島やスマトラ島を含むスンダ大陸では，各地で人類進化が進んだ痕跡が見つかりつつある．これに対し，私たちホモ・サピエンス種は約20万年前のアフリカで誕生したとする仮説が，遺伝学による研究成果と発見された古人骨の人類学的成果に基づき最も支持されている．いわゆる新人のアフリカ起源説であるが，これによればアフリカで進化を遂げ出現した新人集団の一部が，10～7万年前頃に改めて出アフリカを果たした後，ユーラシア・スンダ大陸に居住していた原人・旧人集団を駆逐，あるいは交配を繰り返しつつ，人口・遺伝的に他者を凌駕したという理解が最も一般的である．

その最もよく知られる事例が，ヨーロッパから中東にかけて居住していた旧集団であるネアンデルタール人と，アフリカを起源とするホモ・サピエンスの新人集団の混住であろう．現時点で得られている痕跡からは，少なくとも5～3万年前頃にかけて両集団が広い範囲で混住していたことがわかっている．近年における遺伝学の研究成果からは，両者が交配していた可能性も指摘されている［e.g., Green et al. 2010］．ただし，同じ遺跡から同時期に両者の人骨が出たことはまだなく，集団間でのテリトリーや居住域の区別などがあったのかもしれない．しかし，その直接的な原因はまだ不明であるが，最終氷期の中でも最も寒冷化が進んだ3～2万年前の間に，ネアンデルタール人は絶滅し，彼らの特徴をもった古人骨も途絶えてしまう．

その一方，私たち新人は脳の容積ではネアンデルタール人と大きな差異はないものの，言語能力や抽象的思考能力の発達に成功したようだ．また石器や装身具といった道具の製作においても，より高度な技術を発展させた．さらに私たちは，それまでの人類居住域を超え，新大陸とも呼ばれるアメリカ大陸や，ニューギニアやオーストラリアからなるサフル大陸，そしてその先に広がるオセアニアの島嶼域，あるいは日本列島や琉球列島といった東アジアの島嶼域への移住・拡散に成功し，現在に見られるように地球のほぼ全域で暮らしている．

ただここで忘れてはならないことは，絶滅したネアンデルタール人であれ，生き残った新人集団であれ，ホモ属の多くは，生業という面においては，いずれも「狩猟採集」活動を継続してきた可能性が極めて高いことであり，その点においては狩猟採集民（あるいは採集狩猟民）であったことだ．この事実に基づいたうえで，本章で検討したいのは狩猟採集民を軸とした人類の海洋適応に関する歴史的プロセスである．こうしたテーマを検討するにあたり，次に地球上で最も適した地域として，東南アジアやオセアニアの海域世界における事例を紹介する．

1.3　東南アジア・オセアニア海域への進出

前節では，ホモ属以降の人類が，「狩猟採集民」として認識できることを確認したが，海洋適応については触れなかった．その理由は明白で，現時点ではまだ初期のホモ属や，あるいは原人による海産資源の利用に関する痕跡がほとんど見つかっていないことによる．

それでは人類による海産資源利用に関する最古の痕跡はいつ頃になるだろうか．現在のところ，海産貝類の利用では地中海沿岸に拡散したネアンデルタール人らによる痕跡が約30万年前まで遡る［e.g., Ono 2016; 小野 2017］．いっぽう，新人による痕跡では，南アフリカ沿岸に位置するピナクルポイント洞窟遺跡の16～12万年前頃の層から出土した海産貝類［Marean 2010］の利用，ボロンボス洞窟遺跡の10～7万年前頃の層から出土した多種におよぶ海産魚類や貝類，それにイルカやアシカといった海生哺乳類の骨が最も古い［Henshilwood et al. 2001］．特に海産魚類の利用に関しては，ボロンボスの事例が最古となるため，魚類を含む海産資源の積極的な利用は，私たちホモ・サピエンスの段階になってから始まったと考えられよう．

こうした初期新人の狩猟採集民による海洋適応が，その後の出アフリカや東南アジア・オセアニアの海域世界への移住・拡散へとつながっていく．たとえばアジアやヨーロッパへの拡散に成功した新人集団の出アフリカルートとして最も支持されているのが，紅海の南端にあるバブ・エル・マンデブ海峡を越えてアラビア半島南部へと至る海上ルートだ．その推定時期は約8～7万年前で，この頃の紅海は気温の寒冷・乾燥化により水深も低く，海峡の距離も11 km程度だったと推測されている．場合によってはその大半を徒歩で渡れた可能性もあるが，それでも彼らが海上ルートを選択した背景には，紅海沿岸での居住や生活による海洋適応の発展が見え隠れしている．

出アフリカを果たした新人の狩猟採集民による高い海洋適応の結果をより明確に示すのが，約5万年前までには開始された可能性の高い，オセアニアのサフル大陸への移住・拡散である．サフルとは，最終氷期に相当する更新世後期の寒冷化による海面低下により現在のオーストラリア大陸とニューギニア島が陸橋でつながって形成した大陸を指す（図 1）．これに対し，同じく当時の海面低下により現在のマレー半島，スマトラ島，ジャワ島，ボルネオ（カリマンタン）島がつながって形成した大陸がスンダ大陸である．アフリカを旅立った新人の狩猟採集民たちも，スンダ大陸の東端までは陸路で到達することができたであろう．

ところがその先に連なる現在の東インドネシアに位置するスンダ列島，スラウェシ島やマルク諸島，アル諸島といった島々からなるウォーラシア海域（図 1）は，その水深が深かったために陸橋でつながることもなく，更新世後期にも海域世界として存在していた．このため，新人の狩猟採集民たちがサフル大陸へと移住するには，まずこのウォーラシア海域を島伝いに移動し，さらにウォーラシア海域の東端に位置する島々から当時でも約 80 km はあった海を渡らねばならなかったのである［e.g., Ono 2016］．

そんな島伝いによる渡海を繰り返し，遅くとも 5 万年前頃までに彼らがサフル大陸へと到達したその詳細についてはまだ多くが不明のままだ．渡海がどのように行われたのかも不明だが，最も支持されているのは旧石器時代の技術でも十分に製作可能な竹筏を利用したとする仮説である［e.g., Anderson 2000］．実際，イネ科の竹はウォーラシアを含む東南アジア島嶼部にも豊富に生息しており，素材としては申し分ない．

ところで，新人による狩猟採集集団がウォーラシア海域の島々からサフル大陸へと移り住んだ主なルートは，スラウェシ中部から北マルク諸島を経由し，ニューギニア方面へと入る北回廊と，ジャワ・バリ方面からスンダ列島を経由し，ティモール島よりオーストラリア方面に入る南回廊の二つが想定されてきた（図 1）．このうち，先の竹筏説との関係では，生息する竹の種類や量では，より湿潤な北回廊側の島々の方がより豊富である．

しかし，これまでに発見されている人類の痕跡としては南回廊側がより古く，新人による痕跡としてはティモール島の東岸に位置するジェリマライ遺跡（図 1）が，今のところ最も古い．この岩陰遺跡は，2005 年にオーストラリア国立大学のオコナーらのチームによって発掘され，その最下層は約 4 万 2000 年前まで遡ることが判明した．さらに驚くことに，最下層からも多くの魚骨や貝類，チャートの剝片石器が出土し，小動物の骨なども出た．このうち筆者らが行っ

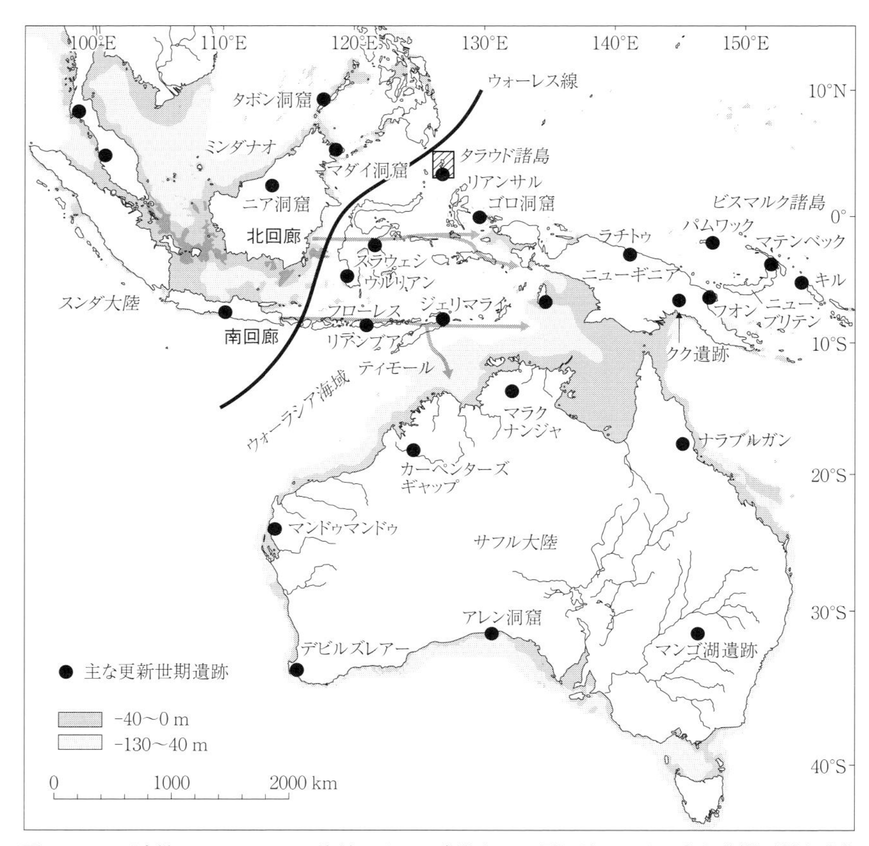

図 1　スンダ大陸・ウォーラシア海域・サフル大陸とその周辺域における主な後期更新世時代の遺跡（地図は CartoGIS（College of Asia and the Pacific, Australian National University）をもとに作成）

た魚骨の分析では，キハダやカツオといったサバ科の骨や大型のアジ科の骨も多数含まれていることが判明し［O'Connor et al. 2011］，現時点では世界最古の人類によるマグロ漁の痕跡として注目を浴びている．

4万年前までにティモールに到達していた新人集団が，マグロやカツオといった遊泳速度の速い回遊魚を捕獲していたことは，彼らが外洋域に出て漁をするだけの航海術が発達していたとする可能性も部分的には示唆するが，何より重要なのはその捕獲技術の方である．というのも，キハダやカツオは季節・地域的に沿岸部や湾内でも遊泳することがあり，必ずしも外洋域で捕獲された証拠にはならない［e.g., Anderson 2013］．これに対し，これらの魚類が実際に捕獲され，遺跡内で廃棄されていた事実は，その捕獲がたとえ沿岸部でされたものだったとしても，マグロ・カツオ漁において多くの民族誌事例が示すような釣り漁やトローリング漁といった高度な漁法がすでに実践されていた可能性を示唆している［e.g., O'Connor and Ono 2013］．

こうしたティモール島における痕跡からも，サフル大陸への移住ルートとしては，南回廊の方がより古く，最初のサフルへの渡海はティモール島から行われたと考える研究者は少なくない．実際，この南回廊では近年，小型のフローレス原人が発見され注目を浴びているフローレス島もその途中に位置している［e.g., Morwood et al. 2004］．自然人類学者らによる人骨分析の結果，ホモ・エレクトゥスよりも古い可能性もあるとも言われるこの原人がフローレス島で発見されたことや，石器のみだが約84万年前の剥片石器がフローレス島で多数見つかっている事実［e.g., Brumm et al. 2006］は，もしかするとすでに原人段階で，人類はウォーラシア海域の一部への移住に成功していた可能性も出てきている．

なおその場合，フローレス島まで到達する際に必要な渡海距離は，最も長いところで30 kmと推測されており，スンダ大陸沿岸に居住していた原人段階のホモ属が海洋適応を進めていた可能性も出てきた．こうした事例が原人の時代においてもこのウォーラシア海域で見つかることは，人類の海洋適応がこうした海域世界で進んだ可能性を示唆している．

ところでティモールで発見された痕跡は，この海域に進出した狩猟採集民が魚や貝といった海産資源も積極的に捕獲・採集していたことを明らかにした．その要因として指摘できるのは，もちろんウォーラシアが海に囲まれた島々であるほかに，島内に生息する陸産の動物資源が比較的少ないこともあったであろう．たとえばティモールでも，かつては大型哺乳類のステゴドンが生息していたが，人類が残した遺跡からは1点も出土しておらず，4万年前頃までには絶滅したか，ほとんどいなかった可能性があり，捕獲対象となるのは小型の哺乳類や鳥類，爬虫類しかいなかった．

3万5000年前頃になると，ティモール島よりもさらに小さく，また周辺からも100 km近く離れた島でも人類が居住していた痕跡が出現する．たとえば北回廊に位置し，筆者も発掘したタラウド諸島のリアンサル遺跡（図1）では，この時期にまで遡る下層から大量の貝類とチャート製剥片石器が出土した［e.g.,

Ono et al. 2010]．タラウド諸島は，フィリピンのミンダナオ島とインドネシアのスラウェシ島のちょうど中間に浮かぶ島々だが，これら周辺の大きい島々から当時でも 100 km は渡海しないと到達できなかった．またこの島の野生哺乳類は蝙蝠くらいしか確認されておらず，過去においても大型・中型の野生哺乳類がいた痕跡は見つかっていない．

こうした陸上資源の希少性が，この海域へ進出した狩猟採集民たちによる積極的な海産資源利用の結果につながった可能性は無視できないだろう．これらの集団は，むしろ「漁撈採集民」とも呼べるかもしれない．その一方，陸産資源が限られた島嶼で彼らが継続的に生活を営めたのかについては不明な点が多い．先のジェリマライ遺跡でも，タラウド諸島のリアン・サル遺跡でも，残された痕跡は断続的で，下層とその上の層の年代には1万年近い幅がある．その間，遺跡は放棄されていたとも考えられるが，遺跡を放棄した人々がどこかへ移動したのか，あるいは絶滅したかの判断は難しい．移動したことを証明するには，この空白期間を埋める別の遺跡を発見する必要があるが，更新世後期の遺跡を見つけるのは容易ではなく，今後の課題として残されている．

ただ絶滅という結果は，すべての選択肢が失敗に終わった場合にのみ起こるものであり，私たちと同じ新人である当時の狩猟採集民も危機に対しては様々な対処を行っていたはずだ．移動性の高い狩猟採集民にとっては，渡海による他地域への移動も含め，危機に対する移動による対処は一般的なものだった可能性も十分に高い．

一方，こうした陸産資源の希少性に対して，彼らは意図的に特定の陸産資源を移入するという手段も実践していた．サフル大陸のニューギニア側の離島域にあたるビスマルク諸島（図1）では，特に寒冷化が進む2万年前頃よりニューブリテン島産と推測されるクスクス（*Phalanger orientalis*）が，それ以前は生息の確認されていない隣のニューアイルランド島のマテンベック遺跡などで大量に出現する．これらの遺跡からは，クスクスと同じくニューブリテン島産の黒曜石も出土するため，人による島嶼間での特定資源の運搬・移入が行われていたことは間違いない．黒曜石の産地から遺跡までの直線距離では 300 km の渡海が必要になるが，両島の最短距離は 30 km のため，ニューブリテン島の東岸までを陸路や海岸沿いに運べれば，より短い渡海距離で運ぶことも可能だった．どちらのルートが利用されたかは定かでないが，海を越えて特定の動物資源を運搬する事例としては，現時点では最古の事例の一つであろう．

興味深いのは，日本の琉球列島でも更新世末期までに人類がイノシシを移入していた可能性があるほか，海洋適応が進んだ痕跡がみられることだ．沖縄で有名なリュウキュウイノシシは2万年前より古い痕跡が見つかっていないのに対し，2万年前以前には沖縄にもシカ類が多く生息していたことがわかっている．ところがその後，沖縄ではシカが絶滅する一方，イノシシが出現する．これに前後して人類の痕跡が明確化してくることから，こうした動物の出現や絶滅に人類が直接的に関わっていた可能性は否定できない［e.g., 小野 2014］．なおその場合，更新世末期よりイノシシが出土する石垣島などは，当時においても大陸や台湾からは200 km以上離れており，到達するだけでも高い渡海能力が求められるであろう．

最近，こうした可能性を裏付ける考古学的痕跡として，沖縄本島のサキタリ洞遺跡で約2万3000年前に遡る貝製の単式釣り針が発見された［Fujita et al. 2016］．これは現時点で最古の釣り針と認識できるが，先述した東ティモールのジェリマライ遺跡でも2万1000年まで遡る可能性のある貝製の単式釣り針が出土しており，改めて両海域で人類の海洋適応が進んだ可能性が浮かび上がる．黒曜石の運搬についても，日本の事例では約3万年前には伊豆の神津島（こうづしま）産黒曜石が静岡県の愛鷹山（あしたかやま）近辺で利用されており，東アジアやオセアニアの島嶼域へと進出した狩猟採集民の海洋適応の一事例として注目できる［e.g., Ikeya 2015］．

さらにニューアイルランド島の東に位置するソロモン諸島のブカ島では，キル遺跡（図1）から約2万年以上前のタロイモ（*Colocasia*）やクワズイモ（*Alocasia*）の澱粉（でんぷん）粒が発見されており［Loy et al. 1992］，これらが当初からブカ島の野生種として生息していたか，人間によって意図的に運搬されたものかで解釈が分かれている［e.g., Yen 1995］．後者の場合は，萌芽的な栽培の可能性も示唆するが，より食に適した野生種の選択といった行為が採集の際に起こり，そうした行為の蓄積から栽培という新たな活動が始まったとも考えられる．いずれにせよ，離島域における新たな動物や植物資源の移入や利用が，最寒冷期（LGM期）と重なる2万年前頃に開始されているのは興味深い．

しかし，この海域世界で農耕と認識できる栽培が開始されるのは，気候がより温暖化していく完新世期に入ってからで，それはサフル大陸の一部だったニューギニア島の高地で始まった．そこで本章では最後に完新世以降における農耕民の出現と狩猟採集民との関係について検討してみたい.

1.4 完新世期における農耕民の出現と狩猟採集民

人類史上，農耕の出現は気温の温暖化が進んだ約1万年前の完新世初期頃という理解が一般的で，メソポタミアを含む西南アジアや東アジアの中国では早くから初期農耕の痕跡がみられる．たとえば西南アジアでは，寒冷なヤンガードリアス期に続く紀元前9000～7300年の温暖期に，栽培穀類，豆類，家畜動物の利用が急速に広がった痕跡がある．これに対し，根菜類の利用が軸となる東南アジアやオセアニアの熱帯型（焼き畑）農耕はより遅く，紀元前2000年前以降の新石器時代期に拡散したと従来は考えられてきた.

しかし1970年代よりニューギニア高地のワギ渓谷にあるクック茶農園の湿地で行われた発掘では，遅くとも紀元前5000年前頃までにはタロイモ，パンダヌス，バナナ，ヤムイモといった作物が，排水溝をもつ灌漑により栽培されていたことが明らかとなった［e.g., Golson 1977; Denham et al. 2003］．バナナの中には湿地の土手で計画的に栽培されていた痕跡も見つかり，灌漑を用いた熱帯型農耕がニューギニア高地ではかなり古くから成立していたことが確認されたのである．となれば，その担い手はこの地域における最初の農耕民と認識でき，その後の紀元前1500年以降に新たにアジア方面より到来したとされるオーストロネシア語系農耕民に先立って農耕民が自発的に出現していたことになる.

ただしこうした灌漑農耕は海域全体としてはかなり特殊なもので，ニューギニア高地における，海抜1300～2300 mの峡谷に集中している．ベルウッド［Bellwood 2005］によれば，この高度は多くの作物の栽培限界と一致しており，彼は完新世前期に長期的な旱魃などの危機が要因となり，人間による土地の開墾と主な利用植物の栽培化が起こった可能性を指摘する．実際，ニューギニアでは海抜1300 m以下の低地や沿岸域では初期農耕の痕跡はなく，オーストロネシア語系の農耕民が到来するまで，狩猟採集が活動の基本であり続けた．つまりニューギニア高地を除けば，東南アジアやオセアニアの海域世界では，完新世前期も狩猟採集民で占められていた.

考古学的には高地の農耕民とその他の狩猟採集民が積極的に接触を繰り返した痕跡は見つかっておらず，農耕民による影響は限定的だった可能性が高い.

実際，栽培か採集かの違いはあったかもしれないが，この海域で主に食用とされていた植物種はタロイモやヤムイモ，バナナといった根菜類であった点では共通する．先述したブカ島のキル遺跡のほか，ボルネオ島のニア洞窟でも更新世後期からこれらの根菜類が利用されていた痕跡が残っており，遺跡から出土した残存物が栽培によるものか，採集によって得られたものかの判断はなかなか難しい．

このように熱帯農耕の場合，考古学的な痕跡のみから，その主体が農耕民だったか狩猟採集民だったかを認識するのは容易ではない．しかしニューギニア高地に出現した農耕民も家畜利用をした痕跡はなかった．一方，紀元前2000年以降に台湾を起源地として，フィリピン群島からウォーラシア海域を経て，最終的にオセアニアの全域への移住と植民に成功したオーストロネシア語系集団は，高度な航海術や漁撈技術をもち，島嶼面積の限られたオセアニアの離島で灌漑や湿地を利用したタロイモ栽培等を発達させた．また彼らはその初期よりブタやイヌ，ニワトリといった家畜利用の痕跡を残しており，農耕民あるいは漁撈農耕民と認識できる．

彼らが新たに移住した地域のうち，「リモート・オセアニア」とも呼ばれるソロモン諸島以東のメラネシアやポリネシアの島々は，それ以前はいずれも人類未踏の無人島だったことから，狩猟採集民との接触がなく，オーストロネシア語系の漁撈農耕民によって植民されたことになる．これに対し，すでに狩猟採集系の先住民が暮らしていたソロモン以西の「ニア・オセアニア」や東南アジア海域では，歴史時代以前にオーストロネシア語系の農耕民による移住痕跡が見られないオーストラリア大陸やニューギニア高地を除けば，両者の接触が起こった．

たとえばこの海域に暮らす現代人の遺伝子から，過去における両集団の混合比率を求めた研究では，フィリピンの狩猟採集民として知られるアエタ系の住民でも約20％の割合でオーストロネシア語系の遺伝子が認められる一方，オーストロネシア語系の農耕民にも10～20％の割合でアエタ系の遺伝子が認められた［Lipson et al. 2014］．さらに東インドネシアのオーストロネシア語系農耕民では，メラネシア系の遺伝子が50％前後になる場合も確認された．フィリピンのアエタもメラネシア系集団も更新世後期にこの海域へと進出した狩猟採集民を祖先とする．このうちアエタ系の人々は近年まで狩猟採集系の生業を続け独自性をある程度維持しているものの，彼らの話す言葉はオーストロネシア語化しており，オーストロネシア語系農耕民の影響を強く受けてきたことが窺える．一方，メラネシア系集団ではニューギニア低地に狩猟採集民の一派が残ったが，島嶼部においてはオーストロネシア語系農耕民との混合が進んだ．

しかし，新たに移住してきた農耕民と先住系の狩猟採集民による接触や混住に関する考古学的痕跡はまだ不明瞭な部分が多い．たとえばフィリピンにおけるアエタ集団と農耕民の接触に関する考古学的検討を進めた小川英文は，遺跡の立地環境や定住化の痕跡を指標に遺跡の居住者がどちらの集団だったかを判断することで，両集団で資源や道具の交換ネットワークが存在していた可能性を指摘したが［e.g., 小川 2007］，その歴史的プロセスやネットワークの詳細についてまでは，よくわかっていないのが現状だ．

ただ結果的に明らかなのは，農耕民による進出が先住系の狩猟採集民たちにも大きなインパクトを与えたことである．実際，ウッドバーンが表現したように東南アジアやオセアニアにおける狩猟採集民は，オーストラリア大陸のアボリジニを除けば，その居住域や利用できる資源において農耕民に封じ込められ，その傾向は人口増加が著しい近年，急速に早まりつつある［Woodburn 1982］．またその一方で，歴史的にかつては農耕民だった集団が，周縁的な環境下で狩猟採集民に転じた例もある．東南アジアでは，スマトラのクブやボルネオ島のプナンが有名で，彼らは言語・生物学的にはオーストロネシア語系の農耕民であった可能性が高いが，少なくとも民族誌時代までには狩猟採集民化していたことが確認されている．

プナンについては本書の小泉による論考（附論 1）がより詳しいが，サゴ採集民でもあるプナンの場合，もともと河川流域にいた農耕民が進出困難な河川の間に広がる熱帯雨林での狩猟採集に意識的に移行した可能性が高い［e.g., Bellwood 2005］．また漁撈農耕民としての性格も色濃かった初期のオーストロネシア語系集団の伝統に加え，金属器時代以降に隣接するインドや中国といった文明圏の商業経済圏に早くから組み込まれた東南アジア海域では，サマやバジャウ，オラン・ラウトといった海民や海洋民とも呼べる集団も出現した．海産物を求めて季節的に移動する，彼らの不定住性からは「漁撈採集民」といったイメージも浮かぶが，その活動の背景に高い商業性志向と市場原理が認められる点において，彼らはむしろ専業化した「漁撈民」と捉えるべきであろう．

東南アジアやオセアニア海域における人類史は，狩猟採集民によって始まったが，それは海域世界への適応の歴史でもあった．ここでは彼らの完新世期に至るまでの資源利用や海洋適応に関する考古学的痕跡を紹介してきた．一方，完新世以降は新たに出現・移住してきた農耕民との関わりについて論じたが，農耕民たちによる移住もこの海域世界への適応なしには達成できなかったであろう．その際，彼らはより長期にわたってこの海域に暮らしてきた先住の狩猟採集民たちから多くを学んだはずである．メラネシアの島嶼に最初に出現したとされるオーストロネシア語系のラピタ集団が残した考古学的痕跡からは，土器を除く物質文化の多くが，すでに先住の狩猟採集民らによって利用されていた文化や技術の踏襲であった可能性が窺える．こうした事例が示すように，この海域で狩猟採集民が生み出した知恵や技術の一部は，その後に出現したオーストロネシア語系の農耕民へと引き継がれ，現在へと至っているとも認識できるのではないだろうか．

参照文献

Anderson, A. (2000) Slow Boats from China: Issues in the Prehistory of Indo-Pacific Seafaring, *East of Wallace's Line: Studies of Past and Present Maritime Culture of the Indo-Pacific Region*, S. O'Connor and P. Veth (eds.), *Modern Quaternary Research in Southeast Asia* 16: 13–50.

Anderson, A. (2013) Inshore or Offshore?: Boating and Fishing in the Pleistocene, *Antiquity* 87: 879–885.

Archer, W., D. R. Braun, J. W. K. Harris, et al. (2014) Early Pleistocene Aquatic Resource Use in the Turkana Basin, *Journal of Human Evolution* 77: 74–87.

Bellwood, P. (2005) *First Farmers: The Origins of Agricultural Societies*, Blackwell.

Brumm, A., F. Aziz, G. D. van den Burgh, et al. (2006) Early Stone Technology on Flores and Its Implications for *Homo floresiensis*, *Nature* 441: 624–628.

Crawford, M. A. (1992) The Role of Dietary Fatty Acids in Biology: Their Place in the Evolution of the Human Brain, *Nutrition Review* 50: 3–11.

Denham, T. P., S. G. Haberle, C. Lentfer, et al. (2003) Origins of Agriculture at Kuk Swamp in the Highland of New Guinea, *Science* 301: 189–193.

Fujita, M., S. Yamasaki, C. Katagiri, et al. (2016) Advanced Maritime Adaptation in the Western Pacific Coastal Region Extends Back to 35,000–30,000 Years before Present,

Proceedings of the National Academy of Sciences of the United States of America 113(40): 11184-11189.

Golson, J. (1977) No Room at the Top, *Sunda and Sahul*, J. Allen, J. Golson, and R. Jones (eds.), Academic Press, pp. 601-638.

Green, R. E., J. Krause, A. W. Briggs, et al. (2010) A Draft Sequence of the Neandertal Genome, *Science* 328: 710-722.

Henshilwood, C. S., J. C. Sealy, R. Yates, et al. (2001) Blombos Cave, Southern Cape, South Africa: Preliminary Report on the 1992-1999 Excavations of the Middle Stone Age Levels, *Journal of Archaeological Science* 28: 421-448.

Ikeya, N. (2015) Maritime Transport of Obsidian in Japan during the Upper Paleolithic, *Emergence and Diversity of Modern Human Behavior in Paleolithic Asia*, Y. Kaifu, M. Izuho, T. Goebel, et al. (eds.), Texas A&M University Press, pp. 362-375.

Lipson, M, P. R. Loh, N. Patterson, et al. (2014) Reconstructing Austronesian Population History in Island Southeast Asia, *Nature Communications* 5: 4689.

Loy, T. H., M. Spriggs, and S. Wickler (1992) Direct Evidence for Human Use of Plants 28,000 Years Ago: Starch Residues on Stone Artefacts from the Northern Solomon Islands, *Antiquity* 66: 898-912.

Marean, C. W. (2010) Pinnacle Point Cave 13B (Western Cape Province, South Africa) in Context: The Cape Floral Kingdom, Shellfish, and Modern Human Origins, *Journal of Human Evolution* 59: 425-443.

Morwood, M. J., R. P. Soejono, R. G. Roberts, et al. (2004) Archaeology and Age of a New Hominin Species from Flores in Eastern Indonesia, *Nature* 431: 1087-1091.

O'Connor, S., and R. Ono (2013) The Case for Complex Fishing Technologies: A Response to Anderson, *Antiquity* 87: 885-888.

O'Connor, S., R. Ono, and C. Clarkson (2011) Pelagic Fishing at 42,000 Years before the Present and the Maritime Skills of Modern Humans, *Science* 334: 1117-1121.

小川英文（2007）「先史狩猟採集社会と農耕社会――「資源」をめぐる相互依存関係の歴史過程」『生態資源と象徴化』印東道子編，弘文堂，pp. 65-98.

小野林太郎（2014）「ウォーラシア海域からみた琉球列島における先史人類の移住と海洋適応」『琉球列島先史・原史時代における環境と文化の変遷に関する実証研究 研究論文集』高宮広土・新里貴之編，六一書房，pp. 241-258.

Ono, R. (2016) Human History of Maritime Exploitation and Adaptation Process to Coastal and Marine Environments: A View from the Case of Wallacea and the Pacific, *Applied Studies of Coastal and Marine Environments*, M. Marghany (ed.), InTech Publisher, pp. 389-426.

小野林太郎（2017）『海の人類史——東南アジア・オセアニア海域の考古学』雄山閣.

Ono, R., S. Soegondho, and M. Yoneda (2010) Changing Marine Exploitation during Late Pleistocene in Northern Wallacea: Shellfish Remains from Leang Sarru Rockshelter in Talaud Islands, *Asian Perspectives* 48(2): 318-341.

Woodburn, J. (1982) Egalitarian Societies, *Man* 17: 431-451.

山極寿一（2012）「ヒトはどのようにしてアフリカ大陸を出たのか？——ヒト科生態進化のルビコン」『人類大移動——アフリカからイースター島へ』印東道子編，朝日新聞出版，pp. 219-243.

Yen, D. E. (1995) The Development of Sahul Agriculture with Australia as Bystander, *Transitions: Pleistocene to Holocene in Australia and New Guinea*, J. Allen and J. F. O'Connell (eds.), *Antiquity* 69(265): 831-847.

Zalmout, I. S., W. J. Sander, L. M. MacLatchy, et al. (2010) New Oligocene Primate from Saudi Arabia and the Divergence of Apes and Old World Monkeys, *Nature* 466: 360-365.

2　気候変動と定住化・農耕化
——西アジア・日本列島・中米

那須 浩郎

2.1　はじめに

現在，地球上のほとんどの人類は，年間を通して同じ場所で生活し，農作物を主食として生活している．遊動性で分類するならば，定住民であり，生業で分類するならば，農耕民となる．ここではその両方を用いて，定住的農耕民としておこう．これに対して，季節ごと，あるいは数年ごとなどの短期間で住む場所を移動しながら，狩猟や採集，漁撈（ぎょろう）で得られた食物を中心に生活する集団は，遊動的狩猟採集民となる．この遊動的狩猟採集民は，本書でも紹介されているように，現在はほとんど残っていない．しかし，人類がアフリカで進化したおよそ600万年前以降のほとんどの期間，人類は遊動的狩猟採集民として生きてきた．そして1万年前頃になると，定住生活をする集団が増加し，定住的狩猟採集民が出現した．さらにその後は，植物を栽培し動物を飼育するような集団が出現し，急速に定住的農耕民が増加していった．ただし，このような人類の定住化と農耕化は，もちろん，世界中で画一的に起こったわけではなく，様々な定住度と生業体系の集団が世界各地で様々に進化した．そしてこれらは，究極的には気候変動やそれに伴って変化する資源の利用と密接に関連しているように見える．

ここでは，近年の考古学データから，先史時代の狩猟採集民の定住化と農耕化がどのように起こったのか，西アジアの新石器時代，日本の縄文時代〜弥生時代，中米の古期から古典期の事例を取り上げて紹介する．西アジアでは，気候が安定すると定住度が高まり，すぐに植物の栽培と動物の家畜化が起こり，そこから農耕社会へと移行した．日本列島でも気候が安定すると徐々に定住度が高くなり，植物の栽培が始まったが，農耕が主となるまでには至らず，大陸からの農耕民の移動により農耕社会へと変化した．中米では，気候が安定するとすぐに植物の栽培が始まったが，定住度が高くなるのは植物の生産性が高まった後である．何故このように定住化と農耕化の過程が地域によって異なるのだろうか．先史時代の狩猟採集民の定住化と農耕化を決める要因は何だろうか．これらの３地域における資源利用の相違点と共通点を探ることで考えてみたい．

2.2　先史時代の定住化と農耕化の要因

先史時代の定住化は，定住する場所で資源を最適に獲得できるかどうかが重要である．

西田［1986］は，定住生活は，遊動生活を維持することが破綻した結果として出現したと指摘している．氷河期が終わって温暖な環境になる中で，中緯度地帯における温帯森林環境の拡大によって大型動物の狩猟活動が不調になった．そこで植物性食糧と魚類への依存度が高まり，デンプン質植物性食糧の大量貯蔵や定置漁具の技術発達が起こり，遊動できなくなり，徐々に定住生活を始めたとしている．

農耕の開始は，Push モデル，Pull モデル，そして社会モデルが提案されている［Barker 2006］．Push モデルは，環境変化や人口圧など，何らかのストレスに駆り立てられて農耕を始めるというモデルである．このうち人口圧は，定住の結果必然的に生じるとされている．Pull モデルは，狩猟採集民がある特定の野生の動植物を集中して利用するようになったとき，これまで予想していなかった新しい依存関係が引き起こされることによって農耕が始まるというモデルである．

社会モデルは，狩猟採集民の有力者が，神秘的な食べ物や価値の高い食物を確保するため，あるいは，彼らの優位性を維持するための余剰食物を増加させるために農耕を始めるというモデルである．最近では神殿での祭祀（さいし）や饗宴（きょうえん）のための供物を確保するために農耕が始まったとする説もある．

このように，定住と農耕の始まりには諸説あるが，究極要因を挙げるとしたら，１万年前以降に気候が安定したことが原因だろう．それ以前にも定住や農耕は散発的には生じていただろうが，定住と農耕が安定したのは，やはり完新世になってからである．グリーンランドのアイスコアから得られた過去４万年間の気候変動のグラフを見てみよう（図 1）．これは，グリーンランドの氷床を掘削して得られたコア（氷の柱状堆積物）に含まれる酸素の同位体比（^{18}O

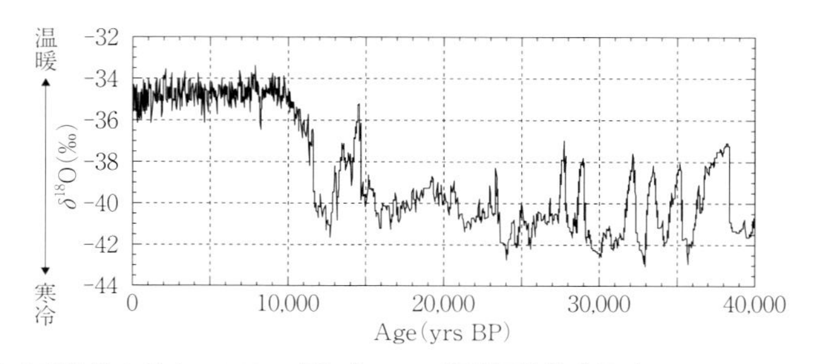

図1　過去4万年間のグリーンランド氷床コアの酸素同位体曲線（Dansgaard et al.［1993］を基にした加［2009］の図を改変）
1万年前以降，気候が温暖になっただけでなく，変動が極めて安定しているのが分かる．

と ^{16}O の比）の曲線で，過去の気温変化を表している．これを見ると，4万年前頃から1万年前頃までは大きく変動しているのに対して，1万年前以降では，気候が温暖になっただけでなく，変動幅が少なく極めて安定していることが分かる．このように安定した気候が定住と農耕の継続に関わっている．激しく変動する気候のもとでは，定住生活や農耕生活を長期間維持することはできない．逆に言えば，遊動的狩猟採集の生活は，激しく変動する気候のもとでは，むしろ適応的な生存戦略と見ることができる．しかし，安定した環境では，定住生活の方がむしろ適応的である．遊動生活か定住生活かのどちらがヒトにとって適応的かを決めているのは，当時の気候が安定か不安定かによると考えられる．

2.3　西アジア

定住化や農耕化のプロセスについて，最もよく研究されてきたのが，西アジアである．初期の定住跡と推定されている最も古い記録は，Ohalo II 遺跡で見つかっている［Snir et al. 2015］（図2）．現在のイスラエル北部にある Galilee 湖南東岸にあるこの遺跡では，今からおよそ2万3000年前の通年居住の跡が見つかっている．湖に生息する魚介類だけでなく，季節ごとに湖に集まる渡り鳥と，湖岸の野生植物が食糧として主に利用され，エンマーコムギ，オオムギ，オートムギ（エンバク）の野生種を含むイネ科草本が植物遺物の3分の1を占めるという．渡り鳥と1年生草本の季節性から，この遺跡は通年利用されていたと考えられている．

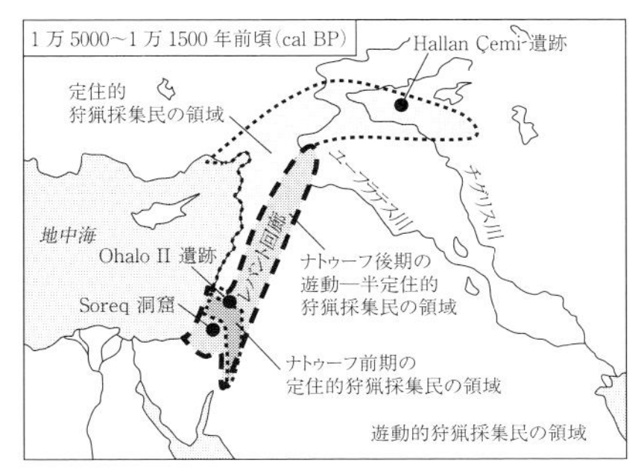

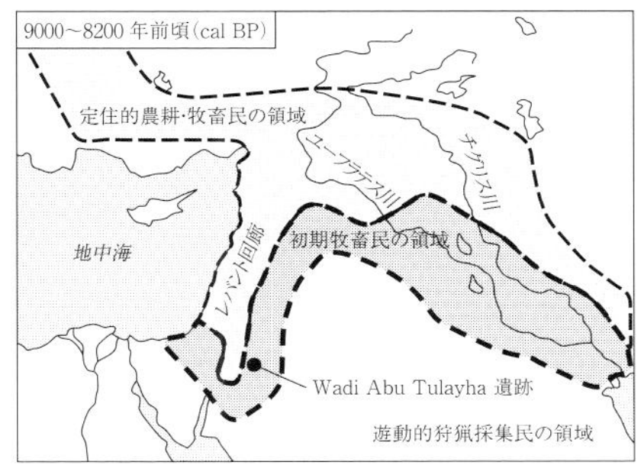

図2　西アジアにおける本文で言及した遺跡と地域の位置および狩猟採集民と農耕牧畜民のテリトリー変化（Bar-Yosef and Meadow［1995］を改変）

この時期は，最終氷期の最寒冷期に当たる．イスラエル中央部のSoreq洞窟の石筍（せきじゅん）から得られた古気候復元結果から，当時の年平均気温は現在よりも6℃ほど低く，乾燥していたことが示されている［Bar-Matthews et al. 1997］．一方，最近の死海の湖水準変動の復元からは，当時はむしろ湖水準が高く湿潤だったという意見もある［Torfstein et al. 2013］．遺跡の動植物遺体からは少なくとも季節性があったことが窺（うかが）え，気候が寒冷であっても，湖水位が高く湖とその周辺の資源が豊富だったことが，定住化を促した可能性がある．

ただし，このような最終氷期の定住生活は長くは継続しなかった．次に定住の証拠が見られるのは，最終氷期の後のベーリング／アレレードの温暖期（1万4500～1万3000年前頃）である．この頃には，レバント回廊で前期ナトゥーフ人と呼ばれる人々が定住生活を始めた．木の実の採集や狩猟，漁撈とともに，野生のムギ類やマメ類の採集も行われた．家ネズミやスズメの存在により，定住または半定住の生活が行われていたと考えられている［Bar-Yosef 2009］．しかしながら，続く1万2800～1万1500年前頃には，ヤンガードリアスと呼ばれる寒の戻りがあり，再び寒冷気候になった．この時期の後期ナトゥーフ人は，おそらく資源の減少により，再び遊動的な生活に戻ったと見られている．対照的に，トルコ南東部のHallan Çemi遺跡などでは，定住的な集団がより狩猟採集を強化した［Rosenberg and Redding 2002］．これらの遺跡では，カヤツリグサ科のウキヤガラ属の種子など湖岸の湿生植物の種子を大量に採集利用し，定住生活が継続された．これまで考えられていたように，野生のムギ類などのイネ科の草本利用だけが定住化を促進させるわけではないようである［Savard et al.

2006]．このように，ヤンガードリアスの寒冷イベントは，場所によって，再遊動化と定住化の両方に作用したと見られている［Bar-Yosef 2009］．

植物のドメスティケーション（栽培化）の顕著な証拠は，エンマーコムギとアインコルンコムギ，オオムギの脱落性を喪失した穂軸により示される．これが見られるのは，1万1000～1万年前頃のヤンガードリアスの直後の完新世温暖期で，先土器新石器時代A期（PPNA: Pre-Pottery Neolithic A）と呼ばれる時期である．しかしながら，ムギ類の栽培化（脱落性喪失の定着と種子の大型化）には3000年くらいの時間がかかったことも示されており［Tanno and Willcox 2006; Fuller et al. 2014］，定住度が高まる8500～8200年前頃の先土器新石器時代B期（PPNB）になってようやく脱落性喪失が定着する．

興味深いことに，肥沃な三日月地帯で定住度が高まり，農耕や牧畜への依存度が高まる頃，遊動的牧畜民，いわゆる遊牧民が草原から砂漠地帯に出現する［Cauvin 2000］．ヨルダン南部のJafr盆地にあるWadi Abu Tulayha遺跡では，ヒツジ／ヤギの小規模な移牧がガゼルの狩猟キャンプで始められたことが示されている［Fujii 2009; Hongo et al. 2013］．遊牧民はおそらく，PPNB後期から土器新石器時代（PN: Pottery Nolithic）初期に，このような移牧を行う半定住集団から派生した可能性が高い．ちょうどこの時期，8200年前には寒冷イベントがあったことが知られている（8.2 ka（kiloannus）イベント）．これは，この時期の社会変化のきっかけを与えた可能性があるが，これを確かめるには精度の高い古気候記録と考古学データの対比が不可欠である．

Bar-Yosef and Meadow［1995］は，1万5000～7800年前の狩猟採集民と農耕・牧畜民のテリトリーの変化を地図上に示した（図2）．これまで見てきたような遊動的狩猟採集民から定住的農耕牧畜民への変化は，西アジア全域で画一的に起きたわけではなく，地域ごとに様々な定住度と農耕度の異なる集団が，互いに共存しながらそのテリトリーを変化させてきた．そして，定住が始まり，農耕が始まっても，かなりの時間，遊動的狩猟採集民や定住的狩猟採集民は共存していたと考えられている（図3）．

2.4　日本列島

最初にヒトが日本列島に到達したのは，およそ3万8000～3万2000年前頃

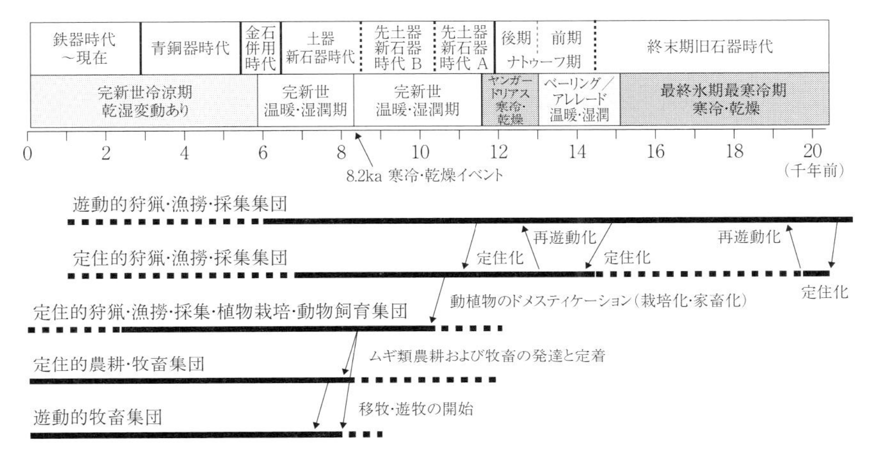

図 3　西アジアにおける定住化と農耕化の進化モデル
それぞれの実線は，定住度と農耕度の異なる集団が存在したと考えられる年代の幅を示す．点線部分は推測による．編年と気候データは Rosen［2007］を参照した．

である［Tsutsumi 2012］．この時期の気候は，最終氷期の中の亜間氷期にあたり，海洋酸素同位体ステージ 3（MIS3: marine oxygen-isotope stage 3）期にあたる．最終氷期の中でも比較的暖かい時期ではあるが，温暖と寒冷な気候が激しく変動していたようである．その後，最終氷期の最寒冷期に向かって気候は急速に寒冷化へと向かう．不安定な気候の中で，ヒトは遊動しながら，ナウマンゾウやオオツノジカなどの大型草食動物の狩猟を中心に生活していたと考えられている．

最終氷期の終末（晩氷期），およそ 1 万 6000 年前頃になると，青森県大平（おおだいら）山元（やまもと）I 遺跡で最古の土器片が見つかる［谷口 1999］．ここから縄文時代が始まり，縄文時代草創期と呼ばれる．土器の使用は，定住化の指標のひとつであり，この時期に定住が始まったとする見解もある．しかしながら，この時期はまだ竪穴住居などのはっきりとした証拠はなく，まだ定住度は低かったと見られる．

明確な竪穴式住居の証拠は，栃木県野沢遺跡，鹿児島県三角山（さんかくやま）I 遺跡，宮崎県王子山（おうじやま）遺跡などで，およそ 1 万 3500 年前頃から見つかっている．この時期は最終氷期が終わった直後のベーリング／アレレードの温暖期に相当しており，気候が温暖に向かうにつれて定住度が高まったように見える．この時期に定住度が高まるのは，西アジアと同様である．ただし，西アジアのように，その後のヤンガードリアスの寒の戻りが再遊動化や定住化を促進させるような証拠はいまのところ無い．

9500年前の完新世温暖期に入り，気候が安定してくると，鹿児島県上野原遺跡のような大集落が出現するようになる．この時期は縄文時代早期と呼ばれる．多くの縄文早期の人々は，安定した豊富な資源環境のもと，狩猟，漁労，採集による定住度の高い生活を営んでいたと考えられる．その一方で，既にウルシ，アサ，ヒョウタン，シソ／エゴマなどの植物の栽培を始めている集団もあった．

その後，縄文時代前期（7000年前頃）までに温暖化が進み，沿岸部では海進によって内湾が形成され，貝塚を伴う定住集落が多数出現するようになる．このころから，沿岸部での海洋資源を中心とした定住集団と内陸部での植物栽培を中心とした定住集団があった可能性がある．

縄文時代前期の終末から縄文時代中期中頃にかけて（6000～5000年前頃），気候は冷涼化するようであるが［Mayewski et al. 2004］，その程度の詳細はまだよく分かっていない．しかし，同時期に始まる海退によって，特に関東地方沿岸部では内湾が消失し，海産資源の確保に影響が出た可能性が指摘されている．Habu［2004］は，これまで定住度の高かった関東地方沿岸部の集団が縄文前期終末から中期初頭にかけて再遊動化したことを指摘している．Habu［2014］は，縄文前期の定住は通年定住ではなく，季節移動の半定住だった可能性も指摘しており，その度合いは数百年程度の短期間で変化しただろうと推察している．海退や冷涼化などの環境変化に伴い，ある集団は再遊動化し，ある集団は植物の栽培を強化した可能性もある．しかしこの時期の気候変動の詳細はまだよく分かっておらず，今後の再検討が必要である．

縄文時代中期（約5000～4500年前頃）には中部高地から東日本にかけて人口が急増し［小山・杉藤 1984］，植物の管理や栽培の証拠も多くなる．集落規模の大きな遺跡では，クリの果実の大型化が見られ［南木 1994; 吉川 2011］，青森県の三内丸山遺跡など，集落周辺でクリの花粉が高率で記録されるなど［Kitagawa and Yasuda 2004］，クリの管理の可能性が指摘されている．クリの建築材や燃料材としての集中利用なども見られ［西田 1986; 能城・佐々木 2014］，食糧資源としてだけでなく，多用途に利用するために管理が行われた可能性が高い．

これらに加えて，最近は，ダイズとアズキ（ここでは野生種と栽培種を含む広義のダイズとアズキという意味で用いる）が栽培されていた可能性が出てき

図4　日本列島における本文で言及した遺跡と地域の位置

た［小畑 2011; 中山 2010; 那須ほか 2015］．ダイズとアズキの種子が土器の圧痕（あっこん）や住居址（あと）の炉の中から見つかっており，縄文前期から縄文中期後半にかけて種子のサイズが次第に大きくなる．当時の人々が大きなマメを選択して栽培していた可能性がある．このような植物の管理や栽培の証拠は，少なくとも中部高地では，縄文時代中期の人々の定住度がかなり高かったことを示している．

縄文晩期終末－弥生時代の移行期（約 3000 ～ 2500 年前頃）になると，おそらく気候悪化の影響で，大陸から稲作・雑穀農耕民が渡来した．これらの農耕の伝来時期には議論があるが，最近のレプリカ法による土器圧痕の穀物証拠や炭化種子の年代測定の洗い直しによって縄文晩期終末よりも古くないことが分かってきた［中沢 2009, 2014; 那須 2014］．

しかしながら，この変化は急激なものではなく，ゆっくりとした漸移的な変化だったと思われる．これまでの縄文的な集団（定住し，狩猟採集を中心としながら植物を栽培する集団）が，弥生的な集団（より農耕に依存した集団）とすぐに入れ替わったわけではなく，これらの集団が共存したり，あるいは融合したりしながら，徐々に農耕を生業の中心とする集団が増加していったと考えられる（図4，5）．

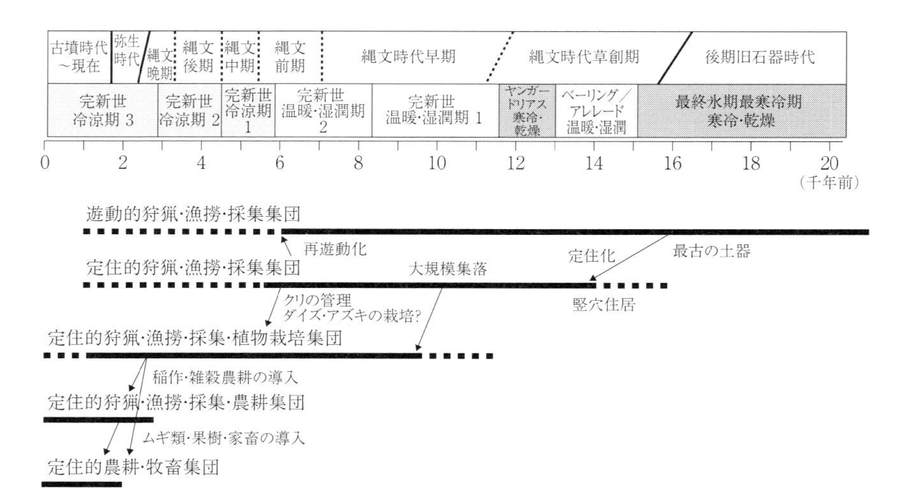

図 5　日本列島における定住化と農耕化の進化モデル
それぞれの実線は，定住度と農耕度の異なる集団が存在したと考えられる年代の幅を示す．点線部分は推測による．編年と気候データは工藤［2012］を参照した．

2.5　中米

新大陸熱帯地域の中米でも，9000 年前頃から熱帯雨林が拡大することが分かっており，この頃に温暖・湿潤化したと見られる．しかしここでは，定住度が高まる前に植物の栽培が始まった．近年の植物考古学の成果から，9000 ～ 6000 年前までの間に，カボチャやトウモロコシ，ヒョウタンなどのドメスティケーション（栽培化）が起きたことが示されている［Piperno 2011］．これまで最古の炭化したトウモロコシの穂軸は，メキシコのオアハカ高地にある Guilá Naquitz 洞窟遺跡から 6250 年前のものが見つかっており［Piperno and Flannery 2001］，トウモロコシの栽培化はこの頃にオアハカ高地で始まったと見られていた．しかしながら，現在のトウモロコシ品種と祖先野生種テオシントの分子系統解析からは，メキシコのバルサス川中流域に分布するテオシント（*Zea mays* ssp. *parviglumis*）から栽培化されたことが示された［Matsuoka et al. 2002］．さらに，SSR（単純反復配列 ; simple sequence repeat）マーカーの突然変異率から求められたトウモロコシとテオシントの分岐年代は，9000 年前以降であることも示された．このデータを支持するように，最近，バルサス川中流域の Xihuatoxtla 岩陰（いわかげ）遺跡から 8700 年前のトウモロコシとカボチャのプラントオパール（植物珪酸体）とデンプン粒が見つかった．このように，中米地域の初期の人々は，洞窟や岩陰で半定住の生活を行いながら，トウモロコシやカボチャの栽培を始めていたと見られる．しかしながら，栽培化されたといっても，この頃のトウモロコシはまだかなり小さく，生産性も高くはなかったと考えられている．実際には食糧の多くを野生の資源から得ていたため，トウモロコシの生産性が高くなるまでは，定住度は低かったと考えられている．このとき，彼らがどのような遊動生活をしていたのかは，よく分かっていない．トウモロコシやカボチャの栽培植物を持ちながら遊動するのは一見考えにくい．数年単位で栽培する土地を変えながら移動していたか，もしくは収穫期にだけ戻ってくるような季節的な遊動性だったかもしれない．ここでは，半定住の生活だったと考えておきたい．

一方，地理的条件によっては，定住度の高い集落も存在した．メキシコ盆地の湖岸にある Zohapilco 遺跡（7500 ～ 5500 年前）では，栽培植物の証拠は無いが，人々は湖の魚介類や鳥，シカ，ウサギ，爬虫類，テオシントを含む野生植物などの採集活動により定住度の高い生活をしていた［Grove 2000］．同様に，海岸付近の集落でも魚貝類の採集活動による定住度の高い集団が存在したことも示されている．これは，西アジアや日本列島の定住的狩猟採集民のあり方と類似している．

3800 ～ 3400 年前頃になるとメキシコの太平洋沿岸からオアハカ高地にかけて頑丈な住居や土器が使用されるようになり，定住度が高まったと考えられる［Clark and Cheetham 2003］．中米各地で，花粉，炭化種子，人骨の同位体組成などによりトウモロコシ利用の証拠が増加するのは，4500 ～ 4000 年前頃であり，この時期にトウモロコシの生産性が上がり，定住度が高まったと考えられる［Pohl et al. 1996］．ユカタン半島中央部のマヤ低地では，湖沼堆積物からトウモロコシの花粉が継続して産出するのは 3500 年前頃からになり，他地域と比べて生産性が高まるのがやや遅れた［Wahl et al. 2014］．この時期にトウモロコシの生産性が高くなった原因はまだよく分かっていないが，品種や栽培技術が改良されたか，あるいは生産に適した気候に変化した可能性もある．最近，湖沼コアの証拠から，この時期に気候の乾燥化があったことが指摘されており［Wahl et al. 2014］，トウモロコシ花粉の出現時期と一致しているのは興味深い．マヤ文明の発祥中心の一つであるグアテマラの Ceibal 遺跡では，トウモロコ

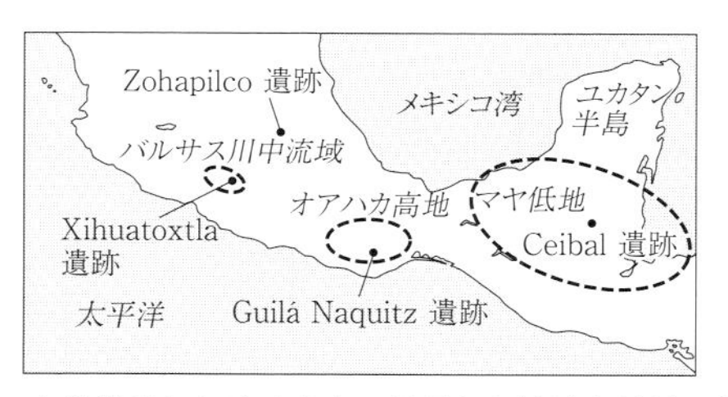

図6　中米地域における本文で言及した遺跡と地域の位置

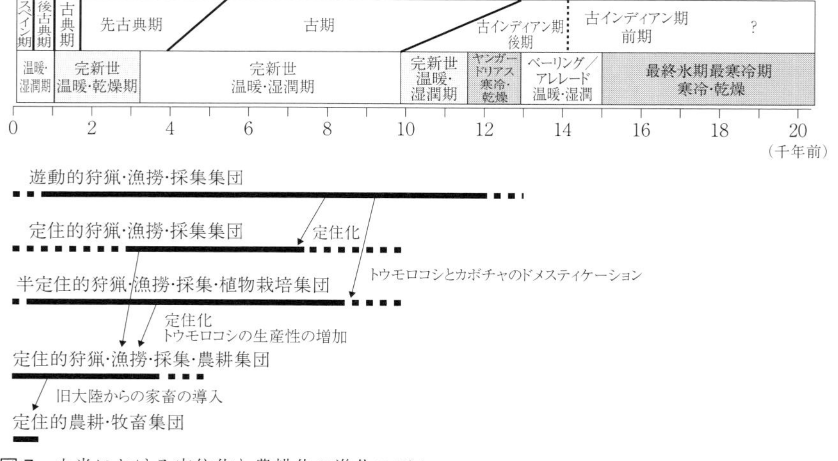

図7　中米における定住化と農耕化の進化モデル

それぞれの実線は，定住度と農耕度の異なる集団が存在したと考えられる年代の幅を示す．点線部分は推測による．編年と気候データは Voorhies and Metcalfe [2007]，Hodell et al. [2008]，Wahl et al. [2014] を参照した．

シの生産性が高まった3000年前頃に，様々な定住度の集団が，祭祀のための公共施設を共同で建造することで，定住化が促進され，文明が発祥したと見られている［Inomata et al. 2015］（図6，7）．

2.6　おわりに

以上見てきたように，定住化と農耕化の過程は地域によって異なっているが，共通点も多く見ることができた．定住度の違いは，食糧や資源の獲得戦略と密接に関連しており，利用可能な資源（野生の動植物や栽培植物，家畜）の豊富さと人口とのバランスによって決まっているように見える．

西アジアと日本列島では，中米に比べて定住度が高くなるのが早く，遅くとも 9000 年前頃から定住度が高くなった．これを可能にした地理的・環境的要因として，日本列島では，温暖・湿潤な気候が安定的に継続することに加えて，四方を海に囲まれた島嶼(とうしょ)環境により海産資源に恵まれたことが挙げられるだろう．人口増加や気候変動により食糧や資源が不足すると，再遊動する集団もあったが，植物栽培を開始することにより定住生活を継続する集団が多かった．ただし，日本列島ではイネ科穀物の栽培化が行われなかったので，自ら農耕社会へ移行することは無かった．

西アジアでは，狩猟，漁撈に加え，野生のムギ類やマメ類，ピスタチオなどの木の実やカヤツリグサ科などの湿地草本の採集など，広範囲の食物が利用されることにより定住が促進した．ムギ類の栽培化には 3000 年くらいかかったが，ムギ類は生産性が高く，貯蔵性にも優れているため，8000 年前頃にはムギ作農耕に依存する社会が成立した．

一方，中米では，トウモロコシの栽培化が 9000 ～ 6000 年前には起きたが，3800 年前頃になるまではトウモロコシの生産性が低かったため，定住度は高くならなかった．熱帯地域では，季節的に遊動すれば野生資源の確保が容易なので，トウモロコシへの依存度が高まるまでは定住する必要がなかったのかもしれない．トウモロコシの生産性が上がるのが何故遅れたか，についても今後検討していかなければならないだろう．

気候変動と先史時代の定住化と農耕化との関係は，数万～数千年スケールの変動と，数年～数百年スケールの変動とで分けて考える必要があるだろう．完新世以降の安定した気候は，定住化と農耕化の究極要因であろう．これに対して，完新世の安定した気候の中で起きた小スケールの変動は地域ごとに様々で，強く作用する場合もあれば，そうでない場合もあった．

参照文献

Barker, G. (2006) *The Agricultural Revolution in Prehistory: Why Did Foragers Become Farmers?*, Oxford University Press.

Bar-Matthews, M., A. Ayalon, and A. Kaufman (1997) Late Quaternary Paleoclimate in the Eastern Mediterranean Region from Stable Isotope Analysis of Speleothems at Soreq Cave, Israel, *Quaternary Research* 47(2): 155–168.

Bar-Yosef, O. (2001) From Sedentary Foragers to Village Hierarchies: The Emergence of Social Institutions, *Proceedings of the British Academy* 110: 1–38.

Bar-Yosef, O. (2009) Social Changes Triggered by the Younger Dryas and the Early Holocene Climatic Fluctuations in the Near East, *The Archaeology of Environmental Change: Socionatural Legacies of Degradation and Resilience*, C. T. Fisher, B. J. Hill, and G. M. Feinman (eds.), University of Arizona Press, pp. 192–208.

Bar-Yosef, O., and R. H. Meadow (1995) The Origins of Agriculture in the Near East, *Last Hunters, First Farmers: New Perspectives on the Prehistoric Transition to Agriculture*, D. T. Price and B. A. Gebauer (eds.), pp. 39–94.

Cauvin, J. (2000) *The Birth of the Gods and the Origins of Agriculture*, Cambridge University Press.

Clark, J. E., and D. Cheetham (2003) Mesoamerica's Tribal Foundation, *The Archaeology of Tribal Societies*, W. A. Parkinson (ed.), International Monographs in Prehistory, pp. 278–339.

Crawford, G. W. (1983) Paleoethnobotany of the Kameda Peninsula Jomon, *Anthropological Papers* 73: 1–200.

Crawford, G. W. (2011) Advances in Understanding Early Agriculture in Japan, *Current Anthropology* 52(S4): S331–S345.

Dansgaard, W., S. J. Johnsen, H. B. Clausen, et al. (1993) Evidence for General Instability of Past Climate from a 250-kyr Ice-Core Record, *Nature* 364: 218–220.

Flannery, K. V. (1968) The Olmec and the Valley of Oaxaca: A Model for Interregional Interaction in Formative Times, *Dumbarton Oaks Conference on the Olmec*, Dumbarton Oaks, pp. 79–110.

Fujii, S. (2009) Wadi Abu Tulayha: A Preliminary Report on the Summer 2008 Final Field Season of the Jafr Basin Prehistoric Project, Phase 2, *Annual of the Department of Antiquities of Jordan* 53: 173–209.

Fuller, D. Q., T. Denham, M. Arroyo-Kalin, et al. (2014) Convergent Evolution and Parallelism in Plant Domestication Revealed by an Expanding Archaeological Record, *Proceedings of the National Academy of Sciences of the United States of America* 111: 6147–6152.

Grove, D. C. (2000) The Preclassic Societies of the Central Highlands of Mesoamerica, *The Cambridge History of the Native Peoples of the Americas*, vol. 2, *Mesoamerica*, pt. 1, R. E. W. Adams and M. J. MacLeod (eds.), Cambridge University Press, pp.

122–155.

Habu, J.（2004）*Ancient Jomon of Japan*, Cambridge University Press.

Habu, J.（2014）Post-Pleistocene Transformations of Hunter-Gatherers in East Asia: The Jomon and Chulmun, *The Oxford Handbook of the Archaeology and Anthropology of Hunter-Gatherers*, V. Cummings, P. Jordan, and M. Zvelebil（eds.）, Oxford University Press, pp. 507–520.

Hodell, D. A., F. S. Anselmetti, D. Ariztegui, et al.（2008）An 85-ka Record of Climate Change in Lowland Central America, *Quaternary Science Reviews* 27(11): 1152–1165.

Hongo, H., L. Omar, H. Nasu, et al.（2013）Faunal Remains from Wadi Abu Tulayha: A PPNB Outpost in the Steppe-desert of Southern Jordan, *Archaeozoology of the Near East X: Proceedings of the 10th International Symposium on the Archaeozoology of South-Western Asia and Adjacent Areas*, B. De Cupere, V. Linseele, and S. Hamilton-Dyer（eds.）, pp. 1–25.

Inomata, T., J. MacLellan, D. Triadan, et al.（2015）The Development of Sedentary Communities in the Maya Lowlands: Co-Existing Mobile Groups and Public Ceremonies at Ceibal, Guatemala, *Proceedings of the National Academy of Sciences of the United States of America* 99: 6080–6084.

Kitagawa, J. and Y. Yasuda（2004）The Influence of Climatic Change on Chestnut and Horse Chestnut Preservation around Jomon Sites in Northeastern Japan with Special Reference to the Sannai-Maruyama and Kamegaoka Sites, *Quaternary International* 123: 89–103.

小山修三・杉藤重信（1984）「縄文人口シミュレーション」『国立民族学博物館研究報告』9: 1–39.

工藤雄一郎（2012）『旧石器・縄文時代の環境文化史』新泉社.

加三千宣（2009）「琵琶湖湖底堆積物の層序と古環境研究」『デジタルブック最新第四紀学』日本第四紀学会 50 周年電子出版編集委員会編，pp. 249–263.

Matsuoka, Y., Y. Vigouroux, M. M. Goodman, et al.（2002）A Single Domestication for Maize Shown by Multilocus Microsatellite Genotyping, *Proceedings of the National Academy of Sciences of the United States of America* 99: 6080–6084.

Mayewski, P. A., E. E. Rohlingb, J. C. Stagerc, et al.（2004）Holocene Climate Variability, *Quaternary Research* 62(3): 243–255.

南木睦彦（1994）「縄文時代以降のクリ（*Castanea crenata* Sieb. et Zucc.）果実の大型化」『植生史研究』2: 3–10.

中山誠二（2010）『植物考古学と日本の農耕の起源』同成社.

中沢道彦（2009）「縄文農耕論をめぐって——栽培種植物種子の検証を中心に」『弥生時

代の考古学5 食糧の獲得と生産』設楽博己・松木武彦・藤尾慎一郎編，同成社，pp. 228-246.

中沢道彦（2014）『先史時代の初期農耕を考える――レプリカ法の実践から』日本海学研究叢書，富山県観光・地域振興局国際・日本海政策課.

那須浩郎（2014）「雑草からみた縄文時代晩期から弥生時代移行期におけるイネと雑穀の栽培形態」『国立歴史民俗博物館研究報告』187: 95-110.

那須浩郎・会田進・佐々木由香ほか（2015）「炭化種実資料からみた長野県諏訪地域における縄文時代中期のマメの利用」『資源環境と人類』5: 37-52.

西田正規（1986）「中緯度森林の定住民」『国立民族学博物館研究報告』10: 603-613.

能城修一・佐々木由香（2014）「遺跡出土植物遺体からみた縄文時代の森林資源利用」『国立歴史民俗博物館研究報告』187: 15-48.

小畑弘己（2011）『東北アジア古民族植物学と縄文農耕』同成社.

Piperno, D. R.（2011）The Origins of Plant Cultivation and Domestication in the New World Tropics: Patterns, Process, and New Developments, *Current Anthropology* 52(S4): S453-S470.

Piperno, D. R., and K. V. Flannery（2001）The Earliest Archaeological Maize（*Zea mays* L.）from Highland Mexico: New Accelerator Mass Spectrometry Dates and Their Implications, *Proceedings of the National Academy of Sciences of the United States of America* 98: 2101-2103.

Pohl, M. D., K. O. Pope, J. G. Jones, et al.（1996）Early Agriculture in the Maya Lowlands, *Latin American Antiquity* 7(4): 355-372.

Rosen, A. M.（2007）*Civilizing Climate: Social Responses to Climate Change in the Ancient Near East*, Rowman Altamira.

Rosenberg, M., and R. W. Redding（2002）Hallan Çemi and Early Village Organization in Eastern Anatolia, *Life in Neolithic Farming Communities: Social Organization, Identity, and Differentiation*, I. Kuijt（ed.）, Springer, pp. 39-62.

Savard, M., M. Nesbitt, and M. K. Jones（2006）The Role of Wild Grasses in Subsistence and Sedentism: New Evidence from the Northern Fertile Crescent, *World Archaeology* 38(2): 179-196.

Smith, B. D.（2001）Low-Level Food Production, *Journal of Archaeological Research* 9: 1-43.

Snir, A., D. Nadel, I. Groman-Yaroslavski, et al.（2015）The Origin of Cultivation and Proto-Weeds, Long before Neolithic Farming, *PLoS ONE* 10(7): e0131422.

谷口康弘編（1999）『大平山元Ⅰ遺跡の考古学調査――旧石器文化の終末と縄文文化の起源に関する問題の探求』大平山元Ⅰ遺跡発掘調査報告書調査団.

Tanno, K., and G. Willcox (2006) How Fast Was Wild Wheat Domesticated?, *Science* 311: 1886.

Torfstein, A., S. L. Goldstein, M. Stein, et al. (2013) Impacts of Abrupt Climate Changes in the Levant from Last Glacial Dead Sea Levels, *Quaternary Science Reviews* 69: 1-7.

Tsutsumi, T. (2012) MIS3 Edge-Ground Axes and the Arrival of the First Homo sapiens in the Japanese Archipelago, *Quaternary International* 248: 70-78.

Voorhies, B., and S. E. Metcalfe. (2007) Culture and Climate in Mesoamerica during the Middle Holocene, *Climate Change and Cultural Dynamics: A Global Perspective on Mid-Holocene Transitions*, D. G. Anderson, K. Maasch, and D. H. Sandweiss (eds.), pp. 157-187.

Wahl, D., R, Byrne, and L. Anderson (2014) An 8700 Year Paleoclimate Reconstruction from the Southern Maya Lowlands, *Quaternary Science Reviews* 103: 19-25.

吉川純子（2011）「縄文時代におけるクリ果実の大きさの変化」『植生史研究』18(2): 57-63.

3　西アジア先史時代における定住狩猟採集民社会

三宅 裕

3.1　はじめに

西アジアではおよそ1万年前に農耕・牧畜が始まると，狩猟採集民は急速に農耕・牧畜民へと置き換わり，その姿が見えなくなってしまう．農耕・牧畜への移行は，西アジアの中でも地域によって多少の時間差がみられるものの，紀元前7千年紀にはほぼ農耕・牧畜社会一色に染まってしまう．可耕地周辺の土地へもヒツジやヤギを連れた放牧が盛んにおこなわれるようになり，狩猟採集民が生存していける余地は早い段階で失われてしまったものと考えられる．したがって，西アジアにおいては遊牧民の民族誌は多数存在するものの，狩猟採集民の民族誌はなく，今となっては考古学によってその状況を知ることしかできない．

西アジアの狩猟採集民は，農耕・牧畜への移行に先駆けて，遊動生活から定住生活への移行も経験している．更新世末から完新世初頭にかけて，西アジア各地で定住集落が出現するが，そうした遺跡から出土する動植物資料の分析により，そこに居住していた人々は依然として狩猟・採集を基盤としていたことが明らかになっている．すなわち，遊動的狩猟採集社会から定住農耕・牧畜社会へと変わっていく過程で，定住的な狩猟採集民社会が形成されていたことになる．近年明らかになってきた，こうした定住狩猟採集民社会の実像は，「農耕・牧畜中心主義」とも言えるようなこれまでの見方に対して大きな一石を投じることになった．本章では，こうした西アジアの定住狩猟採集民社会における生業のあり方を中心に，定住化や農耕・牧畜の意義について検討してみたい．

3.2　広範囲生業革命

フラナリー（K. Flannery）は1969年に出版された論文の中で，紀元前2万年より前の後期旧石器時代[1]には，それまであまり見向きされることのなかった，魚，亀，貝，水鳥などの小型動物，それにおそらく野生の穀物も食糧として利用されるようになったと指摘し，利用する食糧の幅が広くなったという意味で「広範囲生業革命（Broad Spectrum Revolution）」と呼んだ［Flannery 1969］．こうした食性の拡大は，農耕への「前適応」とみなされた製粉具や貯蔵施設などの技術的革新をともないながら，栽培・家畜化への道を拓くことになったとしてその意義が高く評価された．そして，人口の増加によって環境収容力との間に不均衡が生じたことがその背景にはあるとの考えが示された．

フラナリーが広範囲生業革命の考えを提唱してから半世紀近くが経つが，現在でもそれは，基本的に有効であると考えられており，新たな資料を基に詳細な検討が続けられている．中でも南レヴァント，ガリラヤ湖畔（イスラエル北部）に位置するオハロ II 遺跡は，終末期旧石器時代初頭（あるいは後期旧石器時代末）の貴重なデータを提供してくれた．2 万 3000 年前ごろに営まれたこの遺跡は，遺跡全体が長い間湖底に沈んでいたため，植物資料の残りが大変よく，142 種にも及ぶ計 9 万点以上の資料が検出された［Weiss et al. 2004a］．野生のオオムギやエンマーコムギがある程度まとまって出土し，住居内から出土した玄武岩製の板石からもオオムギなどのデンプン粒が検出されたことから［Piperno et al. 2004］，そうした野生穀物の利用の方に注目が集まる傾向にある．しかし，検出された種子数では，スズメノチャヒキ属，スズメノテッポウ属，リシリソウ属などの小型種子草本の方が圧倒的に多く，体積比でも野生穀物に対して約 35％の割合を占めている［Weiss et al. 2004b］．このように小型種子草本が数多く検出され，その種子がすべて熟した段階のものであったことから，これらの植物も当時の基幹的食糧であったと考えられている．オオムギやコムギよりも早く収穫時期を迎える小型種子草本は，春先の貴重な食糧となっていたと思われる．野生穀物や小型種子草本がまとまって検出されたのは，オハロ II 遺跡が今のところ最古の例であり，収穫後にも籾摺（もみす）りや製粉などの処理を必要とする植物も，すでに食糧リストに加えられていたことを示す貴重な資料となっている．

オハロ II 遺跡の動物資料については，哺乳動物の中ではガゼルやダマジカが

1）フラナリーは後期旧石器時代としているが，ケバラ期やザルジ期についても言及されており，現在の編年では終末期旧石器時代とされる時期も含まれていることになる．

中心となっており，ほかにキツネやウサギなども検出されている．しかし，特に注目されるのは，魚や鳥の骨が数多く出土したことである．1号住居跡の覆土からだけでも1万点近くの魚骨が検出され，その多くはコイ科，カワスズメ科などの淡水魚であった［Zohar 2002］．この遺跡からは両側に抉(えぐ)りの入った石錘(せきすい)も出土しており，これらは漁網や筌(うけ)などの漁具を固定するための錘(おもり)であったと解釈されている［Zaidner 2002］．漁撈に関わる技術も，すでにある程度発達していたことが窺(うかが)われる．鳥については77種が同定され，その内訳はカイツブリが最も多く，それに続くカモ，ガン，オオバンなど，いずれもこの地に冬季に渡ってくる渡り鳥が中心となっている［Simmons 2002］．

オハロII遺跡の動植物資料から見えてくるのは，まさに広範囲生業の具体的な姿である．これにより2万3000年前ごろには，野生穀物，小型種子草本，魚，鳥などを含む，多様な食糧が幅広く利用されていたことが明らかになった．ただし，ここで考えておく必要があるのは，こうした生業のあり方が時期的にどこまで遡るのかという点である．フラナリーの言う広範囲生業革命があったとして，それはオハロII遺跡が営まれた頃のことであったのか，それとももっと前にまで遡るのかという問題である．

旧石器時代の植物資料はそれほど多くないが，ケバラ洞窟の中期旧石器時代のデータを見るかぎりでは，この時期にはまだ広範囲生業は始まっていなかったと評価できそうである［Weiss et al. 2004a］．これはネアンデルタール人が残したものということになるが，食用と考えられる植物ではマメ類が中心であり，野生穀物や小型種子草本はわずか数点しか出土していない．動物資料では，南レヴァントを中心とする洞窟遺跡において，すでに中期旧石器時代の層からカメや貝類などの小型動物が出土しており，遺跡や層位によっては半数近くをこうした小型動物が占めているケースも認められる［Stiner et al. 2000］．しかし，これらは小型動物といっても，動きの鈍い捕獲しやすい獲物であり，鳥，ウサギ，魚などはまだほとんど利用されていない．鳥の骨がある程度出土するようになるのは後期旧石器時代になってからであり，ウサギが増えるのは終末期旧石器時代からである．魚については，魚骨自体は前期・中期旧石器時代の遺跡からも僅かながら出土しているが，それが漁撈活動の結果であるのか判断するのは難しい状況にある［Van Neer et al. 2005］．また，後期旧石器時代からは今のところ良好な資料自体得られていない．

このように終末期旧石器時代以前については資料の蓄積がまだ十分とは言えず，その評価については慎重にならざるを得ないが，後期旧石器時代にはすでに広範囲生業が始まっていた可能性が指摘されている［Stiner et al. 2000］．西アジアの後期旧石器時代は，アフリカから拡散してきた現生人類が，ネアンデルタール人との交替を果したとされる時期でもある．もし広範囲生業が後期旧石器時代の開始とともに認められるようになるのであれば，食性の幅の広さは現生人類が本来もっていた特性に帰すことも可能になる．ヨーロッパでの資料ではあるが，安定同位体比による食性分析でも，幅広い食性が現生人類の特徴として指摘されていることともうまく符合する[2)]［Richards and Trinkaus 2009］．もしそうであるならば，こうした食性の変化は単なる適応戦略の変化ではなく，それを残した人類の違いを反映していることになり，厳密な意味ではフラナリーが指摘したような革命は存在しなかったことになる．

3.3　終末期旧石器時代の生業――広範囲生業の実態

これまで広範囲生業については，主に食糧の対象となった動植物の種類に基づいて議論がおこなわれてきた．しかし，それでは広範囲生業の始まりについては検討することができても，その後の生業の実態にはほとんど迫ることができなかった．単に広範囲生業が認められるかどうかに議論がとどまってしまうからである．そこで，行動生態学の「最適採食理論（Optimal Foraging Theory)」の分析手法を取り入れ，広範囲生業の具体的様相やその変化に迫ろうとする研究もみられるようになった．「最適採食理論」とは食糧獲得活動において，食糧の探索や処理にかかる労力（時間）と得られるエネルギー量に注目し，最も効率的な食糧獲得行動を予測するモデルである［口蔵 2000］．食糧とされた種そのものに注目するのではなく，コストとベネフィットの関係から食糧をランク付けして検討することが特徴となっている．

考古学への援用は，食糧の探索時間をはじめ入手不能なデータも多いため，

2）ネアンデルタール人骨の分析値は，オオカミやハイエナなどの値に近いことから，陸上の生態系の中で最上位に位置するビッグゲーム・ハンターであったと考えられている．これに対し，現生人類は草食動物の狩猟に加え，淡水を中心とする水産資源の利用も含む，より幅の広い食性をもっていたと解釈されている．こうした幅広い食性がネアンデルタール人と現生人類の交替に何らかの影響を及ぼしたとする見解も認められる．

かなり単純化された形にならざるを得ないが，終末期旧石器時代の南レヴァントでは，遺跡から出土した動物骨を対象に詳しい分析がおこなわれている[Stiner et al. 2000; Munro 2009]．有蹄類などの大型哺乳動物は体の大きさ，すなわち得られる肉量によって大型種（ウシ，アカシカ），中型種（ダマジカ，イノシシ），小型種（ガゼル）の３つのグループに分けられ，肉量の多い獲物ほどランクが高いとされた．小型動物については，捕獲のしやすさを基準に，動きの鈍い動物（カメ）と敏捷な動物（鳥，魚，ウサギ）に分けられ，捕獲しやすい動物の方が高いランクに位置づけられた．

分析の結果，ウシやアカシカなどの大型種はこの時期全体を通じて割合が少ないことが明らかになった．遭遇すれば狩猟されていたものの，すでに生息密度はかなり低くなっていたと思われる．中型種はこの時期を通して減少していく傾向にあるのに対し，小型種（特にガゼル）の方は逆に増加していく状況が確認された．また，上記の哺乳動物と小型動物との割合も検討され，時期が下るにつれ小型動物が増加していくことも示された．小型動物の内訳をみてみると，古い時期にはカメなどの捕獲しやすい種が多かったのに対し，終末期旧石器時代でも後期に年代づけられ定住化も進んだナトゥーフ前期には捕獲しにくい鳥（ウズラ）やウサギなどの種が増加していた[3)]．こうした状況は，言うならばランクの高い獲物から低ランクの獲物へと，主な狩猟対象が徐々に移行していったことを示している．

主要な狩猟対象となっていたガゼルについては，年齢構成や骨髄利用の頻度（骨の破砕状況）についても検討がおこなわれた．その結果，時期が下るほど成獣に対する若獣の割合が増加していくことや，骨髄利用の証拠とされる骨の意図的な破壊の状況が顕著になることも明らかになった．若獣の割合が増えるのは獲物に対する狩猟圧の高まりを示していると解釈でき，骨髄の利用は限られた資源からできるだけ多くの栄養を得ようとした結果であると言える．

植物利用に関しては，先のオハロII遺跡を除くとあまり良好な資料がない．これは多くの遺跡が調査されているナトゥーフ期についても当てはまる．植物資料の残りの悪さに関しては，条件的にその保存を妨げるような何らかの問題

3）小型動物の組成だけは時期による変動が認められ，ナトゥーフ後期になると再びカメの割合が増加することが指摘されている．これについては，この時期に再び移動性が高まったことが指摘されており，そうした変化との関係が想定されている．

がある可能性や発掘年代の古さによる調査精度の問題などが指摘されている．このような資料的制約があったにもかかわらず，これまではナトゥーフ期において野生穀物の利用が盛んになり，それが栽培へと発展していくと説明されてきた［Bar-Yosef 1998］．その根拠とされたのは，この時期に石皿や鎌刃が増加することであった．確かにこれらの道具は植物利用に関連する可能性が高いと言えるが，それがそのまま野生穀物の利用の証拠になるとは限らない．ほかの植物を利用する際に使用された可能性もあるからである．植物利用については，あくまでも植物資料の状況を基に評価するべきであるとの批判もみられるようになったが［Savard et al. 2006; Asouti and Fuller 2012］，それは当然のことであると言える．

ユーフラテス川中流域の事例になるが，アブ・フレイラ遺跡からは例外的にナトゥーフ後期の良好な植物資料が得られている．この遺跡の報告書ではオオムギやライムギがすでに栽培されていた可能性が強調されていたが［Hillman 2000］，その後資料の再検討がおこなわれ，栽培の可能性は完全には否定されていないものの，かなりトーンダウンしてしまった［Colledge and Conolly 2010］．報告書では畑の雑草とみなされていた小型種子草本や河谷底部に生育するカヤツリグサ科，タデ科の植物の方が，むしろ基幹的食糧として重要な役割を果していたと考えられるようになった．ここでも「最適採食理論」の考えが援用され，可食部分の少ない小型種子草本などはランクの低い食糧に位置づけられるとし，それらが盛んに利用されるのはヤンガー・ドリアス期の環境悪化への対応として，食性の幅を拡大させた結果であると解釈された．しかし，小型種子草本自体はオハロII遺跡でも明らかにされたように，かなり早い段階から基幹的食糧として利用されてきたと考えられ，むしろそうした植物利用のあり方が終末期旧石器時代末期になっても継続されていたと解釈した方がよいように思われる．

こうした問題はあるものの，「最適採食理論」を取り入れた動物資料の分析の結果では，南レヴァントの終末期旧石器時代には一貫してコストパフォーマンスのよいランクの高い食糧からランクの低い食糧へと食性の幅が拡大している，あるいはランクの低い食糧に重点が移っているとみることができる．こうした状況は，食糧資源あるいは環境の劣化を示しているということでもある．この時期は最終氷期の最盛期から後氷期への寒冷・乾燥期と温暖・湿潤期が目まぐるしく入れ替わる気候の激変期に当る．しかし，食糧利用のあり方にはそうした気候変動による影響は認められず，むしろ一定の方向に変化していることが特徴である．したがって，食糧資源の劣化は気候変動による環境の変化が原因であるとは考えにくく，その背後には継続的に増加する人口が大きな圧力として働いていた可能性が高いと評価されている[4)]．

3.4 定住化

終末期旧石器時代においてもう一つ注目されるのが定住化である．西アジアの場合，農耕・牧畜の起源の陰に隠れてしまい，これまで正面から定住化の意義が論じられることはほとんどなかった．定住集落が出現するのは，後氷期の温暖で湿潤な気候の下，各地に森林が広がり，それによって多様な植物性食糧（野生穀物や堅果類など）が利用できるようになったためと説明されてきた［Bar-Yosef 1998］．しかし，その背後には「条件さえ整えば，人は定住する」という思考が潜んでいることは明らかである．同様の論理は初期の農耕起源論の中にもみられたが[5)]（「条件さえ整えば，人は農耕を始める」），狩猟採集民研究の進展などによって今ではほとんど顧みられることがなくなった．これに対して，「定住革命」を唱えた西田正規(まさき)は，「人類は基本的に遊動生活者であり，定住生活は遊動生活が破綻した結果，出現した」との立場に立つべきであると主張した［西田 1984］．人類が長年営んできた遊動生活を捨てたのには，そうせざるを得なかった相応の理由があるはずだというのである．

これまで，西アジアにおける遊動生活から定住生活への移行は，南レヴァントのナトゥーフ前期に始まると考えられてきた［Belfer-Cohen and Bar-Yosef 2000］．この時期になると，石の壁をともなう恒久性の高い住居が出現し，遺跡の人為的堆積の厚さが増し，墓地が形成され，石皿に代表される重量のある遺物が増

4）これはあくまでも「最適採食理論」を援用した場合の解釈である．こうした手法については「最適採食理論」の古典的モデルをさらに単純化させたものだという批判とは別に，人間を受け身の存在としてしか捉えていない（「適応主義」）という批判もある．人間は自らの活動によって積極的に周囲の環境を変えていく存在でもあり，その点にも目を配る「文化的ニッチ構築」の考え方を導入すべきとの意見もある［Smith 2015］．

5）代表的なものは，ブレイドウッド（R. J. Braidwood）による「核地帯理論」と呼ばれるものである［Braidwood 1960］．ブレイドウッドは，栽培植物や家畜の野生祖先種が分布する地域を核地帯と呼び，農耕・牧畜はそこで条件が整い，人間の文化的な準備が整った時に開始されたと主張した．

える．こうした状況証拠に加え，ネズミやスズメなどの共生動物が認められるようになることやガゼルの歯の分析を基にした狩猟季節の復元からも年間を通じて居住されていたことが主張されている．しかし，近年では定住化へ向けた動きはナトゥーフ前期に一気に高まったのではなく，それ以前からすでにそうした傾向は現れていたと考えられるようになっている［Maher et al. 2012］．先に取り上げたオハロ II 遺跡では，出土した動植物の分析によって，少なくともいくつかの異なった季節に居住されていたことが明らかになっている．また，ヨルダン東部のハラネ IV 遺跡に代表されるように，終末期旧石器時代前期・中期にも規模の大きな集落が存在することが明らかになり，人為的な堆積が重なって低いながらも丘状（テル）になった遺跡も見つかっている．こうした遺跡では，やはり複数の季節にわたる居住の証拠が認められる．こうしたことから定住化は短期間に起こった急激な変化ではなく，長期にわたって徐々に進行していったと考えられるようになった．

ここで問題となるのは，人類を定住化へと向かわせた要因である．人口増加ないし人口圧の問題は，これまでもボズラップ（E. Boserup）に代表されるように，社会的な変化をもたらす原動力として注目されてきた［ボズラップ 1975］．西アジアにおける農耕・牧畜の起源について考察したビンフォード（L. Binford）やフラナリーも，基本的には先農耕期の人口増加が大きな役割を果したと主張した［Binford 1968; Flannery 1969］．しかし，考古学的資料に基づいて先史時代の人口を復元するのは簡単なことではなく，人口増加を示す具体的な証拠がないとの批判を受けてきた．その意味で，広範囲生業の実態を明らかにする作業の中から導き出された，継続的な人口増加がみられるとの結論は，その証拠となり得るものとして注目される．また，近年では地中海に浮かぶキプロス島，クレタ島などの島嶼（とうしょ）部へ，終末期旧石器時代末から新石器時代にかけて本土から人間集団の移住があったことが示されるようになった［Knapp 2013］．この時期にそのような動きがみられるようになるのは単なる偶然とは考えにくく，これも人口増加のひとつの表れであると捉えることも可能である．もし定住化がある程度の時間をかけて達成されたのであるならば，人口の増加と定住化の過程は相互に影響し合いながら徐々に進行していったと考えることもできる．いずれにしろ，今のところ定住化に向け人類の背中を押したのは人口増加であったとみておきたい．

3.5　新石器時代初頭の生業

西アジアの考古学では，新石器時代は農耕・牧畜が開始された時代と定義されている．しかし，こうした時代の定義と実際の動植物資料から見えてくる生業の実態とは，必ずしもうまく一致しているわけではない．ユーフラテス川中流域では，新石器時代初頭の先土器新石器時代 A 期（PPNA 期）になるとオオムギやコムギを中心とする穀物の利用が盛んになる様子が窺われ［Willcox et al. 2008］，南レヴァントでも基本的に同様の状況が認められる［Weiss et al. 2006］．しかし，これらの穀物は脱粒性を喪失していないことから，形態的にはまだ野生型であると言え，これだけでは野生の穀物を採集していたようにしかみえない．

ユーフラテス川中流域の資料については近年詳細な分析が加えられ，この時期に利用される植物の種類が限定されるようになること（穀物への集中），畑に随伴する雑草が多く認められるようになること，穀物種子のサイズが大型化すること，自然の分布域外からも穀物が出土するようになることなどが指摘されている［Willcox and Stordeur 2012］．このほか，穀物処理用施設の出現，建材への穀物の利用（藁(わら)），ネズミの糞石(ふんせき)の増加なども，穀物の集約的な利用を示す証拠として挙げられている．こうした状況は，単なる野生穀物の採集というだけでは説明がつきにくく，野生型の穀物を栽培する「プレドメスティケーション栽培」がおこなわれていたとする見解が提出されている．これは，植物の形態的変化だけを基にするのではなく，植物利用のあり方を総体的に検討し，栽培という行為の痕跡を積極的に探ろうとする動きであると言える．

その一方で，同じ新石器時代の初頭であっても，地域によって植物利用のあり方はかなり異なっていたことも明らかになってきた．近年調査が進んだ南東アナトリアのティグリス川上流域では，多様な種類の植物資料が検出されているが，穀物を盛んに利用していたような様子は認められない．ハラン・チェミ遺跡やデミルキョイ遺跡では，カヤツリグサ科のコウキヤガラ（sea club-rush）やタデ科（ギシギシ属／タデ属）が圧倒的多数を占めている［Savard et al. 2006］．キョルティック・テペ遺跡では，Taeniatherum などイネ科の大型種子草本やチガヤ属などのイネ科の小型種子草本が多いが，コウキヤガラやギシギシ属も比較的多く出土している［Riehl et al. 2012］．

図1　ハッサンケイフ・ホユック遺跡（筑波大学アナトリア調査団提供）
写真上方はティグリス川.

カヤツリグサ科のコウキヤガラは，その種子と塊茎が食用になることが知られており［Wollstonecroft 2009］，ティグリス川上流域やユーフラテス川中流域のほかにも，レヴァント，中央アナトリア，ザグロス山脈など，広範な地域で確認されている［Wollstonecroft et al. 2011］．野生穀物の利用や栽培が本格化する以前には，広く利用されていたと考えられる．キョルティック・テペ遺跡ではオオムギやコムギなどの野生穀物も検出されているが，その割合は全体の6％以下にとどまっており［Riehl et al. 2012］，ティグリス川上流域においてはプレドメスティケーション栽培を想定するのは現実的ではないと思われる．

私たち筑波大学アナトリア調査団がティグリス川上流域で発掘調査をおこなっているハッサンケイフ・ホユック遺跡（トルコ南東部）でも（図1），同様に野生穀物は検出されていない．動物骨もヒツジ，ヤギ，イノシシなどが出土しているが，いずれも形態的には野生型のもので，家畜の存在は確認できない［Miyake et al. 2012］．考古学的には新石器時代初頭に年代づけられるものの，その実態は狩猟採集民によって営まれた遺跡であると言える．さらに，この遺跡の人為的堆積は10 m以上におよび，石の壁をもった建物や貯蔵用施設，埋葬，重量のある石皿なども多数出土していることから，通年にわたって居住された定住集落であったと考えられる．ほぼ同時期の遺跡であるハラン・チェミでは，貝殻の成長線の分析によって通年，あるいはそれに近い期間の居住が想定されており［Rosenberg 1994］，その結果とも矛盾しない．ティグリス川上流域では終末期旧石器時代の状況がまだよくわかっていないが，少なくとも農耕・牧畜に先駆けて定住狩猟採集民社会が形成されていたことは確実となったと言える．

3.6 「複雑な」狩猟採集民社会

ハッサンケイフ・ホユック遺跡では，集落の中央部から大型の建物が検出され，床面に大型の石柱などをともなっていたことから集団の紐帯を強化するような儀礼が執りおこなわれた公共建造物であったと考えられる（図 2a）．また，この遺跡からはサソリ，ヘビ，鳥などの動物を中心とする図像が表現された遺物（図 2b）や工芸技術のレベルの高さを示す石製容器（図 2c）や装飾品（図 2d）も多数確認されている．こうした資料はいずれも当時の定住狩猟採集民がかなり複雑な社会を発達させていたことを示していると言えるが，トルコ南東部で発見されたギョベックリ・テペ遺跡は，そのスケールが想像をはるかにこえるものであることを示してくれた［三宅 2014, 2015］．標高約 800 m の山地上に営まれたこの遺跡からは，直径 10 m を超える建物が複数確認され，そこには高さ 5.5 m もある T 字形石柱が屹立し，石柱の側面にはヘビ，キツネ，鳥などをはじめとする様々な動物が浅浮彫りによって表現されていた．今のところ，一般の住居跡は確認されておらず，山上に築かれた祭祀センターとしての性格をもった遺跡であると考えられている．この遺跡のひとつの建物を建造するだけでも，相当の労働力を組織的に動員する必要があったことは明らかで，さらに周辺の地域から多くの人々が集ってくるような大がかりな祭祀を執りおこなえる社会的ネットワークも組織されていたと考えなくてはならない．しかし，ギョベックリ・テペ遺跡から出土した動植物資料を見るかぎり，栽培作物や家畜の存在は確認することができず，この遺跡を造営し祭祀を執りおこなった集団は，狩猟採集民であったとみられている．

最後に，再び西田正規の「定住革命」論に耳を傾けてみることにしたい［西田 1984］．その主張の興味深い点は，遊動生活では移動することによって解消できていた問題が，定住生活では解決できなくなり，問題解決のための新たな方策が必要になるという指摘である．中でも重要と考えられるのが，集団成員間の不和や不満を解消するために，権利や義務についての規定を発達させる必要があり，当事者に和解の条件を提示して納得させる拘束力，つまり何らかの権威の体系を育む培地となるとの指摘である．つまり，遊動社会における平等主義的な社会原理は，定住社会にあっては後退せざるを得なくなり，そこには所有という概念が集団としても個人あるいは世帯としても発生してくることに

a　公共建造物の跡

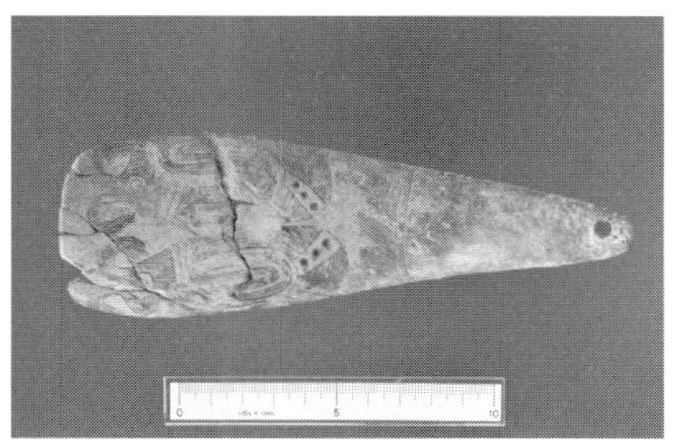

b　動物のモチーフが刻まれた骨製品

c　石製容器

d　石製・貝製ビーズ

図2　ハッサンケイフ・ホユック遺跡の遺構・遺物
（筑波大学アナトリア調査団提供）

なる．また，定住生活では死者や災いと共存しなくてはならなくなり，それらに対する恐れを鎮め，自らの安全を確信するために，複雑な儀礼を発達させる必要がでてくるとも指摘する．

こうした指摘は，ギョベックリ・テペ遺跡を生みだした社会にもよく当てはまるように思われる．当時の社会のあり方が明らかにされているとはとても言えないものの，規模の大きな建物を造営し，祭祀センター的存在を機能させていくためには，何らかの権威に裏打ちされたリーダーシップの存在は不可欠であったと考えられる．また，儀礼やそれに関連する施設がなぜこれほどまで社会の中心的位置を占めるのかという問いに対しても，ある程度の回答が示されている．もちろん，西田の「定住革命」論は1980年代に主張されたものであり，西アジアにも言及はされているものの，必ずしも西アジアがその考察対象の中心にあったわけではない．また，儀礼や信仰の体系は普遍的にどの社会にも認められることから，最近では言語と同じように人間（ホモ・サピエンス）のもつ生得的な能力・資質に起因しているのではないかとの主張もみられるようになった［Bering 2011］．そうした問題はあるものの，これまで西アジアでは，経済的基盤を整備した農耕・牧畜ばかりに注目が集まる傾向にあった中で，定住化は単なる居住様式の変化ではなく，人間の社会的関係に根源的な変化をもたらしたとする「定住革命」論からは，多くの示唆を得ることができると思われる．定住狩猟採集民社会の実態が次第に明らかになってきた今，定住化が社会にもたらした影響についても十分に目を配る必要がでてきたと言えるだろう．

参照文献

Asouti, E., and D. Q. Fuller（2012）From Foraging to Farming in the Southern Levant: The Development of Epipaleolithic and Pre-Pottery Neolithic Plant Management Strategies, *Vegetation History and Archaeobotany* 21: 149–162.

Bar-Yosef, O.（1998）The Natufian Culture in the Levant, Threshold to the Origins of Agriculture, *Evolutionary Anthropology* 6(5): 159–177.

Belfer-Cohen, A., and O. Bar-Yosef（2000）Early Sedentism in the Near East, *Life in Neolithic Farming Communities: Social Organization, Identity, and Differentiation*, I. Kuijt（ed.）, Kluwer Academic, pp. 19–37.

Bering, J.（2011［2012］）*The Belief Instinct: The Psychology of Souls, Destiny, and the Meaning of Life*, W. W. Norton.［『ヒトはなぜ神を信じるのか——信仰する本能』鈴木光太郎訳，化学同人］

Binford, L. R.（1968）Post-Pleistocene Adaptations, *New Perspectives in Archeology*, S. R. Binford and L. R. Binford（eds.）, Aldine, pp. 313–341.

ボズラップ，エスター（1975）『農業成長の諸条件——人口圧による農業変化の経済学』安澤秀一・安澤みね訳，ミネルヴァ書房．

Braidwood, R. J.（1960）The Agricultural Revolution, *Scientific American* 203: 130–141.

Colledge, S., and J. Conolly（2010）Reassessing the Evidence for the Cultivation of Wild Crops during the Younger Dryas at Tell Abu Hureyra, Syria, *Environmental Archaeology* 15(2): 124–138.

Flannery, K. V.（1969）Origins and Ecological Effects of Early Domestication in Iran and the Near East, *The Domestication and Exploitation of Plants and Animals*, P. J. Ucko and G. W. Dimbleby（eds.）, Aldine, pp. 73–100.

Hillman, G. C.（2000）The Plant Food Economy of Abu Hureyra 1 and 2: Abu Hureyra

1: The Epipaleolithic, *Village on the Euphrates: From Foraging to Farming at Abu Hureyra*, A. M. T. Moore, G. C. Hillman, and A. J. Legge (eds.), Oxford University Press, pp. 327–399.

Knapp, A. B. (2013) *The Archaeology of Cyprus: From Earliest Prehistory through the Bronze Age*, Cambridge University Press.

口蔵幸雄 (2000)「最適採食戦略——食物獲得の行動生態学」『国立民族学博物館研究報告』24(4): 767–782.

Maher, L. A., T. Richter, and J. T. Stock (2012) The Pre-Natufian Epipaleolithic: Long-Term Behavioral Trends in the Levant, *Evolutionary Anthropology* 21: 69–81.

三宅裕 (2014)「西アジアの新石器時代——農耕・牧畜と社会の関係」『西アジア文明学への招待』筑波大学西アジア文明研究センター編, 悠書館, pp. 90–103.

三宅裕 (2015)「西アジアにおける神殿の出現——新石器時代の公共建造物をめぐって」『古代文明アンデスと西アジア——神殿と権力の生成』関雄二編, 朝日新聞出版, pp. 41–86.

Miyake, Y., O. Maeda, K. Tanno, et al. (2012) New Excavations at Hasankeyf Höyük: A 10th Millennium Cal. BC Site on the Upper Tigris, Southeast Anatolia, *Neo-Lithics* 1/12: 3–7.

Munro, N. (2009) Epipaleolithic Subsistence Intensification in the Southern Levant: The Faunal Evidence, *The Evolution of Hominin Diets: Integrating Approaches to the Study of Paleolithic Subsistence*, J.-J. Hublin and M. P. Richards (eds.), Springer, pp. 141–155.

西田正規 (1984)「定住革命——新石器時代の人類史的意味」『季刊人類学』15(1): 3–35.

Piperno, D. R., E. Weiss, I. Holst, et al. (2004) Processing of Wild Cereal Grains in the Upper Paleolithic Revealed by Starch Grain Analysis, *Nature* 430: 670–673.

Richards, M. P., and E. Trinkaus (2009) Isotopic Evidence for the Diets of European Neanderthals and Early Modern Humans, *Proceedings of the National Academy of Sciences of the United States of America* 106(38): 16034–16039.

Riehl, S., M. Benz, N. J. Conard, et al. (2012) Plant Use in Three Pre-Pottery Neolithic Sites of the Northern and Eastern Fertile Crescent: A Preliminary Report, *Vegetation History and Archaeobotany* 21: 95–106.

Rosenberg, M. (1994) Hallan Çemi Tepesi: Some Further Observations Concerning Stratigraphy and Material Culture, *Anatolica* 20: 121–140.

Savard, M., M. Nesbitt, and M. K. Jones (2006) The Role of Wild Grasses in Subsistence and Sedentism: New Evidence from the Northern Fertile Crescent, *World Archaeology* 38(2): 179–196.

Simmons, T. (2002) The Birds from Ohalo II, *Ohalo II: A 23,000-Year-Old Fisher-Hunter-Gatherers' Camp on the Shore of the Sea of Galilee*, Dani Nadel (ed.), Reuben and Edith Hecht Museum, University of Haifa, pp. 32–36.

Smith, B. D. (2015) A Comparison of Niche Construction Theory and Diet Breadth Models as Explanatory Frameworks for the Initial Domestication of Plants and Animals, *Journal of Archaeological Research* 23(3): 215–262.

Stiner, M. C., N. D. Munro, and T. A. Surovell (2000) The Tortoise and Hare: Small-Game Use, the Broad Spectrum Revolution, and Paleolithic Demography, *Current Anthropology* 41(1): 39–73.

Van Neer, W., I. Zohar, and O. Lernau (2005) The Emergence of Fishing Communities in the Eastern Mediterranean Region: A Survey of Evidence from Pre- and Proto-Historic Periods, *Paléorient* 31(1): 131–157.

Weiss, E., W. Wetterstrom, D. Nadel, et al. (2004a) The Broad Spectrum Revisited: Evidence from Plant Remains, *Proceedings of the National Academy of Sciences of the United States of America* 101(26): 9551–9555.

Weiss, E., M. E. Kislev, O. Simchoni, et al. (2004b) Small-Grained Wild Grasses as Staple Food at the 23000-Year-Old Site of Ohalo II, Israel, *Economic Botany* 58: 125–134.

Weiss, E., M. E. Kislev, and A. Hartmann (2006) Autonomous Cultivation before Domestication, *Science* 312: 1608–1610.

Willcox, G., S. Fornite, and L. Herveux (2008) Early Holocene Cultivation before Domestication in Northern Syria, *Vegetation History and Archaeobotany* 17(3): 313–325.

Willcox, G., and D. Stordeur (2012) Large-Scale Cereal Processing before Domestication during the Tenth Millennium Cal BC in Northern Syria, *Antiquity* 86: 99–114.

Wollstonecroft, M. M. (2009) Harvesting Experiments on the Clonal Helophyte Sea Club-Rush (*Bolboschoenus maritimus* (L.) Palla): An Approach to Identifying Variables That May Have Influenced Hunter-Gatherer Resource Selection in Late Pleistocene Southwest Asia, *From Foragers to Farmers: Papers in Honour of Gordon C. Hillman*, A. Fairbairn and E. Weiss (eds.), Oxbow Books, pp. 127–138.

Wollstonecroft, M. M., Z. Hroudová, G. Hillman, et al. (2011) *Bolboschoenus glaucus* (Lam.) S. G. Smith, a New Species in the Flora of the Ancient Near East, *Vegetation History and Archaeobotany* 20: 459–470.

Zaidner, Y. (2002) Double-Notched Pebbles from Ohalo II: The Earliest Evidence for the Use of Net Sinkers in the Levant, *Ohalo II: A 23,000-Year-Old Fisher-Hunter-Gatherers' Camp on the Shore of the Sea of Galilee*, D. Nadel (ed.), Reuben and Edith Hecht Museum, University of Haifa, pp. 49–52.

Zohar, I. (2002) Fish and Fishing at Ohalo II, *Ohalo II: A 23,000-Year-Old Fisher-Hunter-Gatherers' Camp on the Shore of the Sea of Galilee*, D. Nadel (ed.), Reuben and Edith Hecht Museum, University of Haifa, pp. 28–31.

4　古代アンデス狩猟採集民の農耕民化
——神殿，交易ネットワークの形成

鶴見 英成

4.1　はじめに

今日のペルーにボリビア北部ティティカカ盆地を加え，アマゾン低地を差し引いた地理的範囲を「中央アンデス」と呼ぶ（図 1）．海洋に面し，低緯度かつ標高差が大きいという地理的特徴のため，多様な生態環境が近接し，さながら地球環境の縮図のような地域である．アンデス文明はこの地に萌芽（ほうが）し，15 世紀にはいわゆるインカ帝国が政治的統合を果たした．16 世紀にそれを征服したスペイン人たちによる文書記録では，当時の中央アンデスに狩猟採集民の伝統は認められず，定住農耕，あるいは限定的な季節移動を伴う牧畜・農牧複合が社会の基盤となっていた．後期更新世にこの地に到達した人類は，氷期の終わりに伴う動物相の変化や多様な植物の栽培化など，生態資源の変化・改変を経験しながら次第に定住性を高めていったのである．定住化は漸次的な過程であったが，とくに紀元前 3000 年ころの「神殿」の登場が大きな転機となり，不可逆的に進行したと考えられる．それは後述のとおり，神殿は定住的な村落の存在を前提として成立しているためである．アンデス考古学では文明の社会・経済的基盤が形成された時期を「形成期」と呼ぶが，筆者を含め日本の研究者は神殿の登場をその画期と考え，形成期の始まりを紀元前約 3000 年としている［関 2015］．

本章は，中央アンデスの初期の狩猟採集民・農耕民について，資源利用と定住性に注目して考古学的知見を紹介した上で，形成期の神殿が成立した背景，そしてその中で変容を遂げた狩猟活動のあり方を考察する．形成期の神殿の分布域はペルーの北半分に大きく偏っており，さらにそれが「北部」「北中央部」「中央部」と北から南へ細分されるが，本章では「北部ペルー」（北はランバイェケ谷，南はサンタ谷の間）に注目する．その理由の 1 つは，とくにヘケテペケ谷を中心として，筆者を含む日本調査団が形成期遺跡を継続調査し，編年と

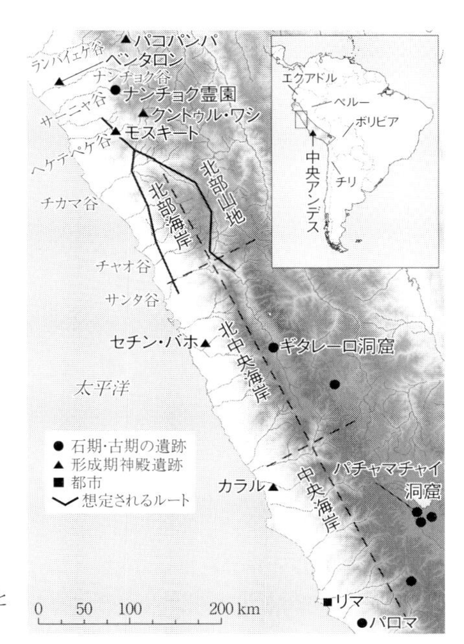

図1　北部ペルーの主な遺跡と想定される地域間ルート

生業のデータの蓄積が厚い点にある．のみならず神殿の分布範囲と重なるように，後述のようなさらに古い時代の狩猟採集民や農耕民のデータが蓄積されている点，そして家畜化されるラクダ科動物が本来自生しない地域のため，狩猟採集民の牧畜民化ではなく農耕民化というテーマに集中できる点である．

4.2　狩猟採集民の農耕民化

古代アンデスの狩猟採集民

南米大陸に初めて人類が到達した正確な時期についてはまだ論争の途上にあるが，後期更新世の紀元前約1万2000年以降についてはある程度研究が進んでいる．以下，狩猟採集に依存した時代を石期（紀元前約1万2000～5000年），食料生産への漸次的移行が見られる時代を古期（紀元前約5000～3000年）として言及する．パイハン文化（Paijan Culture）という石期の狩猟採集民文化の遺跡が，とくに北部ペルーのアンデス山脈西斜面で多数発見されている．特徴的な石器「パイハン型尖頭器（せんとう）」の鋭利な形状から，これを漁撈（ぎょろう）用の銛（もり）であると考え，大型動物絶滅後の環境に対応するべく山地から海岸平野に移り住んだ集団が，海産資源を重点的に利用していたという説がかつて唱えられた［Chauchat 1988］．しかし山地で石器の工房やキャンプ址が多数確認されるようになったため［e.g., Briceño 2014］，現在では内陸の資源も利用されたと考えられている［Chauchat et al. 1998］．

北部ペルーの隣接する2河谷，サーニャ谷とヘケテペケ谷では，石期のエル・パルト期（紀元前約1万1000～7800年）に対応するパイハン文化のデータがT. ディルヘイ（T. Dillehay）らにより集積されてきた［Maggard and Dillehay 2011］．パイハン文化の狩猟採集民は岩陰などをキャンプとしながら季節移動し，エイ，カニ，魚などの海産資源や，キツネ，ネズミ，トカゲ，カタツムリなど内陸資源を直接獲得し，アルガロボやサボテンの実など植物資源も補完的に利用したという．

さらに紀元前約9300年以降のパイハン文化は「後期パイハン」の名で区別されるが，シカ，ペッカリー，鳥類，海産貝などまで資源利用が拡大したほか，大きな変化として，石で空間を囲んで居住性を高めた構造物が登場した．植物加工に適した片面加工の石器や摺り石が増加することなどから，植物資源の利用がさらに進み，やや定住性が高まったと解釈されている［Dillehay et al. 2003; Maggard and Dillehay 2011］．

その他の地域の石期の狩猟採集民について概観しておこう．退氷期の環境に適応した狩猟採集民の痕跡は，とくに標高3500 m以上の山地の岩陰や洞窟に見られ，消費したシカやラクダ科動物の骨や石器などが発見されている．彼らは標高2580 mのギタレーロ洞窟［Lynch 1980］のように温暖な山間部や，年間を通じて水資源の豊かな4000 m以上の高地の間で，乾期と雨期の季節移動を行い多様な資源を獲得したのである．また標高4000 m以上の環境だけで必要な栄養素や石材を確保できるため，標高4300 mのパチャマチャイ洞窟遺跡ではほぼ通年，定住的に生活できた，との説がある［Rick 1980］．ただしわずか1点だが南部高地から黒曜石が搬入されており，外部と資源を交換した可能性は残っている．太平洋岸では魚・貝・海獣・海鳥などの豊かな資源が石期を通じて利用されてきたが，石期末から古期にかけて，中央海岸～南部海岸にとくに定住性の高い集団が現れた．代表的なパロマ遺跡では紀元前約5700～2600年にかけて連続的に居住が続いたとされる［Quilter 1989］．海産資源への依存は高いものの，標高 500 m ほどの内陸部に生じるロマス（季節的な霧がもたらす草原）が産する塊茎などの植物資源やカタツムリ，そしてそこを訪れるシカやラクダ科動物も副次的な食料として利用されていた．

ひるがえってサーニャ谷・ヘケテペケ谷を見ると，標高 4000 m の豊かな高地は乏しく，海岸部のロマス分布の北限（北部海岸チカマ谷南岸）[Mostacero 1987] の外にあるなど，定住化に有利な生態資源が比較的貧しいと言えよう．石期の後半にその状況を変化させたのは栽培植物の導入であった．

ナンチョク文化伝統の農耕民

中央アンデスにおける農耕の開始について，かつては石期の洞窟遺跡などに搬入された栽培植物の遺存体をもとに論じられていたが，年代測定などの分析精度が上がって疑問視されるケースも現れた [e.g., Kaplan and Lynch 1999]．しかしディルヘイらの報告する「ナンチョク文化伝統（Nanchoc Cultural Tradition)」の栽培植物は搬入品ではないと考えられ，生産地で集められたデータとして注目される．

ナンチョク谷はサーニャ谷中流域の支流の 1 つで，サーニャ谷下流・中流域が乾燥・半乾燥地帯であるのに対し，熱帯林が展開する湿潤な「ポケット」で，アンデス山脈東斜面を経由してアマゾン低地とも連続する環境である．石期前半のエル・パルト期の遺跡は登録されていないが，続くラス・ピルカス期（紀元前約 7800 ～ 5800 年）にナンチョク谷は大きく変化する．石を円形にめぐらせ，アシで屋根をかけた住居が一帯に設けられた．その周囲にはカボチャ，ピーナツ，マニオクなどアンデス山脈東斜面に起源を持つ作物や，高地起源のキヌアに似たアカザ科植物などが栽培され，やがてコカとワタがそれに加わる．住居が扇状地の上部にとくに多いのは，谷幅が狭く天水の統御が容易であったためと解釈されている．

石期末から古期にかけてのティエラ・ブランカ期（紀元前約 5800 ～ 3000 年）には住居がやや大型化し，戸数も増え，分布の中心は扇状地の中腹に移った．これは用水路を活用して耕地面積を拡大し，複数の世帯で共同労働を始めたことを示唆する．また居住域からやや距離をおいて 2 基のマウンドが築かれた．現在の墓地にあるため「ナンチョク霊園」遺跡と呼ばれる（図 1）．いずれも歪んだ卵型で，長 32 m × 幅 22 m と長 35 m × 幅 31 m，高さはともに約 1.3 m とさして大規模ではない．アンデス文明を通じて儀礼において重要な作物であるコカの葉は，口に含むと強壮剤のような効果があるが，一緒に噛(か)んでアルカロイドの抽出を促すための石灰がこの場で精製され，また人々が集会する公共建築として機能したと考えられる．これらについては次節で論じる．

ナンチョク谷を擁するサーニャ谷，および隣接するヘケテペケ谷の下流・中流域においては，先述の通り，ラス・ピルカス期以降，片面加工の不定形な石器が多く製作される一方，従来のような狩猟・漁撈用のパイハン型尖頭器はごく少数確認されるのみとなる［Dillehay 2000］．これらのことから，エル・パルト期に比べて農耕への依存が高まり，定住化がやや進んだと想定されるのである．またエル・パルト期には狩猟採集民の痕跡がこれらの谷に広く分布していたのに対し，ラス・ピルカス期には減少し，さらに水資源の枯渇［Stacklebeck and Dillehay 2011: 133］も一因となってティエラ・ブランカ期にはさらに減少したとされる．同時にナンチョク谷の遺跡数が増加しており，地域全体で多くの人口が狩猟採集から農耕へと傾倒して居住パターンが変わったらしい，というのがディルヘイらの考えである．

以上のような変化は，原初的な農耕定住村落が誕生する過程であり，公共建築も登場するなど，アンデス文明の形成過程の大きなステップに見える．しかし先述の通り，山地や海岸部においてもそれぞれの経済活動に則して定住化が起こる契機があった．ナンチョク谷の環境がアンデス山脈東斜面と連続していたこと，前述の通り北中央ペルーや中央ペルーのような高地やロマスの生態資源を持たないことなどから，ナンチョク谷の現象はそういった多様な事例の1つとしてとらえるべきであろう．サーニャ谷・ヘケテペケ谷に比べ，他の地域の狩猟採集民は移動性がさほど高くなく，より古くから小規模な耕作を試みていたかもしれない．のちに北部ペルーの各地に成立する形成期の神殿では，カボチャやサツマイモなどの栽培植物がすでに利用されたという事例が多いのである［e.g., Shady 2014］．以下，公共建築の成立についても同様に検討する．

4.3　形成期の神殿

神殿の起源地はどこか

ナンチョク霊園遺跡の2基のマウンドはアンデスで最も古い公共建築の一例

であり，祭祀建築と考えられなくもない．のちに各地に成立する形成期の神殿とどう関係するのであろうか．

紀元前3000年以降に登場する形成期の神殿は，堅牢で規格化された基壇や広場などの祭祀建築から構成される．多くの遺跡で壁の延伸，ときに基壇全体を覆って拡張するなど，度重なる増改築の結果として祭祀建築が大型化したことが解明されており，年次行事のように反復される「神殿更新」という儀礼があったと考えられている．神殿更新を継続するには人口の増加，食料生産の強化，儀礼の壮麗化などが必要であり，結果的に社会が変化していく．そのため神殿の登場はアンデス文明「形成期」の画期とされるのである［大貫 2009; 関 2015］．本来なら祭祀活動はいかなる空間でも執り行われうるが，本章では更新のアイデアを伴う祭祀建築だけを，とくにアンデス文明を特徴付ける神殿と見なし，注視する．ナンチョク霊園のマウンド群は炉に残った木炭の年代からすると，ティエラ・ブランカ期の間だけでもおよそ1000年にわたって機能した［Dillehay 2011: 312–313］．外周は石列で区画されているが，内部は土が盛ってあるだけで，そこに一回り小さいマウンドが埋まっている，というような証拠はない．これらの建築は規模の小ささからも，また単純さからも，1000年にわたって継続的に増改築されたものとは考えられないのである．よってのちの形成期の神殿と同一視できないし，その直接の起源でもない．更新を前提とする神殿は別のどこかで始まったのである．

現時点で最も古い神殿，北中央海岸のセチン・バホ遺跡は紀元前3000年をさかのぼり［Fuchs et al. 2009］，そこから紀元前2800年までに北中央海岸〜中央海岸にカラル［Shady 2014］などの神殿が相次いで成立した．この地域が起源地として有力である．それらに対して北部海岸の各河谷で最古の神殿群は，南端のサンタ谷・チャオ谷を除けば，規模が小さい，規格化されていない，時期が1000年近くも新しいなど，周縁的な様相を見せる．ペルー北部では近年，ランバイェケ谷のベンタロン遺跡［e.g., Alva 2012］など，建築形態の異なる神殿遺跡が発見され始めているので，北中央海岸〜中央海岸とは別に，より北方もしくは内陸部などに未知なる神殿の起源地があるのかもしれない．ただし現在のところ北中央海岸〜中央海岸の神殿遺跡の方がそれらより古いので，本章では起源地と見ることにする．

神殿成立の背景

ほとんどの考古学プロジェクトは，形成期神殿遺跡の発掘において住居址を特定できない．しかし祭祀建築に隣接して居住域を発見した例［e.g., Burger and Salazar-Burger 1991］，居住域の造りから社会組織まで推論できる例［Tellenbach 1986］，さらにその規模から都市とまで言われることのある例［Shady 2014］もある．住居址を発見できない場合も，神殿の建設者はおそらく分散した小集落群の住人であり，検出が難しいのだとする見方もある［Ravines and Isbell 1976］．いずれにせよ，形成期の神殿は居住者と無縁に存続したのではない．ある程度の定住的な人口を背景に想定し，彼らが継続的に神殿更新に参画したと考えるべきであろう．筆者は形成期の神殿の立地について，とくにその初期には生活の場としての村落と同一であり，時代が下るとやや距離をおく事例も現れるものの，基本的にはある程度近接していると考え［鶴見 in press］，神殿が成立する背景を生業と関連づけて考察してきた．

筆者の調査地は，神殿の起源地から遠いヘケテペケ谷の中流域である［鶴見 2009, 2014］[1]．南岸のモスキート平原に位置するモスキート遺跡の年代は紀元前2000～1500年ほどで，アンデス最古の神殿群より1000年近く遅いが，ヘケテペケ谷流域でおそらく最古，唯一の形成期早期（紀元前1500年まで）の神殿である．建築の形態や，周囲に分布する岩絵の図像表現から，北中央海岸と関係が深いと想定される．詳細な分析は途上であるが，神殿の至近に耕作地や用水路が展開していると見られる．形成期早期の神殿に耕作地や用水路がこれほど密接に伴う事例は他になく，両者の編年上の位置を厳密に比較するなど，慎重な検討が必要である．ただし，モスキート平原はナンチョク谷まで直線距離で22 kmと近く，用水路が存在すること自体は不自然ではない．

またモスキート遺跡が放棄されたあとに，川の対岸のアマカス平原に創設された形成期前期（紀元前1500～1250年）の神殿は，水資源に恵まれた地点に建てられた．20世紀において農村の広がっていた場所であり，そこにも耕作地があったと想定できる．総じて神殿の立地は耕作と関係しており，豊穣儀礼がその役割の1つであったのだろう［鶴見 2009］．その後，形成期中期（紀元前1250～800年）や形成期後期（紀元前800～550年）までこの一帯に神殿の建

1）本研究は日本学術振興会科学研究費補助事業（05J03077，23720380，23222003，25300036）および平成21年度財団法人髙梨学術奨励基金の助成を受けて実施された．

設が続く．利用された食料であるが，形成期前期からマニオクやジャガイモなどが消費され，またシカ骨が出土する［鶴見 2008］．なおランバイェケ水系のベンタロン遺跡では，網を用いたシカ猟の光景が形成期早期の神殿壁画になっており［Alva 2012］，農耕定住が進行した後も，シカ狩猟には宗教的な意味が与えられていたのかもしれない．海産の魚骨や貝殻の出土も多いが，これは海岸部の集団と資源交換，おそらく作物や漁網用のワタとの交換で入手している．定住性が高まっても，交換によって多様な資源を獲得している点が重要である．

4.4　論考

神殿の登場と交易ネットワーク

これまで見たように石期以来，地域・時代ごとに様々な生業形態があったが，つねに多様な資源の獲得が志向されていた．定住化が進行して直接的な資源獲得が困難になった集団は，交易の形で目的を果たしたと考えられる．上述のような海岸部と内陸部の資源交換は，北中央海岸～中央海岸の最古級の神殿群でも多くの事例が知られている［e.g., Shady 2014］．筆者は神殿成立の背景に，生業に深く関わる物資を含めた交易ネットワークの構築があったと考えている．まずはこの交易ネットワークの問題について述べよう．

ヘケテペケ谷の中で最初の神殿が中流域のモスキート平原に建てられた理由は，東西方向の河谷に対してその中流域に直交し，山間部を縦断して南北方向に延び，隣の谷の中流域に至るルートがかつてこの地点を通っており，交易ネットワーク上の交差点として重要であったため，と筆者は考えている［鶴見 2014］．その根拠は，各河谷の最古の神殿はそれぞれの中流域に見られる，特徴的な形の墳墓などが谷を越えて共有される事例がある，といった北部ペルーの考古学データに基づいている．のみならず，谷と谷の間の山中は石期以来の資源利用の場であり，形成期にもシカ狩猟をはじめとして人が立ち入っていただろう，谷から谷へ抜ける道は短くても，歩き継げば長大な地域間ルートになるだろうという，より一般的な推論もあった．アンデス社会の研究において，東西方向の標高差に根ざした多様な資源利用については研究の蓄積があるが［cf. Murra 1975］，標高差の乏しい南北方向の交流が問題にされることは少ない．そこで自身で立証すべく 2008 年より広域踏査に着手し[2]，想定される山間ルート上にて形成期の神殿遺跡や宗教美術を刻んだ岩絵を多数発見し，南北方向ルートの再現を進めている（図1）．その道筋は期せずして，パイハン文化など石期～古期の遺跡とぶつかることがある［e.g., 鶴見 2014: 113; Briceño 2014］．

以上のことから筆者は，狩猟採集民の山間部移動に起源を持つルートがまず機能しており，足りない物資を交易で獲得することを前提としてルートの周囲に定住的な集団が集まり[3]，そこに神殿が生まれる，という過程を想定している．集落内に何気なく設けられた単純な「共同祭祀場」が，予期せざる結果として神殿に成長していくという可能性が関雄二に指摘されている［関 2015: 150-151］．さらに筆者は，最古級の神殿から1000年も遅れて成立したモスキートでは，広いながらも神殿や耕作地の配置について，ある程度具体的な設計思想の下に創設された可能性があると考えている．もっとも，建てられたあとで，予期せぬ形に更新されていった部分もきっとあるだろう．

なお，南北方向の交通がなぜ生業にとって重要なのかという問題について，中央山地以南に偏在する生態資源，すなわちラクダ科動物リャマが北部にもたらされたと筆者は考えており［鶴見 2014: 109-112］，その検証を今後の課題と位置づけている．その肉を食し，毛を繊維製品に仕立て，糞を肥料とするといった利用価値もあるが，何より荷駄獣（にだ）として交易ネットワーク自体に寄与する点がリャマの重要性であろうと考えている．

神殿と狩猟をめぐる社会的変化

最後にヘケテペケ谷上流域のクントゥル・ワシと，さらに120 kmほど北方のパコパンパ，2つの神殿遺跡での注目すべき現象を指摘したい．中央アンデス全体において形成期早期から中期までは，神官らしき人物の墓に豪奢（ごうしゃ）な副葬品が伴わない［e.g., Burger and Salazar-Burger 1991］ことなどから，比較的平等的な社会であったと考えられる．しかし形成期後期以降の神官は，交易ネットワ

2）本研究は平成20年度財団法人髙梨学術奨励基金および平成22年度財団法人福武学術文化振興財団歴史学・地理学研究助成を受けて実施された．

3）アンデスにおける長距離ルートと定住化の関係については，ペルー南部，チリ，ボリビアにかけての中央南アンデスのデータから，高地の農牧複合の社会と河谷流域の農耕民社会，沿岸部の漁民社会を結ぶリャマのキャラバンを想定し，具体的なルートの変遷と社会変化が考古学的に考察されている［Nuñez and Dillehay 1995］．なお植民地期にはアンデス古来の動物飼養は大きく変化したため，征服前のラクダ科家畜は現代のものと同一であるとは限らない［鵜澤 2007: 125］．本章では荷駄に適した種があったと仮定し，便宜的にリャマと呼んでいる．

ークや貴金属を統御するなどの方法で，社会的リーダーとして権力基盤を固めようとしたと分析されており，さらに墓の副葬品の差異から，彼らの間にも不平等があったと想定されている［関 2015: 156］．本章では上位リーダー・下位リーダーと呼ぶことにしよう．炭素・窒素の安定同位体比から，上位リーダー・下位リーダーそれぞれの食性の分析が行われた［瀧上 2015］．

動植物は，摂取した養分中の炭素元素・窒素元素に含まれる安定同位体を，それぞれの生理に従って体組織に蓄積する．中央アンデスの作物ではトウモロコシは炭素同位対比の高い植物の代表で，イモ類などその他ほとんどのものは低い．人骨から抽出したコラーゲンの同位体比を測定すると，その人が食べた植物，またその人が食べた動物が生前に食べた植物の内容を洞察できる．

パコパンパ遺跡とクントゥル・ワシ遺跡の形成期後期の人骨について，骨が墓に埋葬されていたか散乱していたか，埋葬に貴金属製品が伴っていたか否か，頭蓋変形を受けているか否か，といった基準で上位リーダー・下位リーダーの区分を想定し比較した結果，パコパンパには有意差が現れなかったが，クントゥル・ワシにおいて下位リーダーの人骨の炭素同位体比が高いという傾向が現れた［瀧上 2015: 97-101］．分析の主眼は「上位リーダーは下位リーダーに比べ，儀礼において重要な作物トウモロコシをとくに多く摂取していた」という仮説の検証であったが，むしろ逆の結果である．

分析者は同時に両遺跡の形成期後期の獣骨の食性も分析した．ラクダ科動物の自生しないヘケテペケ谷以北においては，形成期中期においてもシカが主要な動物タンパク源であったが，形成期後期からラクダ科家畜が消費されるようになる［Uzawa in press］．分析の結果，シカはラクダに比べ炭素同位体比が低いことがわかった［瀧上 2015: 89-91］．このことから筆者は，上位リーダーの骨が示す炭素同位体比の低さは，シカ肉消費が多かったためではないかと考える[4]．

現在のペルーでもシカ肉は美味であるとの評価をよく耳にするが，形成期後期のクントゥル・ワシの上位リーダー，あるいはより一般化して，当時の社会的エリートである神官は，優先的にその好味を楽しむ立場にあったのではないか．また，サーニャ谷かヘケテペケ谷で盗掘されたという形成期後期の土器に，耳環を付けた貴人がシカを背負った姿を象(かたど)ったものがある（図 2）．シカ狩猟

4）これは分析結果の読み方の 1 つに過ぎない．分析者は今後ほかの手法を併用して多角的に検証するという［瀧上舞 私信］．

図2　シカを背負う貴人の土器
［Alva 1986: Fig 349］

は社会的エリートが行う儀礼，あるいは娯楽となったのではないか．シカ骨の分析によれば，パコパンパ遺跡とクントゥル・ワシ遺跡ではともに形成期中期から後期にかけて，狩猟の対象が成獣から幼獣へとシフトしている［Uzawa in press］．またパコパンパのシカ骨の炭素・窒素同位体比分析から，形成期中期と後期とでは狩猟の地域が変化したことが示唆される［瀧上 2015: 89］．これらはシカ狩りの社会的背景に何らかの変化が起きたことの現れかもしれない．土地所有などの政治・経済的背景とも密接な，中世・近世ヨーロッパ王侯貴族や日本の武家の狩猟と単純な比較はできないが，権力基盤の１つとしてシカ狩猟が再定義されたということは考えうる．なお後世の北部海岸のモチェ王国（1～7世紀ころ）でも，着飾った社会的エリートがシカを狩る様子が土器などにたびたび描かれ，シカ自体も擬人化（もしくは神格化）されて特別な動物として表現される．アンデスの狩猟活動は社会的要因により大きく変質していったのであろう．

今後の研究課題

以上，ペルー北部において石期・古期の狩猟採集民が，環境の変化に呼応しながら定住化傾向を強め，やがて神殿を擁する定住村落群が成立するに至った過程を辿（たど）ってきた．重要なのは，パイハン文化の狩猟採集民たちが初期には移動生活によって多様な資源を入手し，やがて交易というかたちで資源の多様性を確保することにより，定住化の可能性を開いた点である．その過程が詳細に解明されたナンチョク谷は，「ポケット」と評されるやや特殊な自然環境に助けられた，とくに早熟な事例であると筆者は考えている．定住性の高まりはおそらくペルー北部の他の地域でも進行していた現象であり，とくにその後の神殿の起源地であることを考えると，北中央海岸〜中央海岸における実態の解明が重要であろう．

形成期後期の神殿において，社会的エリートたる神官がシカ狩猟に積極的に関与した可能性を示唆したが，シカ以外の動物まで対象であったかどうかは定かでない．そのため狩猟に特化した社会集団が存続し，神殿に集う農耕民と資源交換していたというケースも，データの不足した現状においては，可能性としては否定できない．とくに海岸部においては形成期においても，更新を重ねるような神殿を持たない小規模な遺跡が発見されており［e.g., Alva 1986］，漁撈・海獣猟を基盤とする漁村が存続したことが考えうる．ただし沿岸部でも湿地帯などである程度の農耕も行えたという見方もある［Elera 1998］．また高地において，定住的な狩猟民がいたとされる高地のパチャマチャイ洞窟遺跡は，石期・古期に引き続き形成期の全期間を通じて利用されているため，より標高の低い山間部にて神殿を囲んでいる集団とは異質な，狩猟に根ざした生活が続いていたのかもしれない．ただし形成期前期に入った頃から定住性が低下し，季節利用に移行した可能性があるといい，調査者はその原因として牧畜の開始に伴う湖畔地域への移住を挙げている［Rick 1980: 283, 323］．中央アンデスにおける食料資源は多様であるため，利用について実像を絞り込むことは容易ではない．引き続き多面的なデータの採取・蓄積と，地域間比較が必要である．

参照文献

Alva Meneses, I.（2012）*Ventarrón y Collud: Origen y Auge de la Civilización en la Costa Norte del Perú*, Ministerio de Cultura del Perú.

Alva, W.（1986）*Frühe keramik aus dem Jequetepeque-Tal, Nordperu/ Cerámica temprana en el Valle de Jequetepeque, norte del Perú*, Verlag C. H. Beck.

Briceño, J.（2014）Últimos Descubrimientos del Paijanense en la Parte Alta de los Valles de Chicama, Moche y Virú, Norte del Perú: Nuevas Perspectivas sobre los Primeros Cazadores-Recolectores en los Andes de Sudamérica, *Boletín de Arqueología PUCP* 15: 165–203.

Burger, R. L., and L. Salazar-Burger（1991）The Second Season of Investigations at the Initial Period Center of Cardal, Peru, *Journal of Field Archaeology* 18(3): 275–296.

Chauchat, C. (1988) Early Hunter-Gatherers on the Peruvian Coast, *Peruvian Prehistory: An Overview of Pre-Inca and Inca Society*, R. W. Keatinge (ed.), Cambridge University Press, pp. 41–66.

Chauchat, C., C. Gálvez, J. Briceño, et al. (1998) *Sitios Arqueológicos de la Zona de Cupisnique y Margen Derecha del Valle de Chicama*, Instituto Nacional de Cultura, La Libertad/ Instituto Francés de Estudios Andinos.

Dillehay, T. D. (2000) *The Settlement of the Americas: A New Prehistory*, Basic Books.

Dillehay, T. D. (ed.) (2011) *From Foraging to Farming in the Andes: New Perspectives on Food Production and Social Organization*, Cambridge University Press.

Dillehay, T. D., J. Rossen, G. Maggard, et al. (2003) Localization and Possible Social Aggregation in the Late Pleistocene and Early Holocene on the North Coast of Peru, *Quaternary International* 109–110: 3–11.

Elera Arévalo, C. G. (1998) *The Puemape Site and the Cupisnique Culture: A Case Study on the Origines and Development of Complex Society in the Central Andes, Peru*. PhD Dissertation, University of Calgary.

Fuchs, P. R., R. Patzschke, G. Yenque, et al. (2009) Del Arcaico Tardío al Formativo Temprano: Las Investigaciones en Sechín Bajo, Valle de Casma, *Boletín de Arqueología PUCP* 13: 55–86.

Kaplan, L., and T. F. Lynch (1999) *Phaselous* (Fabaceae) in Archeology: AMS Radiocarbon Dates and Their Significance for Pre-Colombian Agriculture, *Economic Botany* 53(3): 261–272.

Lynch, T. F. (ed.) (1980) *Guitarrero Cave: Early Man in the Andes*, Academic Press.

Maggard, G., and T. D. Dillehay (2011) El Palto Phase (13800–9800 BP), *From Foraging to Farming in the Andes: New Perspectives on Food Production and Social Organization*, T. D. Dillehay (ed.), Cambridge University Press, pp. 77–94.

Miller, G. R., and R, L. Burger (1995) Our Father the Cayman, Our Dinner the Llama: Animal Utilization at Chavin de Huántar, Peru, *American Antiquity* 60(3): 421–458.

Mostacero, J. (1987) *Aspectos fitogeográficos de las lomas de la provincia de Trujillo (Dpto. La Libertad)*. Trabajo de habilitación para ascenso de categoría docente, Universidad Nacional de Trujillo.

Murra, J. V. (1975) *Formaciones Económicas y Políticas del Mundo Andino*, Instituto de Estudios Peruanos.

Nuñez, L., and T. S. Dillehay (1995) *Movilidad, Giratoria, Armonía Social y Desarrollo en los Andes Meridionales: Patrones de Tráfico e Interacción Económica (ensayo)*, Universidad de Católica del Norte.

大貫良夫（2009）「アンデス文明形成期研究の五〇年」『古代アンデス——神殿から始まる文明』大貫良夫・加藤泰建・関雄二編，朝日新聞出版，pp. 55–103.
Quilter, J.（1989）*Life and Death at Paloma: Society and Mortuary Practices in a Preceramic Peruvian Village*, University of Iowa Press.
Ravines, R., and W. H. Isbell（1976）Garagay: Sitio Ceremonial Temprano en el Valle de Lima, *Revista del Museo Nacional* 41: 253–275.
Rick, J. W.（1980）*Prehistoric Hunters of the High Andes*, Academic Press.
関雄二（2015）「古代アンデスにおける神殿の登場と権力の発生」『古代文明アンデスと西アジア——神殿と権力の生成』関雄二編，朝日新聞出版，pp. 125–166.
Shady Solis, R.（2014）La Civilización Caral: Paisaje Cultural y Sistema Social, *El Centro Ceremonial Andino: Nuevas Perspectivas Para los Períodos Arcaico y Formativo*（Senri Ethnological Studies 89）, Y. Seki（ed.）, pp. 51–103.
Stacklebeck, K., and T. D. Dillehay（2011）Tierra Blanca Phase（7800–5000 BP）, *From Foraging to Farming in the Andes: New Perspectives on Food Production and Social Organization*, T. D. Dillehay（ed.）, pp. 117–134, Cambridge University Press.
瀧上舞（2015）『先スペイン期のアンデス地域における食資源の活用とその時代変遷に関する同位体生態学的研究』東京大学大学院新領域創成科学研究科博士論文.
Tellenbach, M.（1986）*Die Ausgrabungen in der Formativzeitlichen Siedlung Montegrande, Jequetepeque-Tal, Nord-Peru*, Materialien zur Allegemeinen und Vergleichenden Archaologie Band 39, Verlag C. H. Beck.
鶴見英成（2008）『ペルー北部，ヘケテペケ川中流域アマカス平原における先史アンデス文明形成期の社会過程』東京大学大学院総合文化研究科博士論文.
鶴見英成（2009）「そして９つの神殿が残った——ペルー北部，アマカス複合遺跡の編年研究」『古代アメリカ』12: 39–64.
鶴見英成（2014）「北部ペルー踏査続報——ワンカイ，ワラダイ，ラクラマルカ谷からの新知見」『古代アメリカ』17: 101–117.
鶴見英成（in press）「神殿がそこに建つ理由——ヘケテペケ川中流域における社会の変遷」『アンデス形成期の神殿と権力生成』関雄二編，臨川書店.
鵜澤和宏（2007）「先史アンデスにおけるラクダ科家畜の拡散」『生態資源と象徴化（資源人類学第７巻）』印東道子編，弘文堂，pp. 99–128.
Uzawa, K.（in press）A Shift in the Utilization of Animals in the Northern Highland of Peru during the Formative Period: Climate Change or the Result of Social Adaptations?, *New Perspectives on Early Peruvian Civilization: Interaction, Authority and Socioeconomic Organization during the 1st and 2nd Millennia B.C.*, R. Burger, Y. Seki, and L. Salazar-Burger（eds.）, Yale University Publications in Anthropology.

附論1　ボルネオの狩猟採集民の祖先は「狩猟採集民」か「農耕民」か

小泉 都

1　従来の仮説——オーストロネシア語族の拡散とボルネオの農耕民の狩猟採集民化

ボルネオ北西部のニア洞窟から，「Deep Skull」と呼ばれる推定4万5000～3万9000年前の現生人類の頭蓋骨がみつかっている［Barker et al. 2007］．農耕の起源より古い時代であることから，この頃ボルネオに住んでいたのは狩猟採集民であったと考えられる．

一方，現在のボルネオの先住民はより新しい時代にやってきたオーストロネシア語族の農耕民の子孫だとされている．オーストロネシア語族は言語の分類から推定して，台湾に起源し，東南アジア島嶼（とうしょ）部に拡散したと考えられている［Adelaar 2005］．また，台湾の約4000年前の遺跡からみつかる土器や石器は，中国南部の約5000年前の米栽培をしていた遺跡のものと類似している［Bellwood 2007［1997］: 205-218］．これらを総合して，中国南部に起源をもつ米などを栽培していたオーストロネシア語族の祖先が台湾へ渡り，台湾からフィリピンを経て東南アジア島嶼部へと広がりながら先住の狩猟採集民と置き換わっていったと推定されている．ボルネオでもオーストロネシアタイプの土器が約3000年前以降の遺跡から数多く出土している［Bellwood 1997/2007: 237］．ただし，ボルネオ島西部の遺跡からは東南アジア島嶼部では最古となる約4500年前の栽培米やヘラで模様をつけた同時期の土器が出土しており，これはオーストロネシア語族より早い時期に大陸アジアから人間が到来していた可能性を示唆する［Bellwood 2007［1997］: 237-238］．

オーストロネシア語族の拡散仮説が正しいとすると，ボルネオの狩猟採集民はオーストロネシア語族の農耕民が二次的に狩猟採集民化したものだということになる．実際，ボルネオの狩猟採集民はすべてモンゴロイドでオーストロネシア語族に属する言語を話している［Sellato and Sercombe 2007］．しかし，オーストロネシア語族を祖先にもつことを前提としながらも，ボルネオの狩猟採集民の起源については意見が分かれる．影響力をもった仮説は，交易用の林産物採集に特化するために複数の農耕民集団の一部が並行に狩猟採集民化したというものである［Hoffman 1986］．ただし，この説に対しては言語，農耕民との関係，生業活動などの論拠に誤解や不備が指摘されている［Brosius 1991］．一方，ボルネオの狩猟採集民に広くみられる共通の価値観や語彙などから，共通の祖先（古い時代の狩猟採集民とオーストロネシア語族の混血集団）を想定する仮説も存在する［Sellato 2002: 105-128］．

2　ボルネオの現在の狩猟採集民

ここで，その祖先について議論されているボルネオの狩猟採集民を紹介しよう．数十年前まで，ボルネオの森林には狩猟採集によって暮らす集団が多数存在した．主食は数種の木性ヤシ，とくに尾根部に群生するチリメンウロコヤシから得られる澱粉（でんぷん）であった［Brousius 1991］．澱粉採集に適した成長段階にあるヤシを求めて森林を遊動していたのである．ヒゲイノシシをはじめとした哺乳類や爬虫類などを，犬槍（いぬやり）猟や吹矢猟によって狩猟した．また，農耕民の村のリーダーと協定を結び交易も行った．狩猟採集民は林産物を提供し，農耕民から塩，鉄製品，布，装飾品などを得ていたという．協定を結ぶ相手を変えて，地域を移動することもしばしばあった．

かれらの多くは，1950～70年代頃に政府や教会，その意向を受けた農耕民の勧めで定住・半定住や農耕を始めた．1980年代以降には木材伐採の影響で森林での生活を諦める集団もでてきた．現在でも遊動を続けているのは東プナン（Eastern Penan）のうちの300人足らずにすぎない．一部に早くから自主的に定住した集団もある．ニアスアイ・プナン（Niah-Suai Penan）は19世紀から20世紀に変わる頃に定住・農耕を始め［Langub 1996］，現在では後述の狩猟採集民的な特徴を感じさせない人々になっている．しかし，1950年代以降に定住化していった集落については，Woodburn［1982］のいう即時報酬システム（労働投入に対して食料がすぐに得られ，それを数日のうちに消費する食糧獲得・消費様式）をもつ狩猟採集民社会でみられる特徴があてはまる．移動性が高く，個人主義的，平等主義的である．ボルネオの農耕民もよく村を移動させてきたが，遊動していた頃の狩猟採集民のように数日から数か月ということはなかった．ただし，農耕民でも民族によっては個人主義的ではある．

筆者は人口約160人の村に暮らす西プナン（Western Penan）を調査してきた．村は1950～70年代に定住した人たちが集まってできたもので，現在の村人はこの村の利点として交易拠点や診療所へのアクセスの良さを挙げ，米食に強い嗜好をもつようにもなっている．その一方で，米をすぐに分配し尽くす，現金もすぐに使い果たすなど，年間計画を必要とする稲作や現金経済に馴染まない生活をしている［Koizumi et al. 2012］．そして，よく分配する，食べ物もお金もためないことをプナン的であるとし，これをよしとしている．

調査を通じてもっとも特徴的だと感じたのは徹底的な分配であった．定住した現在でも，イノシシがとれた時には全世帯に肉を分配している．農耕民でも親類や隣人に食物を分配するのは普通だが，日常的に全戸に分配することはない．畑にある農作物についてもボートやテレビなどの工業製品についても，耕作者や購入者がそれらを排他的に利用してはいなかった．耕作者や購入者は独占的に利用したい気持ちもあるようだが，周囲がそれを許さない．なし崩し的に共有物のように扱われるようになっていく．努力した人は物質的に豊かになることで報われるべきという考え方がないのかもしれない．むしろ，なにもなくなるまで他人に分け与えなければ，分配しない人という負の評価を受けることになる．この村に赴任する農耕民の村出身の小学校の先生たちは，こういったかれらの振舞いに驚き，長くこの村に暮らすのは難しいと感じていた．

3　新しい知見——東南アジア島嶼部の人口の動きとボルネオでの生業活動

現在私たちが知っているボルネオの農耕民から狩猟採集民が生じるというのは，価値観や生き方の違いから想像しがたいものがある．この問題を考え直す手がかりが，東南アジア島嶼部での人の動きや生業活動に関する研究から相次いで発表されている［Barker and Richards 2013］．DNAの分析から，従来の仮説とは逆向きの東南アジア島嶼部から台湾への8000～4000年前のある時点で起こった人の動きや，これまで想定されていなかった8000年前頃におこった大陸から東南アジア島嶼部への人の動きが指摘された．考古学的な研究からも，東南アジアでは最終氷期最盛期の約2.8～2万年前に集落が減少した後，約2～1万年前に急速に集落が増加し，ひとつの集落を長く使うようになり移動性も低下してきたらしいことがわかってきた．また，東南アジアでは約8000年前から熱帯雨林の攪乱や伐開がみられる．東南アジアでの初期の農耕は栄養繁殖型植物の栽培で，これは新石器時代にもあまり変化しておらず，米は比較的最近になるまで主要な作物ではなかった［Denham 2013］．オーストロネシア語族の登場以前にも東南アジア島嶼部の社会が変化していたこと，登場以降に急激に稲作社会化が進んだわけではないことがみてとれる．

ボルネオでの生業活動についても考古学的な研究が進んできている．前述のニア洞窟からは約4万6000～3万9000年前の人間活動の証拠もみつかっている［Barker et al. 2007］．イノシシ，カメ，リーフモンキーやマカク，オオトカゲ，オランウータン，鳥，ヘビなどを狩猟して洞窟に運び入れていたようだ．植物はヤシの澱粉，タロイモ，ヤムイモ，果物，ラタン，竹などを利用していたらしい．ヤムイモや果物には毒のあるものも含まれており，毒抜きの技術をもっていたことが示唆される．また，植生が燃やされた後に繁茂する植物の花粉が多くみつかっていることから，森林を燃やして環境を改変していた可能性も指摘されている．なお野生のヤムイモは，年間を通して湿潤で樹木層の卓越する現在のボルネオでは，生育密度が低くほとんど食用に利用されない．しかし，更新世にはボルネオでも乾燥を示唆する植生が何度も出現しており［Hunt et al. 2012］，ヤムイモもより多く生育していた可能性がある．

ボルネオの3つの新石器時代遺跡から出土した人骨を用いた歯のエナメルの炭素同位体分析からは，森林植物を食物に利用していた地域と，明るい場所の食物，つまり栽培種を利用していた地域があったことが推定された［Kringbaum 2003］．農耕を行う集団と狩猟採集に依存する集団が新石器時代のボルネオに存在していたことがわかる．現在稲作地域となっているクラビット高原では，約2300～1500年前の地層からチリメンウロコヤシ属（在来の木性ヤシで幹の澱粉を食用とする）の花粉が多くみつかっており，当時はこれが栽培されていたと考えられる［Jones et al. 2013］．約1800年前には米の栽培も始まっていたが，ヤシよりも利用が少なかった可能性がある．米栽培はリスクが高く，最近になるまで米はボルネオの農耕民の主食の中心ではなかったという指摘もあり

[Barton 2012]，農耕民が現在のような稲作民となったのは最近のことだと推定される．

4　ボルネオの狩猟採集民の由来再考

現在の狩猟採集民の研究からは，かれらが生業と密接に結びついた価値観を強く保持していることがわかる．それは生業転換が単に技術の問題ではないことを意味する．しかし，狩猟採集から農耕であれ，あるいは第1節の仮説のように農耕から狩猟採集であれ，過去になんからの生業転換が起こったことは確実である．ここで最近の考古学研究の成果は，過去の「狩猟採集民」や「農耕民」が現在の民族誌にみられるものからはズレのある生業を営んでいたことを教えてくれる．さらに，狩猟採集という生業形態がボルネオで存続してきた可能性や，ヤシなどの栄養繁殖植物栽培から稲作への転換が緩やかに進んだ可能性も示している．現在の狩猟採集民と農耕民の価値観や行動の違いを念頭におきながら，最後にボルネオの狩猟採集民と農耕民の由来について考えたい．

ボルネオで人間が暮らしはじめたのは約5～4万年前だと考えられる．狩猟採集民であったかれらの生業についてまとめると，現在とは異なる植生条件の下，澱粉採集に比較的高い技術が要求される木性ヤシだけでなく，タロイモやヤムイモなどの澱粉植物も利用していた．気候は寒冷化と温暖化を繰り返したが，森林の卓越する植生に変化した時期にはおそらく，明るい場所を好む食用植物の生育を促すために野焼きによる植生の改変も行っていた．

農耕民の登場には共存しうる3つのシナリオが考えられそうである．1つは，温暖化が続き現在の気温に近づいてきた約8000年前，樹木がより優占する森林に植生が変化していった頃，ボルネオの狩猟採集民たちのなかから森林を切り開き栄養繁殖作物を栽培する人たちがでてきたというものである（そして後に移住者と混血した）．栄養繁殖植物には管理が比較的容易で連続的に収穫できるものも多く，現在の狩猟採集民もこういった植物の栽培を大きな障害なく生業に取り入れている．もう1つは，約8000～4500年前のある時期に大陸アジアからボルネオ島西部に稲作をする人たちが移住してきたというものである．最後は，約3000年前のオーストロネシア語族の人たちの移住である．最初のひとつについては現在のところ証拠がないが，他の2つは考古学的な証拠からみて実際におこった可能性が高い．この２つは温暖化が進みボルネオが大陸から海で隔てられた後の移住であるため，移住者は海洋とのつながりが深い人々であったと考えられる．稲作よりもむしろ海洋生物の利用に長けていたかもしれない．

狩猟採集民の由来にも共存しうる２つのタイプのシナリオが考えられる．１つは，温暖化が進むなか木性ヤシの利用の比重を高めながら狩猟採集民として存続した人々がいたというものである（そして後に移住者と混血した）．もう１つは，第１節で紹介した仮説と重なるが，上記のいずれかもしくは複数の系統の農耕民が二次的に狩猟採集民化したというものである．農耕民の狩猟採集民化は，現在の狩猟採集民と稲作民の価値観のギャップからは想像しがたいものがある．よほど強い圧力，たとえば戦乱を逃れるためといった要因が働かないと無理だろう．しかし，第３節で述べたように過去の農耕民が狩猟採集民の主食と共通するヤシを半栽培するなど，現在の稲作中心の生業とは異なるかなり複合的な生業を営んでいたのだとしたら，かれらの価値観や行動は狩猟採集民のそれとかけ離れていなかったかもしれない．

従来の説に従うと稲作民が狩猟採集民化する理由や過程を考えなければならなかったものが，今後は狩猟採集を基盤とする生業と複合的な生業の間の相互の移行，複合的な生業から稲作中心の生業への転換が中心的な課題になってくると考えられる．ここでは想像をふくらませたにすぎないが，今後問題の核心にせまる研究が積み重ねられることが期待される．

本研究は日本学術振興会科学研究費助成事業（15J40145）の助成を受けたものである．

参照文献

Adelaar, A. (2005) The Austonesian Languages of Asia and Madagascar: A Historical Perspective, *The Austronesian Languages of Asia and Madagascar*, A. Adelaar and N. P. Himmelmann (eds.), Routledge, pp. 1–42.

Barker, G., H. Barton, M. Bird, et al. (2007) The 'Human Revolution' in Lowland Tropical Southeast Asia: The Antiquity and Behavior of Anatomically Modern Humans at Niah Cave (Sarawak, Borneo), *Journal of Human Evolution* 52: 243–261.

Barker, G., and M. B. Richards (2013) Foraging-Farming Transitions in Island Southeast Asia, *Journal of Archaeological Method and Theory* 20: 256-280.

Barton, H. (2012) The Reversed Fortunes of Sago and Rice, *Oryza sativa*, in the Rainforests of Sarawak, Borneo, *Quaternary International* 249: 96-104.

Bellwood, P. (2007) *Prehistory of the Indo-Malaysian Archipelago*, revised edition, ANU E Press. Original work published 1997.

Brosius, J. P. (1991) Foraging in Tropical Rain Forests: The Case of the Penan of Sarawak, East Malaysia (Borneo), *Human Ecology* 19(2): 123-150.

Denham, T. (2013) Early Farming in Island Southeast Asia: An Alternative Hypothesis. *Antiquity* 87: 250-257.

Hoffman, C. (1986) *The Punan: Hunters and Gatherers of Borneo*, UMI Research Press.

Hunt, C. O., D. D. Gilbertson, and G. Rushworth (2012) A 50,000-Year Record of Late Pleistocene Tropical Vegetation and Human Impact in Lowland Borneo, *Quaternary Science Reviews* 37: 61-80.

Jones, S. E., C. Hunt, and P. J. Reimer (2013) A 2300 Yr Record of Sago and Rice Use from the Southern Kelabit Highlands of Sarawak, Malaysian Borneo, *The Holocene* 23: 708-720.

Koizumi, M., D. Mamung, and P. Levang (2012) Hunter-Gatherers' Culture, a Major Hindrance to a Settled Agricultural Life: The Case of the Penan Benalui of East Kalimantan, *Forest, Trees and Livelihood* 21(1): 1-15.

Kringbaum, J. (2003) Neolithic Subsistence Patterns in Northern Borneo Reconstructed with Stable Carbon Isotopes of Enamel, *Journal of Anthropological Archaeology* 22: 292-304.

Langub, J. (1996) Penan Response to Change and Development, *Borneo in Transition: People, Forests, Conservation, and Development*, C. Padoch and N. L. Peluso (eds.), Oxford University Press, pp. 103-120.

Sellato, B. (2002) *Innermost Borneo: Studies in Dayak Cultures*, SevenOrients / Singapore University Press.

Sellato, B., and P. G. Sercombe (2007) Introduction, *Beyond the Green Myth: Hunter-Gatherers of Borneo in the Twenty-First Century*, P. G. Sercombe and B. Sellato (eds.), NIAS Press, pp. 1-49.

Woodburn, J. (1982) Egalitarian Societies, *Man* (N. S.) 17: 431-451.

II

農耕民との共生，
農耕民・家畜飼養民への変化

第II部は，先史時代の狩猟採集民の実像について，狩猟採集民のみが生きた時代，狩猟採集民と農耕民とのかかわりの時代に焦点を当てて，主として民族誌を通して過去の生活を推察する民族考古学のアプローチによる新たな知見が紹介される．

佐藤（第5章）は，世界的に著名なアメリカの考古学者ビンフォードの研究資料（339の狩猟採集民データ）に新たな分析を加えることから，世界的な視野から狩猟採集民の地理的要因による差違を指摘する．そこでは，高緯度と低緯度の狩猟採集民のなかでは定住性や貯蓄・備蓄の有無などの違いが大きいこと，熱帯の狩猟採集民と焼畑民ではそれほどの違いが少なく，むしろ連続性が顕著であることに言及する．これは，先史時代の狩猟採集民の資源利用の特徴を考えるうえで示唆に富む．

金沢（第6章）は，東南アジア島嶼部を対象にして，狩猟採集民はどのように生まれたのか，ボルネオ島のプナンの事例を中心として論じている．プナンは，定住農耕民とは異なる生活様式を維持していること，具体的には林産物の交易に従事している点が言及される．とくに，彼らは自律的生存の狩猟採集民ではなくて，派生的な狩猟採集民とみなすホフマンの説を紹介している．しかし，これには反論も多く現時点では決着がついていない．また，狩猟採集民と農耕民との共生モデルが紹介されて，マレーシアのサラワクの事例から検証される．

一方で，世界的な視野から眺めると，狩猟採集民が存続して農耕民との関係が維持された地域と狩猟採集民が農耕民や家畜飼育民に移行した地域を見出せる．前者の代表例が中部アフリカのコンゴ盆地であり，後者の代表例はアンデス高地である．大石（第7章）は，コンゴ盆地において狩猟採集民の農耕民化が起こらないのはなぜかという問題意識のもと，野生ヤム問題をめぐる論争とその考古学へのインパクトを論じる一方で，コンゴ盆地の狩猟採集民と農耕民の関係のみならず漁撈（ぎょろう）民との関係に言及している．とりわけ，コンゴ盆地の環境史のなかで漁撈を位置付ける新たな試みを行い，先史漁撈民が，どうして農耕民と共生関係を構築できなかったのかを歴史生態学の視点から説明している.

稲村(第8章)は,熱帯高地アンデスにおける狩猟民が,どのような過程をへて家畜飼養民へ移行しているのかを検討している.具体的には,インカ時代と現在行われている追い込み猟チャクに注目して,民族考古学の視点から家畜化の過程を考察する.当時,季節移動をしていたとされる狩猟民による家畜化を始めた動機についても西アジアのそれとの比較から推論される.

さらに附論では,狩猟採集民と農耕民との関係の事例として東南アジアの島嶼部,農耕民化の事例として東アフリカをとりあげる.関野(附論2)は,東南アジアの海洋資源,とくにマッコウクジラなどの海生の哺乳類を利用する狩猟民の現在を,インドネシア・レンバタ島のラマヘラ村の事例を中心に報告する.彼らは,獲得した肉と農民の生産したトウモロコシやバナナを交換する.彼らの主食は農作物であり,海獣類の狩猟は自給的と同時に商業的に行われている.

一方で八塚(附論3)は,東アフリカ・タンザニアのサンダウェの人々を対象にして,どのようにして彼らが農耕を開始したのか,その過程を説明している.現在,彼らは過去に狩猟採集を生業基盤にしていたという歴史認識を持ちつつも,今では農耕は自分たちの生活の主要な部分を構成する重要な活動だと考えているとする.つまり「狩猟民」としての認識と「農耕民」としての認識の両方を併存させているという複雑な状況が指摘される.

以上のような第II部の論考からわかるように,狩猟採集民が農耕と接した際には狩猟採集民自身が農耕民になっているのか,農耕民と交易をしているのかではかかわり方が異なっている.アンデス高地の事例は農耕民化,熱帯アジアと熱帯アフリカの事例は農耕民との共生関係が形成され狩猟民が維持されているものと位置付けられる.

5　狩猟採集と焼畑の生態学

佐藤 廉也

5.1　狩猟・採集・焼畑のバリエーションと地理的制約

狩猟採集（漁撈（ぎょろう）），焼畑，定着農耕という3つの生業形態を比較するとき，焼畑が農耕の一形態であることから，狩猟採集という生業と他の2つの生業とは根本的に異なるものと考える人が多いかもしれない．筆者はそのような考え方に疑問をもっている．したがって本章では，狩猟採集と焼畑という2つの生業形態を比較し，とりわけその連続性に注目して考察することを目的とする．

狩猟採集と焼畑とのあいだには，どのような違いがあるのだろうか．焼畑が伐採から収穫までの間の定住を前提とすることから，定住と遊動の違いを挙げる人もいるかもしれない．あるいは，収穫物の貯蔵・備蓄や社会的階層性の有無が両者を分ける根本的な違いであると考える人もいるかもしれない．いずれにせよ，狩猟・採集・漁撈と焼畑の間には本質的な違いが存在するという考え方は広く受け入れられていると思われ，それが故に狩猟採集民研究において焼畑をおこなう社会が対象とされることは通常ない．

しかしながら，狩猟採集民の研究者なら誰でも知っている通り，定住性や貯蔵・備蓄をしないことは狩猟採集民の普遍的な特徴ではない．定住性が高く，食料を貯蔵・備蓄する狩猟採集社会の民族誌的事例は，北米北西海岸やカリフォルニア沿岸部で狩猟・採集・漁撈を営んでいた先住民社会やアイヌなど，数多く存在する．それらのなかには，北米北西海岸の事例のように，分業が存在しランクや奴隷制の存在が認められるケースもある．これらを狩猟採集民の例外とみなす議論もあるが，その地理的分布をみても，例外とするにはそのような「不平等社会」の分布はあまりに広く事例の数も多い（図1）．むしろ，もっぱら遊動し，貯蔵・備蓄をおこなわず狩猟・採集した食糧を分配する「平等社会」を狩猟採集民の典型とみなす傾向は，狩猟採集と農耕の違いを考える上で大きなミスリードにつながりかねない．

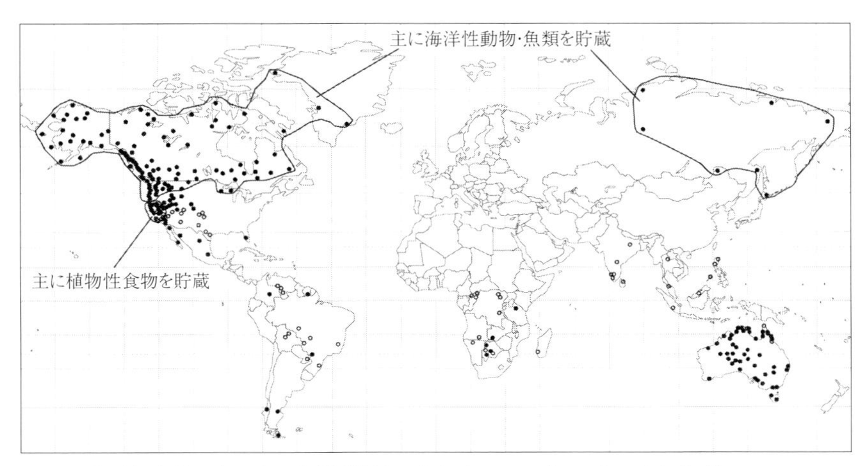

図1　民族誌的資料の存在する狩猟採集民の分布（Binford［2001］により作成）
ドットは民族誌的資料の存在する狩猟採集民の分布を示す．白抜きのドットはビンフォードが「例外的な事例」と見なしたもの，すなわち農耕民や国家との政治経済的関係を持ち，「純粋な狩猟採集民」とは見なされないもの．

定住性や備蓄，社会の階層性などをめぐる狩猟採集社会のバリエーションは，自然環境，すなわち地理的分布との密接な関連が認められる．まずその点を確認しておくことは重要であろう．アメリカの考古学者ルイス・ビンフォードは，民族誌的資料の存在する全世界の339の狩猟採集民のデータについて，人口規模や人口密度，占有面積，集団サイズ，遊動・定住性，主な利用資源（陸上動物・植物・海洋性動物のいずれに依存するか）などの各項目と，気候学者ソーンウェイトに依拠した世界の気候・植生分類をあわせ，項目間の相関性の有無を詳細に検討している［Binford 2001］．図2はそこに示されたデータの一部で，狩猟採集民の事例について，居住地域の緯度と陸上生産性（生物生産量の対数をとり指標化した値），貯蔵・備蓄の有無の関係を表している．ここから，貯蔵・備蓄の有無が，緯度35度を境にきわめて明瞭に区分されることが読み取れるであろう．日本に目を移すと，山陰を除く西日本はほぼ北緯35度線の南側に位置し，東海地方や房総の一部地域を除く東日本は北側に位置する．縄文時代の東西日本の生業の違いを考えるとき，北緯35度が世界の狩猟採集民の貯蔵・備蓄の有無を分ける線であることを考え合わせると，きわめて興味深い．

この図に表された緯度という指標が具体的には気候（温度・湿度）の違いを

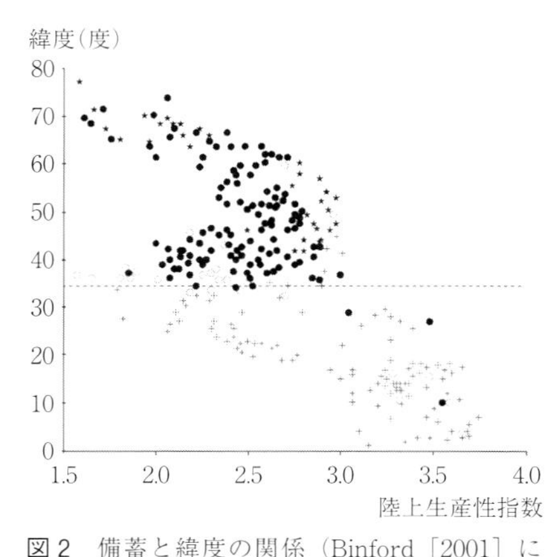

図 2　備蓄と緯度の関係（Binford［2001］により作成）

（1）＋：長期の貯蔵・備蓄がみられない狩猟採集民，（2）○：若干の長期備蓄がみられる狩猟採集民，（3）●：主要な食物を備蓄に頼る狩猟採集民，（4）★：大量に備蓄し，長期間備蓄の消費に頼る狩猟採集民．

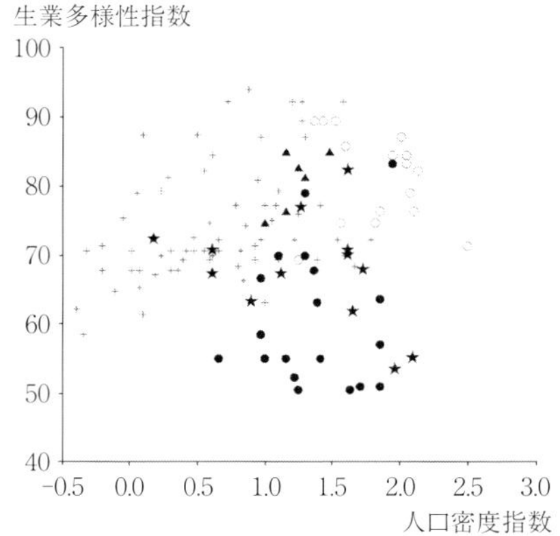

図 3　人口密度と生業多様性（Binford［2001］により作成）

（1）●：農耕民と共生関係にある狩猟採集民，（2）★：狩猟・採集とともに焼畑をおこなう集団，（3）▲：制度化されたリーダーが存在する狩猟採集民，（4）○：貧富の差が存在する狩猟採集民，（5）＋：（1）～（4）のいずれにも該当しない狩猟採集民．

示していることはすぐに想像がつくであろう．高緯度地域の貯蔵・備蓄の主な対象となるのは，魚や動物の肉である．寒冷な地域では，腐敗のリスクは少なく秋から冬にかけては常温下で保存するための加工作業を施すことが容易であり，逆に年間を通して高温・湿潤な低緯度地域では，肉の腐敗を防ぐためには高度な技術を必要とする．一方，比較的低緯度な地域に位置するカリフォルニアで堅果類の大量備蓄をしていた先住民の事例は，夏季に高温で乾燥する地中海性気候であったことに注意すべきである．これらの事例に対して，高温・高湿の環境下に生活する熱帯の狩猟採集民では，狩猟・採集・漁撈で得た食物を大量かつ長期に備蓄する事例はほぼみられない．

先に挙げたビンフォードは，339 の狩猟採集民に関する生態学的変数の分析から，低緯度地域では陸生動物に依存する狩猟採集民は少ないことのほかに，高緯度地域では陸生動物に依存する集団も多いが，人口圧によって資源獲得の集約化を余儀なくされた場合，集約化に向かう対象は陸生動物ではなく海洋性動物（魚類や海洋性哺乳類）に傾く傾向にあることなどを指摘している（ここでいう集約化のプレッシャーを，ビンフォードは領域の拡張が不可能な状況下での人口圧を意味する「パッキング」という言葉で表現している）．つまり，海洋性動物資源への依存は人口の集中を可能にする生業形態だというのである．では，海洋性動物資源に依存できない環境に住む集団はどのようにプレッシャーに対して反応するのだろうか．

図3は，ビンフォードが狩猟採集民の各集団の人口密度，生業多様性といくつかの集団属性（馬を導入した北米狩猟採集民，焼畑をおこなう集団，平等主義の集団，農耕民と共生関係にある狩猟採集民，リーダーをもつ集団，貧富の差が認められる集団）との関係を示したものである．全体的な傾向として，農耕や農耕民との共生関係の存在しない狩猟採集民の場合，人口密度と生業多様性は，人口密度が低い段階では正の相関をもち，そして人口密度がある閾値を超えると貧富の差が存在する社会になる．ここに表された「貧富の差が存在する社会」の多くは，太平洋岸の温帯・冷帯に分布する先住民社会である．ところが興味深いことに，生業のバリエーションとして焼畑をもつグループと，農耕民と共生関係にあるグループだけは，全く別の傾向を示しており，両者とも人口密度と生業の多様性は負の相関を示しているのである．

ここで，「農耕民と共生関係にある」狩猟採集民について確認しておきたい．ビンフォードは339の狩猟採集民の民族誌について，「ノーマル」と「サスペクト」の2グループに分類した．前者は狩猟・採集・漁撈によって独立した生計を保つケース，後者はその活動上は狩猟採集民であるが，非狩猟採集民（多くのケースは農耕民）と共生し，経済的に依存関係にあるケースである．図1に共生関係にある狩猟採集民の分布が示されており（○），これをみるとそのほとんどは熱帯に居住するグループであり，むしろ経済的に独立した狩猟採集民は熱帯においては例外的であることがわかる．これは，主要な植物性カロリー源であるとみなされる野生ヤムの分布から，熱帯林で自立した食料獲得経済を持続することの困難さを指摘した「ワイルド・ヤム・クエスチョン（野生ヤム問題）」［Headland 1987］として知られる，果たして湿潤熱帯で純粋な狩猟採集経済が成り立つのかという疑問につながる興味深いデータである．

図3に戻り，人口密度の増加に対応する2つの道筋をこの散布図から読み取ってみたい．高緯度帯では閾値を超えた人口密度への対応として，生業の多様化という方向に向かい，とりわけ沿海部における漁撈の強化は，貧富の差や社会的階層を生み出す契機になる．これに対して低緯度帯では，純粋な狩猟採集

経済によって人口のプレッシャーに対応することは困難であり，残される道は主に２つとなる．その１つは農耕民や国家に類するような大きなシステムと共生しつつ専業の狩猟採集民となることであり，もう１つは生業のなかに植物栽培（広義の焼畑＝horticulture）を採り入れ，人口圧が増大するほど農耕への生業の比重を高めていくことである．これらはいずれも，高緯度帯の傾向とは逆に生業多様性を低める方向であり，また多くの場合階層化や貧富の差の増大を伴わない．こうしてみると，高緯度地帯と低緯度地帯の狩猟採集社会が好対照であるのに比べ，低緯度地帯の狩猟採集社会と焼畑社会はむしろ連続的にとらえることができる．次節では，この連続性に関連する問題をさらに検討してみたい．

5.2　狩猟・採集・焼畑の連続性と生業選択

焼畑は，高温多湿な季節をもつ熱帯・温帯でおこなわれる粗放的な農耕である．高温多湿の地域において焼畑という農法が選択されることには，環境への技術適応上の理由がある．植物の繁殖が旺盛な高温多湿地域では，雑草と作物との競合が生産を阻害する最大の要因であり，焼畑に必須の要件である休閑は，自然の植生遷移によってイネ科やカヤツリグサ科の雑草を死滅させ，雑草繁茂を抑制する省力的かつ合理的方法だからである［百瀬 2010］．したがって，焼畑は主に熱帯湿潤林や熱帯季節林でみられる農耕であり，温帯ではアジアモンスーン地域の山間地など温暖な一部の地域に限られる．

熱帯における純粋な狩猟採集が例外的であるのと同様に，「純粋な焼畑」という生業もほぼ存在しない．焼畑民と言われる集団のほとんどは，焼畑と並行して狩猟・採集などの生業要素をもっている．狩猟・採集・焼畑の生業時間に占める割合は，集団によって多様である．焼畑が補助的にしかおこなわれず，狩猟採集が主生業となっている例としては，サゴヤシの一部を栽培利用するニューギニア低地のいくつかの集団が挙げられる．一方，アフリカや東南アジアの焼畑民の多くは，生業時間の半分以上を焼畑に費やす．筆者が調査したエチオピア南西部低地に住む焼畑民マジャンギルの場合，食糧獲得に費やす時間のうち３分の２は焼畑に関連する活動である（ただし，男性の生業活動時間に占める焼畑の割合は３分の１に満たない）．このような，狩猟・採集・焼畑の生業割合はどのようにして決まるのだろうか.

この生業選択を合理的に理解するためのモデルとして，最適採食理論がある.最適採食理論の食物幅選択モデルは，ある生物が限られた時間のなかで身の回りのどのような資源を食物として選択するかを説明するモデルであり，行動生態学の古典的なモデルであるが，狩猟採集民の食物レパートリーを説明するモデルとしても使用されてきた.仮にカロリーを通貨としたモデルを考えると，狩猟採集民が食物として利用できる動植物ごとに，その獲得にかかるコスト（探索時間と加工時間）と獲得できるカロリー量の固有値が設定でき，時間あたりの獲得カロリーが大きな順にランクをつけることができる.理論上は，活動時間あたりのカロリー獲得量を最大化するような食物セットが選択されることになる.

理解のために仮想的な例を挙げると，イノシシ，ウサギ，スズメ，バッタ，アリという食物が利用可能な環境に住む場合，前三者までを利用すれば時間あたりの獲得カロリー量が最大になる場合，バッタとアリは狩猟採集の活動時間内に見つかったとしても捕獲されない.バッタやアリを採集・加工することによって前三者の採集量が減少し，効率が低下するからである.ただし，例えばイノシシの個体数が狩猟圧によって減少し，捕獲のための探索時間が増加した場合，最適食物幅がバッタまで含まれるように変化することがありうる.このように，とりわけ狩猟動物の場合には，狩猟圧と繁殖率の関係によって最適食物幅は変動する.つまり，最適採食理論は生業変化の説明にも適用することができる.

焼畑における耕地の準備時間を探索時間コストと見なすことによって，焼畑を最適採食理論における食物レパートリーとする試みもなされている.狩猟・採集・焼畑を生業とするペルーアマゾンのマチゲンガを事例としてこの分析をおこなったのがキーガンである［Keegan 1986］.キーガンは表1のようにマチゲンガの焼畑と狩猟採集資源を，獲得カロリーとタンパク質を通貨として提示した.カロリーを通貨としてみると，全ての食物レパートリーのなかで焼畑作物はクビワペッカリー，野生果実，鳥類に次いで4位である.ペッカリーが狩猟圧に敏感な動物であることを勘案しても，エネルギー獲得効率から焼畑をおこなうことが合理的であることがわかる.

ただし，ここで注意しなければならないのは，生業における空間選択の問題

表1　マチゲンガの食物レパートリーと採集効率［Keegan 1986］

資源	仕事時間あたりの獲得カロリー (cal/h)	仕事時間あたりの獲得タンパク質 (g/h)	採取頻度
森林資源			
クビワペッカリー	65,000	3,944	低
野生果実	5,071	144	高
鳥類	4,769	720	高
クチジロペッカリー	2,746	168	低
イモムシ類	2,367	391	高
ヤシ類	1,526	169	高
サル	1,215	51	高
焼畑作物	3,842	45	
魚類	214	38	

である．狩猟採集の対象となる資源が空間的に分散している，もしくは狩猟圧に敏感な場合，遊動性を高めることが生業戦略となる．高緯度の狩猟採集民には特定の場所に価値の高い資源が集中しているケース（例えば，前節に挙げた北米北西海岸の漁撈資源やカリフォルニアのパイユートにおける湿地のイネ科野生穀物など）が少なくないのに対して，熱帯では資源密度は低く分散的であることが多い．もしそうした環境において狩猟採集をおこなう集団が焼畑を採用すると，焼畑にあわせて定住性を高めることによって他の資源の獲得効率を変化させる可能性が高いであろう．この場合，大きな戦略の転換となり，分散する多様な資源を利用する戦略から定住して焼畑に資源獲得コストを集中させる戦略への変化を余儀なくされるかもしれない．図3の焼畑をおこなう集団において，人口密度と生業多様性が負の相関を示しているのはこの想定を支持していると考えることもできるだろう．

これに関連して，レイトンらは狩猟採集経済から農耕経済への転換に関する人口変化の要素を含めたシナリオを提示している［Layton et al. 1991］．彼らのシナリオによれば，上位食物の減少によるプレッシャーによってあらたな食物を採集レパートリーに加えた場合，もしその資源密度が低く分散していれば，その採集活動は移動性を高め，結果として人口密度は低下する．逆に，半栽培や栽培によって集中性の高い資源をレパートリーに加えた場合には，人口密度上昇に結びつく．北米のパイユートのように，イネ科草本の群落を灌漑（かんがい）などで保護する例が最もわかりやすい例である［Dyson-Hudson and Smith 1978］．こうした空間的に集中する資源への傾斜は定住化と土地の占有に結びつき，定住化と高カロリー食物摂取の結果として人口が増加するというシナリオになる．

レイトンらのシナリオに対しては，「エネルギー摂取効率の低い食物レパートリーをあらたに加えることは逆に人口を減少させる結果になるはずである」というホークスらのコメントがあった［Hawkes and O'Connell 1992］．最適採食理論の食物幅選択モデルにおいて下位の食物レパートリーを加えることは全体のエネルギー摂取効率の低下を意味しており，余剰のエネルギーが出生力に振り向けられるという生態学の理論に従えば，下位レパートリーの採用は出生力の低下に結びつくという指摘である．レイトンらはこの指摘を受け入れたが，これに対してウインターハルダーらがシミュレーションモデルを用いて，レパートリーを加えることは必ずしも出生力低下に結びつくのではなく，条件によっては出生力上昇という結果にもなりうる，という指摘をおこなっている［Winterhalder and Goland 1993］．ウインターハルダーらのモデルは，各食物資源の個体数，資源選択，狩猟採集民人口という3つのモジュールから成っており，これら3つのモジュールが資源密度，狩猟採集効率，収穫量という3つの変数によって関連づけられている動学モデルである．シミュレーションの結果は，効率の低い食物レパートリーを加えたとしても，その食物が十分に資源密度が高く繁殖力の高い資源であれば，狩猟採集民人口は増加するというものであった．この結果は，たとえ効率が低下し労働時間が増加する結果になるとしても，狩猟採集から農耕への移行の結果として人口増加が起こりうるということを示している．

5.3　狩猟・採集・焼畑と人口パターン——人口は独立変数か？

前節では，生業選択が人口に影響するという仮説に触れた．生業と人口の関係に関しては，人口を独立変数とみなし，人口圧が生業や技術の発展を促すというボズラップの仮説がよく知られている［Boserup 1965］．しかし，行動生態学や生理学の結果はむしろ，人口を決定する内的諸要因の存在を示しており，ボズラップの仮説の説明力には限界があると考えられる．ある集団の人口を規定する生態学的要因を，異なる生業の比較からさぐることは可能だろうか．また，生業と人口の間には，一方向的な関係があるに過ぎないのか，もしくはフ

表2　狩猟採集民・焼畑民・定住農耕民の合計特殊出生率［Bentley et al. 1993］

	合計特殊出生率の平均	分布範囲	サンプル社会数
狩猟採集	5.6	3.5 ～ 7.9	12
焼畑（粗放農耕）	5.4	3.0 ～ 6.9	14
定住農耕	6.6	3.5 ～ 9.9	31

ィードバックが存在するのだろうか．

表2は，ベントリーらが57の小規模社会を生業別に区分し，出生力の違いを比較したものである［Bentley et al. 1993］．ベントリーらは，狩猟採集民，焼畑民，定住農耕民の間に出生力の有意な違いはみられないというキャンベルら［Campbell and Wood 1988］の先行する研究結果に対して，そのデータを慎重に検討し，大きな変容局面にある社会の出生力が大きなノイズになっているという事実を見いだした．それらのサンプルを取り除いた結果，表2のように，狩猟採集民および焼畑民と定住農耕民の間には有意な差があると結論した．出生力の差が狩猟採集民と焼畑民の間にあるのではなく，焼畑民と定住農耕民の間にあるという結果は興味深い．

ベントリーらの研究結果を受けて，セレンらは生業における農耕の占める割合と出生力との相関を検討している［Sellen and Mace 1997］．セレンらの論文の主眼は，先行研究が用いている集団間比較のデータについて，個々の集団サンプルが互いに独立でない，つまり集団間の歴史的関係によってその属性（ここでは出生力）が影響を受ける問題を排除した上でサンプル間の比較をすべきである，というものである．この問題はギャルトン問題として知られ，通文化比較の客観性に疑問を投げかけるものである．セレンらは集団間の言語的近縁性を集団間の歴史的近縁性に読み替え，そのデータを用いて集団間の近縁性の影響を取り除いた上で出生力と生業に占める農耕の割合の間の関係を分析した．その結果，両者はきわめて高い相関を示し，農耕への依存度が10%高くなると合計特殊出生率が0.4上昇するという結果を示した．

出生力に影響を与えると思われる要因は具体的には何だろうか．考えられるのは，1つには栄養摂取の状態，もう1つは結婚年齢や初産年齢，出産間隔などの生活史ファクターである．栄養摂取と再生産との関わりについては，医学や人類生態学からの様々な研究がある．例えば，女性の体脂肪率は月経周期と出生力に大きな影響を与えており，体脂肪率が一定の閾値を超えて低下すると再生産能力の維持が困難になり，さらに低下すると生理も止まる［Frisch 1991］．また，授乳期の女性の体脂肪率低下は乳児死亡率にも影響を与える可能性がある．

一方，生活史ファクターの方は，より複雑である．人口学において指摘されているように，初婚年齢と出産間隔は一般に合計特殊出生率に相関の高いファクターである．後者は授乳期間の長さに影響されることもあり生理学的な要因でもあるが，出産間隔が文化的に調整されることもある．これらの生活史ファクターは，再生産だけでなく成長や寿命も含めた生涯全体のスケジュールの中で設計されており，生業の内容が生活史スケジュールに大きく影響を与えている可能性がある．例えば，パラグアイの狩猟採集民アチェは，狩猟や採集によって家計に十分貢献できるようになるまでの時間が長く，要するに一人前になる年齢が高いため，再生産の開始年齢は比較的遅い．これに対してメキシコのトウモロコシ栽培民マヤは，少年期から家計に貢献できる割合が高く，出産間隔が短く出生力は高い［池口・佐藤 2014: 34-36］．このように，生業の違いが少年の知識・技術獲得の時間の長さに違いを生じさせ，生活史スケジュールの違いとなって出生力に影響を与えると考えられる．

筆者はこれらの栄養摂取や生活史ファクターについて，狩猟採集民と焼畑民を広く比較するための資料をもたない．ここでは代わりに，筆者自身が観察データを持つエチオピア低地の焼畑民マジャンギルの事例をみておく［佐藤 2009］．これは，筆者が 1992 年から 1997 年にかけて，ガンベラ州ゴダレ地区の行政村クミ村に住む人びとを対象に，成人男女およそ 700 人のライフヒストリーデータを聞き取りによって収集・復原したデータに基づいている．マジャンギルは 1980 年代に定住化して大きな社会変容をとげており，その前後で出生力を顕著に上昇させている（図 4，表 3）．ライフヒストリーデータは，クミ村に定住化前から居住するマジャンギル，およびその親族に限定しており，定住化後に移住してきた人びとは除外している．定住化にともなう社会変容によって出生力が上昇した例としては，カラハリの狩猟採集民クンの事例も知られている［Lee 1972］．

定住化前後のマジャンギルの変化でまず顕著なのは，食生活の変化である．定住化以前のマジャンギルは，焼畑作物を中心に狩猟・採集・漁撈で得た食物にニワトリの肉と卵を加え，ほぼ自給によって日常の食糧をまかなっていた．

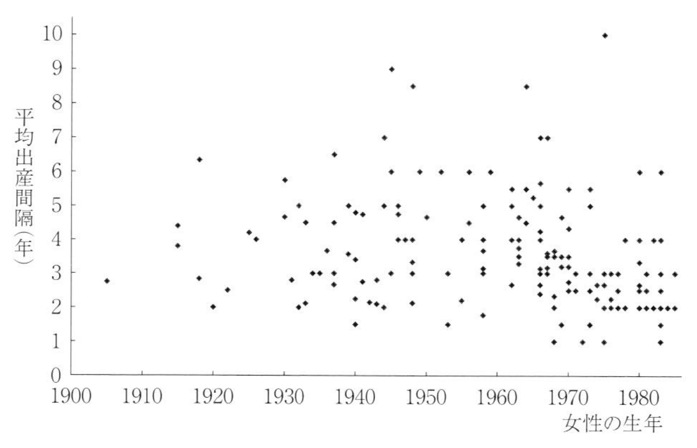

図 4　マジャンギル女性の出産間隔の変化
（筆者の調査により作成）

表 3　マジャンギル女性の初産年齢の変化（n＝151）

1940 年代以前生	1950 年代生	1960 年代生	1970 年代前半生
25.92	25.43	24.13	23.21

主食となる食糧は季節によって変化し，年に 2 回伐採される焼畑の最初の収穫がはじまる 6 月末頃からトウモロコシ，それらの収穫が尽きる秋にはタロイモ・ヤムイモ・サツマイモなどが主食となり，次の焼畑の収穫期である 12 月頃には再びトウモロコシ・モロコシが毎日登場するようになり，播種（はしゅ）分を除いてそれらが食べ尽くされる 3 月頃にはまたイモ類が中心となり，雨季の初期である 4 月から 5 月にかけては食糧が不足する飢えの時期で，普段はあまり好まれないヤウティア（サトイモ科）が食卓に毎日登場するようになる．年に 2 回収穫期のある穀物は彼らの食糧のなかで重要な位置を占めるものの，それは長期保存されることなく収穫から 2 ～ 3 か月以内には全て消費されるものだった．

定住化の後，徐々に市場で購入される食品が増えていった［佐藤 2010］．かつて食材に使われる購入品は塩くらいだったが，定住化後はまず食用油の購入・消費が普及した．油を使った調理はエチオピア高地文化の影響であり，同様に，モロコシ・トウモロコシを発酵させたパンや，油で食材を炒めた後にスパイスで煮込んだシチュー料理が日常の食事に登場するようになった．高カロリー食品を安定的に摂取するようになったことが，マジャンギルの出産間隔の短縮に直接的に貢献したことは十分に想像できる．

もちろんそれだけでなく，定住化にともなう文化変化が出生力上昇に貢献した可能性も大きい［佐藤 2009］．社会的な不安定要因のために頻繁に移住していたかつてのマジャンギルは，出産間隔は3年が理想であるという規範を持っていた．彼らの意識では，2人以上の乳児をかかえて移住するのは困難であるというものだった．この規範は，定住化後は（感覚的には残るものの）有名無実化したようにみえる．毎年のように村で年子が生まれるようになったからである．定住化以前のマジャンギルにみられたような栄養摂取と移住に関連する文化的要因は，熱帯の狩猟採集民にも共通してみられる可能性があるだろう．

5.4　残された問題

冒頭で，熱帯の狩猟採集民と焼畑民の違いは高緯度帯と低緯度帯の狩猟採集民の違いほどには大きくなく，むしろ連続的にみえると述べた．高緯度帯の狩猟採集民に貧富の差や階層性が見られる背景として，主要な獲得資源に季節性があって大量に収穫可能であり，またそれが予測可能性の高い資源であって，それらの資源の採取や領域の防衛が特定の地域への人口の集中，共同による貯蔵と管理を導き，その結果としてリーダーや貧富の差を生じさせると考えるならば［Dyson-Hudson and Smith 1978］，逆にその社会内部に固定化されたリーダーや貧富の差がみられない焼畑は，それに該当しない資源なのであろうか．

焼畑は集約化に限界のある農法である．休閑を必須とすることから，一定の地域に人口が集中することも起こりにくい．かつてカーネイロは，焼畑が500人以上の定住村を持続させるだけの人口扶養力を持っていることを南米の焼畑民のデータから示したが，現実には国家に包摂されるケースのほかには焼畑民が数百人規模で集落人口を集中させる事例はみられない［Carneiro 1960］．焼畑という生業には，共同や集中に向かう誘因を欠いており，代わりに分散に向かわせる力が働くように思われる．しかし，これを確認するためには焼畑民がなぜ移動するのかに関して，経験的事実に即した検討が必要である．

また，本章では狩猟採集民の地理的要因による差異を指摘する一方で，焼畑民の集団間にみられるバリエーションについては触れることができなかった．焼畑は熱帯や温帯モンスーン地帯などの限定的な環境でみられる生業形態であると指摘したが，焼畑で扱われる作物の組合せは多様である．とりわけ東南アジアの焼畑のように1年1作で陸稲(りくとう)栽培に集中する焼畑と，アフリカや南米の焼畑のようにバナナやイモ類など貯蔵・備蓄に向かない作物群の比重が高い焼畑では，生業労働の季節配分も貯蔵・備蓄のあり方も大きく異なり，それが社会的な違いを生み出す可能性は十分考えられる．こうした残された問題については稿をあらためて検討したい．

参照文献

Bentley, G. R., G. Jasieńska, and T. Goldberg (1993) Is the Fertility of Agriculturalists Higher than That of Nonagriculturalists?, *Current Anthropology* 34(5): 778-785.

Binford, L. R. (2001) *Constructing Frames of Reference: An Analytical Method for Archaeological Theory Building Using Ethnographic and Environmental Data Sets*, University of California Press.

Boserup, E. (1965) *The Conditions of Agricultural Growth: The Economics of Agrarian Change under Population Pressure*, George Allen & Unwin.

Campbell, K. L., and J. W. Wood (1988) Fertility in Traditional Societies, *Natural Human Fertility*, P. Diggory, M. Potts, and S. Teper (eds.), Macmillan, pp. 39-69.

Carneiro, R. (1960) Slash-and-Burn Agriculture: A Closer Look at Its Implications for Settlement Patterns, *Selected Papers of the Fifth International Congress of Anthropological and Ethnological Sciences: Men and Cultures*, A. F. C. Wallace (ed.), University of Pennsylvania Press, pp. 229-234.

Dyson-Hudson, R., and E. A. Smith (1978) Human Territoriality: An Ecological Reassessment, *American Anthropologist* 80(1): 21-41.

Frisch, R. E. (1991) Body Weight, Body Fat, and Ovulation, *Trends in Endocrinology & Metabolism* 2(5): 191-197.

Hawkes, K., and J. F. O'Connell (1992) On Optimal Foraging Models and Subsistence Transitions, *Current Anthropology* 33(1): 63-66.

Headland, T. N. (1987) The Wild Yam Question: How Well Could Independent Hunter-Gatherers Live in a Tropical Rain Forest Ecosystem?, *Human Ecology* 15(4): 463-491.

池口明子・佐藤廉也 (2014)「人類の生存環境と文化生態」『身体と生存の文化生態』池口明子・佐藤廉也編，海青社，pp. 13-58.

Keegan, W. F. (1986) The Optimal Foraging Analysis of Horticultural Production, *American Anthropologist* 88(1): 92-107.

Layton, R., R. Foley, and E. Williams (1991) The Transition between Hunting and Gathering and the Specialized Husbandry of Resources: A Socio-Ecological Approach, *Current Anthropology* 32(3): 255-274.

Lee, R. (1972) Population Growth and the Beginnings of Sedentary Life among the Kung Bushmen, *Population Growth: Anthropological Implications*, B. Spooner (ed.), MIT Press, pp. 329-342.

百瀬邦泰（2010）「焼畑を行うための条件」『農耕の技術と文化』27: 1-20.

佐藤廉也（2009）「ヒトの生業は生と死にどう関わってきたか――森林焼畑民のライフコースと人口史」『地球環境史からの問い――ヒトと自然の共生とは何か』池谷和信編，岩波書店，pp. 54-71.

佐藤廉也（2010）「定期市の開設にともなうマジャンギルの生業変化と現金経済への適応――世帯経済・家畜飼養・土器製作」『比較社会文化』16: 87-101.

佐藤廉也（2014）「森棲みの焼畑民が大人になるまで――エチオピア森林焼畑民の生業と生活史」『身体と生存の文化生態』池口明子・佐藤廉也編，海青社，pp. 203-224.

Sellen, D. W., and R. Mace (1997) Fertility and Mode of Subsistence: A Phylogenetic Analysis, *Current Anthropology* 38(5): 878-889.

Winterhalder, B., and C. Goland (1993) On Population, Foraging Efficiency, and Plant Domestication, *Current Anthropology* 34(5): 710-715.

6　東南アジア島嶼部における狩猟採集民と農耕民との関係

金沢 謙太郎

6.1　はじめに

インドネシアや東マレーシア，ブルネイ，フィリピンなど東南アジアの島嶼部では，急峻な斜面を無数の河川が流れ，沖積平野が狭く，火山性土壌が広がっているところが多い．そのため，ジャワ島やバリ島など一部を除いて，集約的な耕地が少なく人口密度が低い．一方，月平均降雨量からみるとはっきりした乾季がないこともあって，多様な生物が育まれている．また，東南アジアの熱帯雨林から産出される各種産物は，昔から高い価値が認められ，交易の対象となってきた［Dunn 1975; Kanazawa 2017; 金沢 2009a］．

本章は，東南アジア島嶼部において林産物採集を含む狩猟採集という生業を営んできた人びとと農耕民との関係について考察する．その手がかりとして，ボルネオ島の狩猟採集民をめぐり論争の的となったカール・ホフマン（Carl Hoffman）の問題提起からとりあげる．ホフマンの仮説は，狩猟採集民プーナン人（Punan）は農耕民社会から分離した人びとに由来し，アジアの交易ネットワークに組み込まれる形で林産物採集に特化して生き残ってきたというものである．この仮説は狩猟採集民から農耕民へという通常の歴史とは異なるものであったため，当時大きな話題を呼び，ほかの地域の人びとについても農耕民から狩猟採集民へという流れが記述されるようになった．この仮説は妥当なのか．仮説への反論を踏まえた上で，狩猟採集民と農耕民との関係をどうとらえたらよいか，狩猟採集民は今日までどのように存続しているのか，具体的な事例から追究していきたい．

図1　ボルネオ島　本章に出てくる主な河川と地名

6.2　農耕民から派生した狩猟採集民？

ボルネオの狩猟採集民

プーナン人あるいはプナン人（Penan）はボルネオ島の先住民ダヤック民族の一つで，狩猟採集を主な生業とする人びとである．名称については，プナン，プーナン，プーナン・バー（Punan Bah）の3つの区別がある［Needham 1953］．それぞれの違いは言語にあるとされる［Langub 1989: 169］．プナン人は，マレーシアのサラワク州を中心に約1万人が暮らしている．バラム河流域に約6000人，ブラガ河流域に約2000人，リンバン河流域に約200人のプナン人がいる［金沢 2012: 38］（図1）．プーナン人は，インドネシアのカリマンタンやサラワクのブラガ川の奥地に居住する．プーナン・バー人はビントゥル（Bintulu）やタタウ（Tatau）の海岸部とブラガに居住している［Nicolaisen 1997: 230］．

ホフマンの仮説は1981年の論文にその萌芽（ほうが）がみられるが，1983年の著書，*The Punan: Hunters and Gatherers of Borneo* にその全体像が示されている［Hoffman 1981, 1983］．議論の出発点は，ノルウェー人探検家，カール・ボック（Carl Bock）の旅行記におけるプーナン人描写への違和感である．ボックの著書，*The Head Hunters of Borneo* は，カリマンタンのマハカム河を遡った旅行記である．プーナン人の集落を訪れたボックは次のように記述している．「これらの未開人こそボルネオの真の原住民であろう．彼らはボルネオの中部森林地帯において純然たる野生状態で暮らし，他の世界と交信せず，ほぼ孤立状態にある」［Bock 1881: 75-76］．ホフマンは，プーナン人に対する未開性や純粋性，隔離性といったイメージはここから始まったとみている．そのイメージを引き継ぐ典型例として，イギリス人の歴史家，スティーヴン・ランシマン（Steven Runciman）による次の記述を引いている．

彼らはかつてボルネオ内陸部全域を歩き回っていた民族集団であろう．……狩猟の達人であり，森林を静かに，気づかれないうちに移動し，吹矢の使い手として驚異的な技術を備えている．しかし，彼らは臆病でおとなしい．何世紀にもわたって，獰猛（どうもう）な隣人たちが彼らの遊動する土地に侵入してきた．そのため，彼らはバラムとリンバン両河川の上流域の森林地帯に追いやられた．［Runciman 1960: 6］

ホフマンは自らの観察を通じて，上記のプーナン人像をひっくり返して，抜本的な見直しを説いた．ホフマンがそう考えるにいたった理由は何か．まず，プーナンという名前の意味や由来については誰も知らないという［Hoffman 1983: 92］．19世紀の行政記録ではプーナン人はクニャ人（Kenya）やカヤン人（Kayan）など農耕民のサブ集団として記載されたことがあった［Hoffman 1983: 62］．プーナン人と農耕民集落との距離はいずれも近く，定住農耕民が望めば隣人のプーナン人に数時間から1日以内で会いに行くことができる［Hoffman 1983: 56-57］．漢の第7代皇帝武帝のころ（前141～前87年）の陶磁器などが発見されていることから，ボルネオと中国との間の貿易は紀元前後から行われていたとみられる．プーナン人は交易をより活発に行うことができるという理由で内陸部よりも海岸部の原生林地帯を好んだという［Hoffman 1988: 113］．プーナン人は自家消費ではなく，森林産物の交易を通じた市場向けの経済に生きるようになったとホフマンは考えるようになった．

採集スペシャリスト

ここでは，自然環境あるいは社会環境の変化に対して，集団単位で生き残っていくために生業や生活形態を選択していく行動を生活戦略と呼ぶ．ホフマンによれば，海岸部の原生林地帯に移住し，市場向けの林産物採集を最優先するというのがプーナン人の生活戦略ということができる．市場向けの林産物とはいったいどういうものであるか確認しておく［Hoffman 1983: 73-75, 1984: 137-139］．

a．沈香（Aloe wood）

沈香はジンチョウゲ科のアキュラリア属（*Aquilaria*）の樹木のなかにできた病理学的に異状な部分で，ボルネオ島全域においてガハル（gharu）と呼ばれている．火をつけるとツンとくる香りを放ち，中国人やインド人，アラブ人がお香として利用している．

b．籐（Rattan）

ラタンはマレー語のロタン（rotan）が変化したもの．つる植物のいくつかの種類を指し，籠作りから家作りまでボルネオ全域で利用され，家具はアジアだけでなく世界中で使われている．

c．龍脳（Camphor）

カンファーという英語はマレー語のカプール（kapur）が変化したもの．リュウノウジュ（*Dryobalanops aromatica*）の樹木から採取される硬い結晶質でボルネオ全域から得られる．龍脳は昔から薬や香料，遺体の防腐剤として使われてきた．

d．ダマール樹脂（Resin）

マレー語でダマール（Damar）といいボルネオ全域で知られている．フタバガキ科の樹木から採取される樹脂で，接着剤の用途のほか，防水用パテやニスの基材として使われる．

e．グッタペルカ樹脂（Gutta percha）

グッタペルカノキ属（*Palaquium*）の樹木から得られる樹脂を含む乳液である．グッタペルカはさまざまな用途があるが，最もよく知られているのは電気の絶縁と歯科の用途である．中国人は伝統的に接着剤として，また船の水漏れ防止剤としても使用した．

f．蜜蠟（Beeswax）

その名が示すように，ミツバチが分泌する蠟である．中国人はさまざまな形で利用してきたが，主に軟膏や塗り薬のもとになった．

g．ツバメの巣（Edible birds' nest）

ツバメの巣は小型のツバメ（*Collocalia nidifica*）の唾液から分泌されるゼラチン状でベージュがかった半透明の物質から作られている．別の種類は，分泌物が苔や不純物と混ざったもので *Collocalia linchii* というツバメによって作られる．それらの小さな巣は洞窟深くの天井や壁の上部に張りついている．中国では古くから珍重され，各種の料理，特にスープに使われる．漢方薬の用途もある．

h．胆石・胃石（Bezoar stones）

中カリマンタンおよび東カリマンタンでは，グリガ（guliga）と呼ばれている．医療目的の利用は中国，インド，ペルシャ，アラブのアジア全域で認められる．一般的に，胃石は動物，特に反芻(はんすう)動物の体内器官でときどき見つかる凝結物である．サルの胆石は3種類のサルの胆嚢(たんのう)から見つかるが，その確率は捕獲したサル100匹のうち1匹から見つかるかどうかである．ボルネオでは，さらに高価な胃石がヤマアラシから見つかる．ヤマアラシの胃石は非常に小さく，軽量で，たいへん高額になる．サルの胆石とヤマアラシの胃石はともに腹痛から喘息(ぜんそく)にいたるあらゆる治療薬の原料となる．

i．サイチョウの角（Rhinoceros horns）

野生のサイチョウの角は，大きな治癒力をもつと考えられてきた．すりつぶして，精力剤やインポテンスの治療などさまざまな漢方薬に用いる．

j．イリペナッツ（Illipe nuts）

マレー語でブア・テンカワン（buah tengkawang）という名で知られる．イリペナッツは成熟するとアボガドとほぼ同じ大きさ，形になる．原生林に自生したフタバガキの樹種に生育する．華人やマレー人はイリペナッツを食用油の原料として重宝してきた．ロウソクや潤滑油，さらには化粧品の素材としても使われる．

プーナン人の隣人である農耕民は定住し，焼畑などの農作業に従事している．森林の伐開，火入れ，種蒔(ま)き，生育管理，雑草とり，獣害対策，収穫等で日々忙しい．そのため，特定のあるいは季節的な例外を除いて，原生林へ林産物採集に出かけることはない．一方，プーナン人は，遊動生活ではなかなか手に入れることができない鉄や塩を林産物と交換した．ホフマンはこの経済的行為に着目して，プーナン人は定住農耕民とは異なるエコロジカルなニッチに進出し，籐や樹脂，ツバメの巣などの国際貿易向けの林産物採集のスペシャリストになったと考えた．さらに，プーナン人は定住農耕民と同じ文化的，歴史的出自をもち，後に交易向けの林産物供給に特化した「派生的（secondary）狩猟採集民」であると論じている［Hoffman 1983: 101］．東南アジア島嶼部における他の狩猟採集民，例えばスマトラ島のクブ（Kubu）やミンダナオ島のタサダイ（Tasaday）も同様の人びととみている．加えて，旧石器時代に世界中で行われていた自律的生存の狩猟採集（subsistence hunting and gathering）に対して，プーナン人については商業的な狩猟採集（commercial hunting and gathering）と性格づけている［Hoffman 1983: 102］．

6.3　仮説への反論

方法論への疑問

ホフマンの仮説に対して，1988年9月のボルネオ・リサーチ・ブレティン誌（*Borneo Research Bulletin*）に3人の文化人類学者からの反論が掲載された［Brosius 1988; Sellato 1988; Kaskija 1988］．そのうちの1人，ピーター・ブローシャス（Peter Brosius）によれば，ボルネオの研究者はホフマンの論文を批判的な目線で読むことができるが，ボルネオ民族誌になじみのない読者，とりわけ狩猟採集民に一般的な関心がある人には誤解を招きかねないと指摘する［Brosius 1988: 81］．同じく反論を寄せているバーナード・セラート（Bernard Sellato）は，ホフマンが調査で訪れたムルン村（Murung）で村の長老に対してホフマンの聞きとり方法を確認している［Sellato 1988: 111］．

セラート：彼（ホフマン）は質問をしたのかい？
長老：ほとんどなかったよ．彼は他のエスニック集団の話をしていた．
セラート：どんなことを聞かれた？
長老：いや，何も聞かれなかった．我々のことをすべて知っているかのようだったよ．

セラートはホフマンが現地に行ったのは，彼自身の仮説を検証するためではなく，彼の望むものを見つけるためだったと断じている．3者の批判に共通するのは，ホフマンの収集データの不足，粗さに対する批判である．ホフマンはインドネシア，カリマンタンにおける15か月の調査期間において10以上のプーナン人集落を訪問している．各集落には数日から数週間しか滞在していない．そのため，ホフマンの観察はどうしても短く浅いものになってしまう．ホフマンが参照している文献も限られており，歴史的プロセスや地域的な差異や多様性について十分配慮されているのかについて疑問が残る．

ホフマンが聞きとりに使用した言語も問題がある．例えば，プーナン人男性が「スガイの人たちは私たちとほとんど同じだ（hamper sama bangsa dengan kita)」と語っている．この語りは，日常的に話すプーナン語ではなく，インドネシア語によるものである．他にもインドネシア語による聞きとりの引用が頻出するが，いっさい断りがないためインドネシア語やマレー語を知らない読者をミスリードしてしまう恐れがある［Brosius 1988: 83］．また，プーナン人が他のダヤック人を本当の兄弟といったり，ロングハウスの人びとを同じ出自であると大げさに語ったりすることがある．一定の洞察力がある研究者ならば，そのことばを額面通りに受けとることはないであろう．プーナン人の子どもが農耕民のロングハウスで一時的に養育されていたのかもしれない．プーナン人と農耕民が一緒の場にいるとき，ある種のエチケットとして親族関係にあると語る場合もある．あるいは，プーナン人の農耕民に対する劣等感から発せられるのかもしれない［Brosius 1988: 96］．集団のアイデンティティや民族間関係についての聞きとりや解釈は慎重であらねばならない．

自律的生存条件

ホフマンへの批判は方法論にとどまらない．ボルネオの狩猟採集民の物理的生存条件を確認しておきたい．ホフマンによる引用では略されていたが，ランシマンは彼らの食事について以下のように記述している．

> 彼らは遊動民であり，ときどき洞窟で暮らすこともあるが，通常は簡単な小屋を建て一定期間暮らしている．食事は野生のサゴと数種類の山菜，吹矢で仕留めた獣や鳥の肉である．［Runciman 1960: 6］

ボルネオの狩猟採集民の主食はチリメンウロコ・ヤシ（*Eugeissona utilis*）から採れるサゴであり，このサゴのデンプンが彼らの暮らしを支えている．実際，サゴヤシの生育分布と遊動狩猟採集民の居住域は重なっている．ブローシャスは，ボルネオ島の北部と南部のサゴヤシの生育していないところになぜ狩猟採集民がいないのかと問い，ホフマンの仮説に疑問を付している［Brosius 1988: 101］．

農耕民との関係についても議論がある．プナン人（プーナン人）以外のダヤック人の一部はかつて首狩を行っていたことで知られている．山田仁史は『首狩の宗教民族学』の中で，「首狩は狩猟採集民にはほぼ皆無であり，農耕社会に広く行われてきたこと，そして初期農耕民の世界観と深くかかわる」と指摘している［山田 2015: 56］．その他の口承伝承や調査記録からみても，ホフマンとは逆の見方，すなわちボルネオのプーナン人（プナン人）たちは農耕民とは一定の距離を置いていたとみられる．サラワクのプーナン人（Punan Vuhang）の事例を調べたヘンリー・チャン（Henry Chan）によれば，ラジャン河で最初に居住を始めたのはプーナン人であった［Chan 2007: 321］．イバン人やカヤン人などの農耕民がこの地域に入ってきたとき，プーナン人は彼らを追い返そうとして，それぞれの集団が連帯して戦った．プーナン人がその主食を農耕民に依存していたならば，彼らを攻撃した可能性は低かったと考えられる．チャンは，口承伝承をもとに，次のように推論しているが，妥当なところであろう．

> 実際には，18 世紀以降から，プーナン人は拡張主義的な焼畑民から逃れて，常に遊動していた．栽培作物に頼る必要がなかったので，プーナン人は，農耕民と敵対的な方法で行動したと推論できる．……20 世紀への変わり目から 1968 年にかけて彼らは定住したが，食糧のために交易するという選択肢はなかった．［Chan 2007: 322］

他方，ボルネオの狩猟採集民の交易についてはすでに多くの先行研究がある．ホフマンはそれらにまったく言及していない．単なる見落としなのか，あるいは自説の新規性を印象づける操作なのか［Brosius 1988: 85］．仮に，プーナン人が交易に特化したならば，それによって十分な利益が上げられなければなるまい．しかし，熱帯雨林における林産物採集は割に合う生業とはいえない．プナン人が交易に供する林産物はいずれも採取や生産，輸送がむずかしいものばかりである．胃石や胆石は滅多に見つからない．籐の敷物 1 枚を作るのにゆうに 2 ～ 3 週間はかかる．ダマールを集めるのはそれほど難しくないが，50 kg 以上もある籠を背負って何日も山道を運ぶのは容易ではない．もし本当に儲かるのであれば，ボルネオの熱帯雨林を遊動する福州人（Foochow）の一団がいても不思議ではないだろう［Brosius 1988: 100］.

このように，プーナン人は農耕民から商業的狩猟採集民に派生したというホフマンの仮説は研究方法論のレベルで概ね棄却された．しかしながら，狩猟採集を営む社会集団がどのように存続してきたのかを考える上で，一定の示唆も含んでいる．それは原生林で採集される林産物とその交易を介した社会間関係に注目している点である.

6.4　狩猟採集民と農耕民の共生モデル

共生とは

ホフマンの仮説が提起されたのは，人類学上の論争として知られる「カラハリ論争」や「ヤム論争」の時期とほぼ重なる．それは単なる偶然ではないだろう．カラハリ論争では，アフリカの狩猟採集民，サン（ブッシュマン）はその隣人たるバンツー系の人びとの牧畜や農耕に相当程度依存しているとの主張が出された［Wilmsen 1989］．ヤム論争では，熱帯雨林はヤムイモなどの炭水化物源に乏しく，狩猟採集民は農耕民の栽培する農作物に頼らずに熱帯雨林に進出できなかったのではないかとの仮説が提起された［Headland 1987; Bailey et al. 1989］．以後，狩猟採集民社会と農耕民社会の関係性をめぐる議論は先史考古学や歴史学の研究成果をも交えて続いている［小川 2000; Ikeya et al. 2009; Cummings et al. 2014］.

一方，熱帯雨林の生物学分野の研究が進むにつれ，そこには共生関係が普遍的に存在し，多様性を維持しているメカニズムとして重要な役割を担っていることがわかってきた［井上 1998: 82］．共生とは，異種の生物が相互に作用し合う状態で一緒に生活している現象である．生物学では主に個体間の関係をさすが，ここでは，本来異なった生き方をしている人間集団同士が関係し合いながら一緒に生きている現象と定義しておきたい.

対等な共生

プナン人と一部の農耕民にも共生的な関係がみられる．それが観察できるのは，ウルバラム（Ulu Baram）と呼ばれるマレーシア，サラワク州のバラム河上流域である．ウルは上流，奥地を意味する．そこには，自然保護区以外で唯一まとまった原生的森林（約5万ha）が残っており，およそ2000人のプナン人が居住している．彼らはサゴヤシと焼畑によるコメを主食としている．1990年代からこの地には何度も商業伐採の計画がもち込まれたが，その都度プナン人は団結して原生林をまもってきた．これまでに展開された抗議行動の展開については筆者の別稿を参照いただきたい［金沢 2015］．

2011年，この地のプナン人はスイスのNGOの支援を受けて「平和の森――プナン人からの意見と行動計画，すべての人びとの利益のために」という構想を発表した［Penan 2011］．具体的な行動計画として挙がっているのは，プナン語や伝統的知識の継承であり，自然と生物多様性の保全であり，非木材林産物の開発やコミュニティの力量向上である．それと同時に，商業伐採に対峙するためには周囲の人びとの理解が必要である．なぜなら，住民間の分断を厭（いと）わない開発アクターに対抗しなければならないからである．ウルバラムにはこの地域にのみ居住する農耕民，クラビット人の村々が点在している．クラビット人とプナン人の会話は狩猟採集民の言語で行われる．これまでの筆者の観察では，両者は気の置けない感じで実にのびのびと会話している．プナン人が他の農耕民との会話で見せるおどおどした振舞いとは対照的である．

クラビット人は水田耕作技術に長け，彼らがつくる米はブランド米として町で高く売られている．彼らは水田に流れ込む清らかな水が原生林の恩恵であることを理解している．クラビット人を対象にフィールドワークを続ける人類学者のモニカ・ジャノウスキー（Monica Janowski）によれば，クラビット人はプナン人を稲作技術の面では子どもレベルとみるが，狩猟採集技術の面では一目置いているという［Janowski 2003: 36］．実際，クラビット人集落ではプナン人が採集した林産物を見る機会も多い．

クラビット人はサラワクで数千人規模の少数農耕民であるが，法律家や医師，政治家など国内外で活躍する人物を数多く輩出している．第二次世界大戦中に日本軍の侵攻を食い止めるべく，イギリス軍のパラシュート部隊がクラビット人集落に駐留した．それがきっかけとなり，1946年にクラビット人集落のバリオ（Bario）に小学校が開設された．以後，クラビット人の就学率や進学率が高まっていく．そして，クラビット人集落のロング・ラランにある小学校では，多くのプナン人生徒が寄宿舎に入って，クラビット人生徒と一緒に机を並べている．

ボルネオでは，19世紀半ばからカトリックやプロテスタントの宣教師が布教活動を始め，内陸部の住民族の多数がキリスト教徒となった．この地のクラビット人もプナン人も同様である．クラビット人はプナン人より早く1950年代にキリスト教の信仰をとりいれた．その後，森で暮らすプナン人への教化にはクラビット人の辛抱強い働きかけがあった．現在でもクラビット人集落でのキリスト教関連の行事にプナン人が招かれることもしばしばある．

加えて，筆者らが調べた限りでは，ロング・ララン村で異なるエスニック間の婚姻関係がすべての世帯で確認されている．クラビット人男性とプナン人女性だけなく，プナン人男性とクラビット人女性との婚姻関係もある．ムル（ブラワン人）やロング・バンガ（サバン人／クニャ人）など周囲にプナン人が多いほかの農耕民集落では見られない現象であり，興味深い共生の事例である．ウルバラムにおけるプナン人とクラビット人の間では，日頃からコミュニケーションが交わされており，一定程度の信頼感が醸成されている．こうした両者の共生的な関係が，開発アクターによる地域住民の分断を回避し，原生林をまもってきたのではないだろうか．

6.5　生活戦略の多元化

政治化される環境

「平和の森」にみられる狩猟採集民のイニシアティブは貴重な実践である．その一方，東南アジア島嶼部に残る原生林のほとんどはすでに国立公園や野生生物保護区に指定されている．他方，多くの森は次々と皆伐されて，モノカルチャーのプランテーションへ転換が進んでいる．市場原理が全面化した資本主義は，今や国家の境界を越えて浸透し，地球の隅々にまで及んでいる．同時に，現存する狩猟採集民の生活空間は急速に縮小している．現代の狩猟採集民は「政治化された環境」に生きざるを得ない状況にある［Bryant and Bailey 1997: 5］．2014年の国際文化人類学会で，池谷(いけや)和信が主催した遊動狩猟採集民に関するセッションでは，定住化が迫られる狩猟採集民の文化変容とその対応が焦点の一つになった．そこで，以下では2000年ごろまで遊動民だったプナン人集団の事例を検討したい．

多元化する生活戦略

1990年にジャイル・ラングブ（Jayl Langub）らが行った調査によれば，バラム河の支流であるタマロン川（Temalon）の上流にモヨン（Moyong）をリーダーとする遊動民集団，11家族44人が確認された［Langub 1990: 19］．その一帯はいわゆる遊動プナン人の居住地域であった．サゴの量にもよるが，遊動民は通常，1か所に数週間単位で滞在していた（図2）．サゴヤシの自生地の間は数kmの距離があるが，彼らはサゴヤシの生育状況を予想して，次の遊動場所を決める．

1990年代，サラワク州政府はこの地に生物圏保存地域の創出と遊動プナン人の生活保障を約束した．しかし，政治家や官僚といった開発アクターは自らがもつ木材伐採権が行使できなくなることを恐れ，土壇場でその約束を反故（ほご）にした［金沢 2009b: 142］．近隣の農耕民は開発アクターの側に立って，プナン人に開発の受け入れを迫ってきた．結果的に，この地域の森林は伐られ，さまざまな外部アクターが林道を行き交うようになった．まず近隣から宣教師や牧師が布教にやってきた．デンマークの篤志家はプアッ川沿いの遊動民に対して，滞在小屋の建設を申し出た．それにより，十数家族が寝泊りできる住居ができ，定住化が促された．一方，国際的なNGOの提案によって，チリメンウロコ・ヤシの植栽が始まっている．他方，天然ガス・パイプラインの敷設工事が海岸部のビントゥルからサバ州コタ・キナバルまで内陸部を縦断する形で行われている．その開発工事をめぐって，モヨン集団と石油ガス会社との間でトラブルが発生している．モヨン集団は抗議の意思を示すため，2010年8月からプアッ川沿いの滞在小屋に留まり林道封鎖を行っている．

2010年の時点でモヨン集団は12世帯45人である．今日，集団の全員が森のなかに移動してしまうと，外部との連絡がとれなくなる．学校（寄宿舎）から子どもたちが帰省する場合や宣教師や仲買人が訪ねてくる場合に支障が生じる．また，伐採会社の進入を阻止する林道封鎖の場合，相当の人数が見張りのためとどまっている必要がある．

現在までに，滞在小屋周辺に植栽したサゴヤシや小規模な焼畑だけではまだ十分な炭水化物が確保できない．そこで，これまでのサゴヤシの生育場所や状況に関する知識をもとに，彼らの一部が森に入ってサゴ・デンプンを採集し，滞在小屋と往来している．周囲の森はすでに商業伐採が入った二次林地帯であ

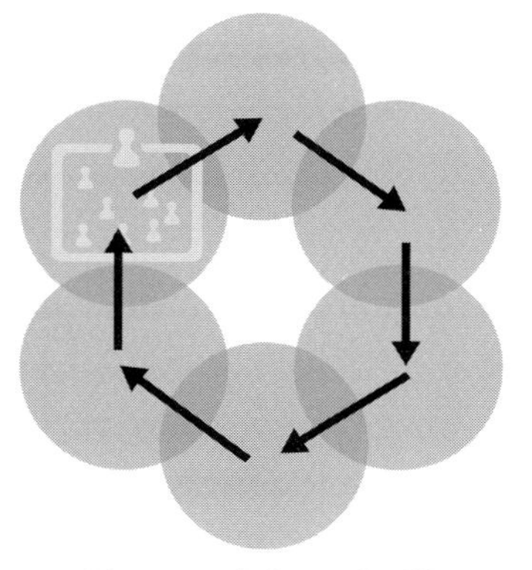

図 2　1990 年代の居住形態
（遊動型）

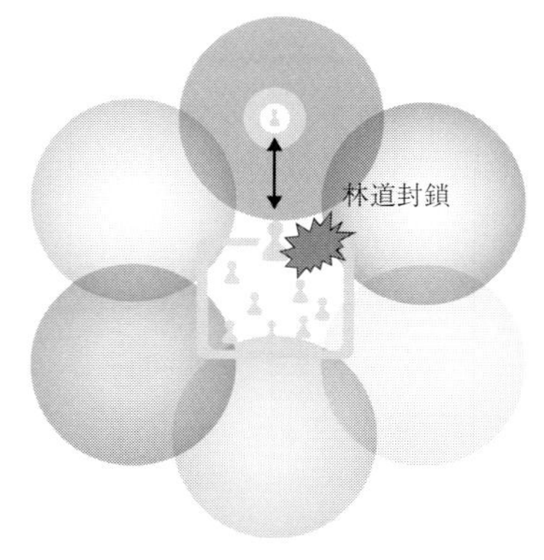

図 3　2010 年代の居住形態
（定住／一部遊動型）

るが，一定程度のサゴヤシは採集可能である．モヨン集団は家族ごとに交替で森に出かけ，まとまった量のデンプンを滞在小屋に持ち帰っている（図 3）．持ち帰ったデンプンは集団内で平等に分配している．

従来，プナン人の居住形態は，遊動型か定住型か，あるいはその中間の半遊動型と分類されてきた．また，基本的に，同一集団の成員は同じ居住形態（場所）で生活していると考えられてきた．しかし，モヨン集団は林道封鎖という抗議行動を続けながら，居住場所を分散させ，一定の遊動性と共有という慣習を活かした生活戦略を採っている．彼らの自律的生存条件にかかわる生活戦略には，生態的，経済的次元だけでなく，社会的次元が組み込まれているとみることができる．

6.6　おわりに

プーナン人は農耕民から商業的狩猟採集民に派生したというホフマンの仮説は研究方法上のレベルで概ね棄却された．しかし，ホフマンの問題提起は，原生林で採集される林産物とその交易を介した社会間関係に注目している点で一定の示唆を含む．サラワクのウルバラムには，原生林をまもりつつ狩猟採集民と農耕民がより対等な共生関係を保持している地域がある．生業や食文化，生活形態の異なる社会間の共生のあり方について，環境の質を踏まえた議論が今後さらに必要である.

その一方，自然環境や社会環境の大きな改変に直面し，脆弱な生存条件のもと狩猟採集を続けている集団は少なくない．現代の狩猟採集民は政治化された環境下で生きていかざるを得ない．そうしたなかで，狩猟採集民の存続をめぐる議論の焦点は，もはや遊動か定住か，狩猟採集か農耕かという択一の議論や狩猟採集から農耕，遊動から定住といった単線的一方向的なものではない．前節で，同一集団内で生業を多様化したり，必要な物資を分け合ったり，社会的な役割を分担したりしている集団の事例をみた．彼らは日常的に外部アクターと折衝する社会的存在としての側面を強めつつ，それぞれの成員が複数の生業や居住場所を行き来している．狩猟採集民の生活戦略について，生態的，経済的，社会的側面を相互に関連づけて多元的に追究していく必要がある．

参照文献

Bailey, R. C., G. Head, M. Jenike, et al. (1989) Hunting and Gathering in Tropical Rain Forest: Is It Possible?, *American Anthropologist* 91(1): 59–82.

Bock, C. (1881) *The Head Hunters of Borneo: A Narrative of Travel up the Mahakkam and down the Barito*, Sampson Low, Marston, Searle and Rivington.

Brosius, J. P. (1988) A Separate Reality: Comments on Hoffman's The Punan: Hunters and Gatherers of Borneo, *Borneo Research Bulletin* 20(2): 81–106.

Bryant, R. L., and Bailey, S. (1997) *Third World Political Ecology*, Routledge.

Chan, H. (2007) Survival in the Rainforest: Change and Resilience among the Punan Vuhang of Eastern Sarawak, Malaysia, PhD thesis, University of Helsinki.

Cummings, V., P. Jordan, and M. Zvelebil (eds.) (2014) *The Oxford Handbook of the Archaeology and Anthropology of Hunter-Gatherers*, Oxford University Press.

Dunn, F. L. (1975) *Rainforest Collectors and Traders: A Study of Resource Utilization in Modern and Ancient Malaya*, Perchetakan Mas Sdn.

Headland, T. N. (1987) The Wild Yam Question: How Well Could Independent Hunter-Gathers Live in a Tropical Rain Forest Ecosystem?, *Human Ecology* 15(4): 463–491.

Hoffman, C. (1981) Some Notes on the Origins of the "Punan" of Borneo, *Borneo Research Bulletin* 13(2): 71–75.

Hoffman, C. (1983) *The Punan: Hunters and Gatherers of Borneo*, UMI Research Press.

Hoffman, C. (1984) Punan Foragers in the Trading Network of Southeast Asia, *Past and Present in Hunter Gatherer Studies*, C. Schrire (ed.), Academic Press, pp. 123–149.

Hoffman, C.（1988）The "Wild Punan" of Borneo: A Matter of Economics, *The Real and Imagined Role of Culture in Development*, M. R. Dove（ed.）, University of Hawaii Press, pp. 89–118.

Ikeya, K., Ogawa, H., and Mitchell, P.（eds.）(2009）*Interactions between Hunter-Gatherers and Farmers: From Prehistory to Present*, Senri Ethnological Studies 73, National Museum of Ethnology.

井上民二（1998）『生命の宝庫・熱帯雨林——共生関係が生み出す生物の多様性』NHK ライブラリー.

Janowski, M.（2003）*The Forest, Source of Life: The Kelabit of Sarawak*, The British Museum Occasional Paper 143, The Sarawak Museum.

金沢謙太郎（2009a）「熱帯雨林と文化——沈香はどこから来てどこへ行くのか」『地球環境史からの問い——ヒトと自然の共生とは何か』池谷和信編，岩波書店，pp. 218–231.

金沢謙太郎（2009b）「熱帯雨林のモノカルチャー——サラワクの森に介入するアクターと政治化した環境」『開発の風景——南アジア・東南アジアの現場から』信田敏宏・真崎克彦編，明石書店，pp. 119–154.

金沢謙太郎（2012）『熱帯雨林のポリティカル・エコロジー——先住民・資源・グローバリゼーション』昭和堂.

金沢謙太郎（2015）「平和の森——先住民族プナンのイニシアティブ」『社会的共通資本としての森』宇沢弘文・関良基編，東京大学出版会，pp. 193–212.

Kanazawa, K.（2017）（in press）Sustainable Harvesting and Conservation of Agarwood: A Case Study from the Upper Baram River in Sarawak, Malaysia, *Tropics* 25（4）.

Kaskija, L.（1988）Carl Hoffman and The Punan of Borneo, *Borneo Research Bulletin* 20（2）: 121–129.

Langub, J.（1989）Some Aspects of Life of the Penan, *The Sarawak Museum Journal* 40（61）, Special Issue no. 4, Part 3: 169–185.

Langub, J.（1990）A Journey thorough the Nomadic Penan Country, *Sarawak Gazette* 117（1514）: 5–27.

Needham, R.（1953）Penan and Punan, *Sarawak Gazette* 79: 27.

Nicolaisen, I.（1997）Timber, Culture, and Ethnicity: The Politicization of Ethnic Identity among the Punan Bah, *Indigenous Peoples and the State: Politics, Land, and Ethnicity in the Malayan Peninsula and Borneo*（Monograph 461）, Winzeler, R. L.（ed.）, Yale Southeast Asian Studies, pp. 228–265.

小川英文編（2000）『交流の考古学』（現代の考古学 5），朝倉書店.

Penan（2011）*The Penan Peace Park: Penans Self-Determining for the Benefits of All*,

http://www.penanpeacepark.org/resources/2012_Penan_Peace_Park_Proposal_English.pdf.
Runciman, S. (1960) *The White Rajahs: A History of Sarawak from 1841 to 1946*, Cambridge University Press.
Sellato, B. (1988) The Nomads of Borneo: Hoffman and "Devolution," *Borneo Research Bulletin* 20(2): 106-121.
Wilmsen, E. N. (1989) *Land Filled with Flies: A Political Economy of the Karahari*, University of Chicago Press.
山田仁史 (2015)『首狩の宗教民族学』筑摩書房.

7　コンゴ盆地における ピグミーと隣人の関係史 ——農耕民との共存の起源と流動性

大石 高典

7.1　はじめに

近代化，そしてグローバリゼーションが進んでも，世界中で一様に狩猟採集民の農耕民化が起こらないのはなぜか．とくにアフリカ熱帯林では，ピグミーというコンゴ盆地全体で30～90万人と推定される狩猟採集民集団が，周辺の非狩猟採集民に同化・吸収されることなくまとまった形で残っている［Hewlett 2014; Olivero et al. 2016］．その大きな要因として，コンゴ盆地固有の文化のひとつである農耕民と狩猟採集民の共存システムが挙げられる［大石 2016］．

そこで本章は，ピグミーと隣人の関係についての研究史を農耕民との関係に焦点を当てて概観する．ピグミーと農耕民の関係の起源と歴史をめぐる探究は，民族誌のみならず，考古学，生態学，人類遺伝学など様々な分野を巻き込んで学際的に展開してきた．1950年代から1970年代には文化人類学や生態人類学のフィールドワークが，実態を伴ったコンゴ盆地の狩猟採集民像を世界に伝えた．その後1980年代後半から1990年代前半を中心に，熱帯林のなかでの農耕から独立した狩猟採集生活が可能かどうかをめぐる論争が生態学や考古学の知見をもとに繰り広げられた．2000年代後半からは分子遺伝学によるピグミーと農耕民の系統推定が盛んにおこなわれるようになり，生物学的な視点からコンゴ盆地への人間の居住史に新たな知見がもたらされるようになっている．

ピグミーと農耕民の関係は，一定の歴史深度を持つ一方で研究者を虜（とりこ）にするような柔軟性を持っている．例えば，現在ピグミーは固有の言語を持たず，現在もしくは過去に関係があった複数の農耕民の言語を取り入れて使用している［Bahuchet 2012］．特定の隣人と言語を共有するほどに深い社会文化的なつながりを持ちながら，同時に他の隣人とも柔軟な関係を結び，関係を乗り換えることもある[1]．本章の最後では，農耕民に加えて，商業民など複数の隣人との関係のなかで変化する現代における狩猟採集民と隣人の関係を紹介し，今後のピグミーと隣人との関係のゆくえについても考えてみたい．

7.2 狩猟採集民－農耕民関係を捉える理論の展開
――隔離モデルから相互依存モデルへ

農耕民と狩猟採集民の関係は，人類学，考古学，遺伝学，言語学など多様なアプローチから研究されてきた．1980年代以前には，農耕／牧畜社会を含む外部世界と狩猟採集民社会との交流を想定しない隔離モデルに沿った研究が大半を占めたが，1980年代後半からは考古学と人類学を中心に次第に農耕／牧畜民やより広い社会との相互依存モデルへとパラダイムが変化していった［Spielman and Eder 1994］．隔離モデルと相互依存モデルをめぐる議論は，狩猟採集社会の歴史的位置づけをめぐり，真正な狩猟採集社会を描き出してきた伝統主義者と植民地化や近代化の過程で国家の周縁に追いやられた人々が狩猟採集民になっていったとする修正主義者の間の論争へと発展していった．

アフリカでは，J. Galaty［1986］が東アフリカにおける狩猟民ドロボーと牧畜民マサイのまじり合わない共存のあり方について，それぞれが互いの社会的集団について抱く相互表象について民族人類学（ethnoanthropology）的な観点から検討し，「排除を通じた統合（synthesis through exclusion）」という理論的な枠組みを提示した．そこでは，ドロボーとマサイという異なる社会的アイデンティティを有する集団の双方が同じ地域に生活するなかで，異なる生業への分業と相互依存による補完関係を築く一方，生業に根差した社会的／政治的アイデンティティをそれぞれの集団内で日々再生産することによって分離を実現しているメカニズムが明らかにされた［Galaty 1986］．

1980年代後半になると，R・リーや田中二郎などサンの生態人類学的な研究のパイオニアによる業績が，歴史的な位置づけを欠いたものとしてE・ウィル

1）S・バウシェによれば，ピグミーと農耕民の間の言語の共有状況と，現在における両者の社会関係の有無や互いが住んでいる地理的な分布との関係からみると，①現在隣接居住していて言語も共有している場合，②共通ないし類似の言語を使用しているが現在は離れた地域に居住して関係を持っていない場合，③隣接居住しているが，まったく言語の共有は見られない場合に分かれる［Bahuchet 2012］．②や③のように同じまたは極めて近い言語を共有する集団と，現在社会経済的な関係を持っている集団が異なる場合には関係を持つ隣人の乗り換えが過去に起こったことが示唆される．

ムセンら修正主義者によって批判された［Wilmsen 1989］．E・ウィルムセンらは，歴史学・考古学的資料を根拠として西暦500年にはカラハリ砂漠で農耕が始まっていたことなどを挙げ，ブッシュマンと外部世界の交渉が比較的早い時期からみられたことを主張し，生態人類学が作りあげた狩猟採集のみに依存し外部社会から全く孤立した自立した社会を維持してきたというブッシュマン像に反論をおこなったのである．しかし，E・ウィルムセンらの提示した歴史資料も地理的に偏っていたり，解釈に問題を孕（はら）んでいたりと批判［Solway and Lee 1990］を呼ぶものであった．狩猟採集民が，狩猟採集を外部との交渉がほとんどない状況で営んできたのか，あるいは外部との交渉のなかで営んできたのかをめぐって，1980年代後半から1990年代前半にかけて，「カラハリ論争」は多くの研究者を巻き込む大論争となった［池谷 2002］．カラハリ論争は，東南アジアやアフリカの熱帯林地域における狩猟採集民研究に飛び火することになる．

7.3 生態人類学と民族誌——野生ヤム問題をめぐる論争

現在おおよそ15のピグミー系狩猟採集民集団が知られ［Bahuchet 2014］，コンゴ盆地の東側と西側に居住している．人類学的な研究は，東側に居住するピグミーから始まった．コンゴ民主共和国のイトゥリの森でムブティ・ピグミー研究に先鞭をつけたP・シェベスタやその後の研究者，とくにC・ターンブルは，森に住む平和的なムブティ・ピグミーと定住集落に住む争いごとの絶えない農耕民という極めて対照的な社会を描きだした［Turnbull 1961］．一方で，ムブティ・ピグミーやエフェ・ピグミーの環境利用や狩猟採集生活の自然史的側面を生態人類学的手法によって明らかにした市川光雄や寺嶋秀明は，狩猟採集民と農耕民が，炭水化物と動物性タンパク質の交換に基づく，生態的な相互依存を基盤とした共生的な相互依存関係にあることを示した［Ichikawa 1986; Terashima 1986］．両者の贈与交換関係は，とくに擬制的親族関係を結んだ農耕民と狩猟採集民の間で頻繁にみられる．コンゴ盆地北西部のアカ・ピグミーについての研究では，農耕民と狩猟採集民の関係は，農耕民が農作物，酒，鉄，そして工業製品を狩猟採集民に提供し，その代わりに狩猟採集民が農耕民に林産物や労働力を提供するという物々交換システムを発展させていることが明らかにされた［Bahuchet and Guillaume 1982］．これらの分析においては，近隣農耕民は，狩猟採集民と外部世界との接点で政治経済的関係を仲立ちし，コントロールする調整弁のような存在であった．

1986年に，ムブティ・ピグミーの棲むイトゥリの森で植物生態学ならびに動物生態学の立場からピグミーの依存する食料資源の入手可能性を調査したハート夫妻が，熱帯林の資源には大きな季節性がみられることから，狩猟採集のみによる安定した狩猟採集生活を送るのは困難ではないかという疑義を呈する［Hart and Hart 1986］と，翌年にはT・ヘッドランドによって，熱帯林には十分な食べ物がないから狩猟採集民は農耕社会から独立して（「純粋な」狩猟採集民として）生きることは困難であるとする野生ヤム問題（Wild Yam Question）が提起された［Headland 1987］．これをめぐってコンゴ盆地での狩猟採集民ではどうなのか，論争が起こった［Bailey et al. 1989］．この論争は，熱帯林のなかで狩猟採集民が農作物に依存せずに独立して生存できるかが争点であり，最有力候補の植物性炭水化物源が野生ヤムイモであることから野生ヤム問題と呼ばれる．野生ヤム問題は，農耕民と狩猟採集民の共生関係の起源に関わる問題を主として生態学，考古学的な次元から深めることに貢献した．

T・ヘッドランドは，自らのフィリピンの狩猟採集民アグタのフィールドワークを踏まえて熱帯林のなかでの野生デンプン源植物の入手可能性には季節性があり，空間的に分散して分布し，採集に手間がかかるので人口を支持するのに十分な量を採集できないのではないかと疑問を投げかけた［Headland 1987］．R・ベイリーらは，現状では多くの狩猟採集民が農耕民との交易で得た農作物に依存しており，農耕による食料生産なしでは熱帯林は純粋な狩猟採集生活を永続的には支えきれないと主張した［Baily et al. 1989; Baily and Headland 1991］．

これに呼応するように新たにコンゴ盆地の北西部を舞台として実証的な研究が現れるようになったが，それらの多くはR・ベイリーらの見方とは反するものであった[2]．S・バウシェらは，コンゴ盆地西部の中央アフリカの調査地では植生の多様性がみられ，その中には野生ヤムの豊富な森林もあってアカ・ピグミーの地域集団を支えるには十分な量の野生ヤムがみられたと述べた．Kitanishi［1995］やYasuoka［2006］は，年間を通じてではないにせよ1年のうち少なくとも数か月は野生ヤムに依存した生活がおこなわれていることを狩猟

2）ただしイトゥリ地域は，1990年代後半から内戦状況下となったため，その後，今日に至るまでこの問題についての研究は行われる機会に恵まれていない．

採集生活への参与観察によって示した．また佐藤弘明は，野生ヤムの端境期（はざかい）を含む複数の時期に一切キャンプに農作物を持ち込まない条件での「純粋」な狩猟採集生活の実験をおこない，数週間といった短期間であれば季節を問わず農耕に依存しない生活が可能であることを証明した［佐藤ら 2006; Sato et al. 2012］．

野生ヤム問題は，ピグミーによる野生ヤムの利用について，独創的な民族植物学的研究も生み出した．カメルーンのバカ・ピグミーが利用する野生ヤムの種類は1年生，複数年性を合わせて15種類にものぼる［Hladik and Dounias 1993; Dounias 1993］．地域によって主に利用される種類には差異がみられるが，1年生のサファ（*Dioscorea praehensilis*）が最も多く採集・消費される．E・ドゥニアスは，バカ・ピグミーが野生ヤムの採集の際にイモの一部を残しておき，それが再生することで資源の再利用が可能になっていることを指摘し，この実践を擬似栽培（para-cultivation）と名付けた［Dounias 2001］．さらに安岡は，自身がフィールドワークで滞在したバカ・ピグミーの狩猟採集キャンプを数年後に再訪し，狩猟採集キャンプの跡地に極めて密な野生ヤムの群落ができていることを確認した．野生ヤムは狩猟採集キャンプに持ち込まれ調理されるが，その際に削り取られるイモの一部が栄養繁殖したためである［Yasuoka 2013］．ピグミーの利用によって野生ヤムの再生産が促進され，農耕活動に関係なく，熱帯林内部で狩猟採集のみによる循環的な資源利用を可能にするメカニズムのひとつが見出されたのである．

狩猟採集民と農耕民の共存関係は，熱帯林における食料資源の不足に対する適応として理解されてきた．しかしこれらの一連の論争は，熱帯林の資源が少ないという前提，そしてその条件のもとで狩猟採集民と農耕民の生態経済的な「共生関係」が必須であるという前提の再考を促した．野生ヤム論争は，アフリカ熱帯林への初期人類居住の可能性をめぐって改めて問いを投げかけ，また，現在のピグミーの祖先が農耕民とともに熱帯林に入ったのではないとすれば，ピグミーと農耕民の関係はいつどのようにして始まったのか，また現在ピグミーと農耕民の間でみられる階層的な社会関係のパターンはどのように始まったのかという新たな問いを生み出した［Mercader 2002; Lupo et al. 2014］．

7.4 石器時代から鉄器時代へ
――野生ヤム問題の考古学へのインパクト

野生ヤム問題は，考古学にもインパクトを与え，過去の再構成に再考を促した．考古学における過去の狩猟採集民－農耕民関係の復元は，現代狩猟採集民の民族誌を踏襲したもので，栽培植物と家畜の伝播を伴った熱帯林への植民を措定し，主食作物の登場以前の狩猟採集民は森林とサバンナの境界域のみを利用していたと想定してきたからである．

そもそも，アフリカ熱帯林に人が住み始めたのはいつなのだろうか．コンゴ盆地における人間居住の起源については，考古学と分子遺伝学的手法によってそれぞれ過去の復元が試みられている．最も直接的な証拠を提供するのは物的証拠をもとに過去を復元する考古学である．アフリカ考古学が大陸全体で進展を見せるなかで，植生が卓越し，地上から遺跡を見つけ出すのが難しいコンゴ盆地の熱帯林地域における研究も少しずつ進みつつある．J・メルカデールらは，イトゥリの森で1万8800年前からレオポルドヴィル期の寒冷期[3]を含む後期完新世を通じて連続した遺跡群を発見した［Mercader 2002］．イトゥリの森で見つかった人の痕跡は，1万年以上前に遡るが，しかし遺伝情報が確認できる物的証拠が残されていないのでピグミーをはじめとする現生人類の祖先が，それらの古代の狩猟採集民とどのような関係があるのかは今のところ知るすべがない［Lupo et al. 2014］．

現代のピグミーや農耕民の生物学的な由来に光を当てているのは遺伝学である．コンゴ盆地のピグミーの集団遺伝学は，1960年代後半のキャバリ＝スフォルザらによるパイオニアワークに遡る．L・キャバリ＝スフォルザらは，ピグミーがアフリカ起源ではあるものの他の中部アフリカの住民とは遺伝的に離れていること，コンゴ盆地の東と西で，さらに西のピグミーの間で遺伝的差異がみられることを見出した［Cavalli-Sforza et al. 1969］．L・キャバリ＝スフォルザらは，東と西のピグミーが共通の祖先から分岐したという仮説を立てたが遺伝マーカーの不足から実証は叶わなかった．

2000年代前半からは，新たにもたらされたDNAやゲノムの解析の技術革新

3）3万年前から1万2000年前まで続いた間氷期のこと．コンゴ盆地は，乾燥して熱帯林は後退した．

によって，ピグミーと農耕民のサンプルから集団間の類縁関係や分岐年代を推定する分子遺伝学的な研究が展開されるようになった［Verdu 2014］．P・ベルドゥらは，国際的な研究チームを組織し，13のピグミーのほかピグミー以外を含む21集団から得られたサンプルの遺伝的多様性を分析した．その結果，ピグミー系集団の間で変異があること，一部のピグミーは農耕民に極めて近い遺伝的位置にあることが明らかになった［Verdu et al. 2009］．生物学的には，異なるピグミー集団が均質な遺伝形質を共有している一方で，農耕民とは異なっているのが一般的だと仮定するのは誤りというわけである．

さらにP・ベルドゥらは，おおよそ5～9万年前にピグミーと農耕民の祖先が分岐したこと，2万年前に東と西のピグミーが分岐したこと，また約3000年前に西のピグミー集団の放散が起こったと推定した［Verdu et al. 2009］．ピグミーと農耕民の祖先や，農耕民の祖先と分岐した後のピグミーの祖先がどんな環境に住んでいたのかは遺伝学からは推定不可能だが，もしそれが熱帯雨林のなかであるとすれば数万年以上の長い間ピグミーは狩猟採集だけの時代を生きていたということになるだろう．

農耕とバンツー語は，4000～5000年前に生まれたと推定されており，農耕民が2000～3500年前の乾燥化の時期に土器，石皿，冶金技術や家畜，栽培植物を伴って居住域を拡大させた（バンツー・エクスパンジョン）のに伴って急速に中南部アフリカに広まっていった［Phillipson 2005］．歴史言語学も，西カメルーンと東部ナイジェリアの境界域のバンツー・ホームランドからの農耕民の移住を3000～3500年前と推定している［Vansina 1990］．東と西のピグミーの分岐が2万年前だとすると，それはバンツー・エクスパンジョンによる農耕民のコンゴ盆地への移住の時期よりもずっと前に起こったことになる．一部の研究者は，2万年前はむしろ最終氷期が最も拡大した時期に符合していることから，熱帯林の退行に伴って，ピグミーの祖先がコンゴ盆地の東と西の熱帯雨林レフュジアの間でそれぞれ孤立するに至ったためにピグミー集団の東西の分岐が起こったと考えた［Batini et al. 2011; Patin et al. 2009］．しかし，古環境学・古生態学的なデータに乏しいために過去3万年にわたる植生環境の復元は困難であり，また過去のピグミー集団が，現在と同じ地域に居住していたという保証はまったくない．

年代的に農耕民のコンゴ盆地への移住と関係がありそうなのは，約3000年前に起こった西のピグミー集団の放散である．P・ベルドゥは，農耕民との関係による社会文化上の変化，環境変化，気候変動による熱帯林の分断化などの要因が複合的に働いたのではないかと推測する［Verdu 2014］．

考古学から得られる情報と，集団遺伝学的なデータを重ねあわせることにより，植民地以前のピグミーと農耕民の歴史についてより確からしいスペキュレーションが可能になると期待される．しかしながら，現状では集団遺伝学による非常に大雑把な年代推定と，考古学における考古遺物の炭素14（^{14}C）をもちいた年代測定に基づく編年との間では精度の差があまりに大きく——数千年〜数万年のオーダーで誤差がある状況である——比較が困難だという問題がある［Lupo et al. 2014］．

また，現代の狩猟採集民や農耕民から得られた知見から先史時代を推測する際，現代の状況をそのまま過去に当てはめることができるとはかぎらない．現代において農耕民とされている人々の生業・文化は著しく多様であるが，先史時代においても同程度の変異があってもまったく不思議ではない．すなわち農耕が森のなかに到来した後，ピグミーの祖先が狩猟採集のみをおこなっていたと考える必然性は必ずしもないし，同様に現在コンゴ盆地に暮らしている農耕民が狩猟採集や漁撈をふくむ多重生業複合（multi-subsistence economy）を営んでいるように，農耕民の祖先集団のいずれもが焼畑農耕を主におこなっていたとは限らないのである．

7.5　鉄生産による環境改変と狩猟採集民と農耕民の社会関係

ピグミーと農耕民との間には，両者が共存するいずれの地域でも農耕民を優位，ピグミーを劣位とする優劣関係が程度の差こそあれ存在している［Takeuchi 2014］．ピグミーと農耕民の関係がいつから不平等なものになったのかもいまだ解明されていない重要な論点である．考古学者のK・ルポらは，後期完新世のコンゴ盆地北西部を事例に，狩猟採集民と農耕民の集団間関係が，いつどのようにして階層化したのかについて，鉄の利用という技術革新からの説明を試みる［Lupo et al. 2015］．K・ルポらによれば，これらの変化のうちとくに鉄器と鉄生産の出現こそが，社会・政治的な環境に持続的で枢要な影響を及ぼし，不平等を生じさせたという仮説を立てている．

鉄器生産には多量の燃料を必要とする．それゆえ，鉄器生産は焼畑農業とともにこれまでにない規模の植生撹乱によって森林景観を一変させたであろう．実際，コンゴ盆地の広い範囲で木材の炭化物が繰り返し出土している．これにより，狩猟採集効率の落ちたピグミーは農耕民の栽培する食料への依存を高めざるをえなかったのではなかったかとK・ルポらは推測する．

鉄器は社会関係に影響を持つ．まず，鉄器そのものに威信が伴うことが多い．また，製作者には製造のあらゆる側面と生産物へのアクセスに関わる権限が集中しがちである．鉄をもちいた狩猟具は農耕民からピグミーに貸し出されるが，狩猟具の所有者は獲物に関して大きな権利を持つ仕組みになっている．

以上のような理由から，K・ルポらは高い価値を持つ威信物——すなわち鉄器——の導入が，民族誌的時代に継承されることになるピグミーと農耕民の間の社会政治的な非対称性を拡大させ，階層的な関係を生む土台となったと推測する．

環境へのヒューマン・インパクトを歴史生態学では一次的な環境改変と二次的な環境改変に分けて把握する［Balée 2006］．一次的な環境改変は，景観全体を大きく造り替えるような自然への人為的介入であり，二次的な環境改変は景観の一部を撹乱する小規模な環境操作のことを言う．この類型を当てはめると，鉄生産や焼畑農業はコンゴ盆地の熱帯林に一次的な環境改変をもたらしたとみることができる．その後，定住度が異なる狩猟採集民と農耕民が共存することにより，野生ヤム採集や小規模な焼畑などの日常的な環境改変（日～数十年単位），定住集落の移動などの中期的な環境改変（数十年～数百年単位），そして鉄器生産のための大規模な植生改変などの長期的な環境改変（数百年以上単位）が重層的になされることでコンゴ盆地の森林は平衡状態を保ってきた．これらの時間と空間のスケールの異なる人間から森林への働きかけによって多様な二次林からなる森林が生まれ，それが結果的に狩猟採集による生活の持続性を高めてきたとみることができるだろう．

7.6　ピグミーと隣人の関係の新たな展開
——商業民を通じた市場とのつながり

ここまで述べてきた研究史を踏まえ，一つ問題点を指摘しておく．隔離モデルも相互依存モデルも農耕民－狩猟採集民を二者関係の枠組みで捉え，議論がすすめられてきたということである．しかし，外部社会とのつながりのなかで常に変化してゆく現代のピグミーと農耕民の関係［Takeuchi 2014］からは，過去を捉えるためにも，ピグミー集団どうしの間の関係性や農耕以外の活動を主な生業とする複数の隣人との関係を加味した狩猟採集民と隣人の関係史が描かれる必要がある．とくにピグミーと外部世界をつなぐ交易に関わる集団との関係のメカニズムの解明は，広い世界とのつながりのなかでのピグミーの位置づけの歴史的変遷を把握する上で重要である．

商業民がアフリカ熱帯林の世界に入ってきたのは，4～5世紀にまで遡る［Rostovtzeff 1957］．しかしごく最近まで，ピグミーと農耕民の二者関係がつくる地域経済の仕組みでは，林産物や農作物が商品化されても，外部世界との交換は常に農耕民に媒介されていることが多かった．しかし近年，急速な市場経済の浸透によって，ピグミーによるより直接的な市場へのアクセスが可能になってきている．市場とピグミーを結びつける上で，大きな役割を果たしているのは商業民である［Oishi 2012; Oishi 2016］．活発化した経済活動によって，ピグミーと外部世界とのつながりのあり方に多様化が見られる．

例えばカメルーン東南部では，市場経済化の進展に伴って流入してきた商業民が定着を始め，バカ・ピグミーの労働力に投資することで価値を高め，彼らに生業選択におけるパートナーを選ぶ機会を提供している．バカ・ピグミーの多くは，伝統的にパトロン－クライエント関係を築いてきた農耕民よりも，新たに移住してきた商業民とともに働くことを選択する機会が多くなっている［Oishi 2012］．農耕民と比べたとき，商業民は狩猟採集民をより対等な経済的交換の相手だとみなしており，商業民との間でおこなわれるさまざまな財やサービスの交換はバカ・ピグミー社会に新たな生計維持のための技術革新をもたらしている．一部のバカ・ピグミーはこれを積極的に取り込み，農耕民から独立した生計経済を営む契機となっている．さらに土着化する商業民が増加するにつれて両者の関係も経済面だけではなく，通婚が増えるなどしだいに生活全体に展開してきている．商業民の土着在地化やバカ・ピグミーとの混血が進むならば，新しい世代の商業民たちは，バカ・ピグミー社会と外部世界のあいだにこれまでとは異なる新たな関係を作り出す可能性がある［Oishi 2016］．

バンツー・エクスパンション以降，ピグミーの歴史は農耕民をはじめ，熱帯林に次々と移入してくる移住者との歴史であった．しかし，最近では，ピグミーが，自ら新しい生業やチャンスを求めて熱帯林の外の世界に飛び込んでいく事例もみられるようになっている．例えば，都市や都市周辺に居住するピグミーが少なからず現れてきていることも注目される．ガボンでは，村を離れて都市で暮らすバボンゴ・ピグミーも多い．彼らは，森の世界とすっかり切り離されてしまっているわけではなく，村と行き来しながら薬用植物の知識を活用した民間治療ビジネスをおこなうなどしているという［松浦 2012］．森と村から都市へとピグミーが居住する空間が広がり，複数化・多様化する隣人との関係のなかでピグミーが今後どのような形で狩猟採集民であり続けることができるのか注目される．

7.7　おわりに

本章では，ピグミーと隣人との関係の起源や性質をめぐって複数の分野を横断して展開された論争を紹介した．また，これまで農耕民との二項関係が措定されることが多かった先行研究のなかで希薄だった視点として商業民など複数の隣人を含めた三項以上の関係として捉える視点を示した．こうした試みによって，外部世界と狩猟採集民の関係をより動態的に捉えることができる．

参照文献

Bahuchet, S.（2012）Changing Language, Remaining Pygmy, *Human Biology* 84(1): 11–43.

Bahuchet, S.（2014）Cultural Diversity of African Pygmies, *Hunter-Gatherers of the Congo Basin: Cultures, Histories, and Biology of African Pygmies*, B. S. Hewlett (ed.), Transaction Publishers, pp. 1–29.

Bahuchet, S., and H. Guillaume（1982）Aka-Farmer Relations in the Northwest Congo Basin, *Politics and History in Band Societies*, E. Leacook and R. Lee (eds.), Cambridge University Press, pp. 189–211.

Bailey, R. C., G. Head, M. Jenike, et al.（1989）Hunting and Gathering in Tropical Rain Forest: Is It Possible?, *American Anthropologist* 91(1): 59–82.

Bailey, R. C., and T. N. Headland（1991）The Tropical Rain Forest: Is It a Productive Environment for Human Foragers?, *Human Ecology* 19(2): 261–285.

Balée, W. (2006) The Research Program of Historical Ecology, *Annual Review of Anthropology* 35: 75–98.

Batini, C., J. Lopes, D. M. Behar, et al. (2011) Insights into the Demographic History of African Pygmies from Complete Mitochondrial Genomes, *Molecular Biology and Evolution* 28(2): 1099–1110.

Cavalli-Sforza, L., L. A. Zonta, F. Nuzzo, et al. (1969) Studies on African Pygmies. I. A pilot investigation of Babinga Pygmies in the Central African Republic (with an Analysis of Genetic Distances), *American Journal of Human Genetics* 21(3): 252–274.

Dounias, E. (1993) Perception and Use of Wild Yams by the Baka Hunter-Gatherers in South Cameroon, *Food and Nutrition in the Tropical Forest: Biocultural Interactions*, C. M. Hladik, A. Hladik, O. F. Linares, et al. (eds.), UNESCO, pp. 621–631.

Dounias, E. (2001) The Management of Wild Yam Tubers by the Baka Pygmies in Southern Cameroon, *African Study Monographs*, Supplementary Issue 26: 135–156

Galaty, J. G. (1986) East African Hunters and Pastralists in a Regional Perspective: An 'Ethnoanthropological' Approach, *Sprache und Geschichte in Afrika* 7(1): 105–131.

Hart, T. B., and J. A. Hart (1986) The Ecological Basis of Hunter-Gatherer Subsistence in African Rain Forests: The Mbuti of Eastern Zaire, *Human Ecology* 14(1): 29–55.

Headland, T. N. (1987) The Wild Yam Question: How Well Could Independent Hunter-Gatherers Live in a Tropical Rain Forest Ecosystem?, *Human Ecology* 15(4): 463–491.

Hewlett, B. S. (ed.) (2014) *Hunter-Gatherers of the Congo Basin: Cultures, Histories and Biology of African Pygies*, Transaction Publishers.

Hladik, A., and E. Dounias (1993) Wild Yams of the African Forest as Potential Food Resources, *Tropical Forests, People and Food: Biocultural Interactions and Applications to Development*, Man and the Biosphere Series 13, C. M. Hladik, A. Hladik, O. F. Linares, et al. (eds.), UNESCO, pp. 163–176.

Ichikawa, M. (1986) Economic Bases of Symbiosis, Territoriality and Intra-Band Cooperation of the Mbuti Pygmies, *Sprache und Geschichte in Afrika* 7(1): 161–188.

池谷和信（2002）『国家のなかでの狩猟採集民——カラハリ・サンにおける生業活動の歴史民族誌』国立民族学博物館研究叢書 4，国立民族学博物館.

Joiris, D. V. (2003) The Framework of Central African Hunter-Gatherers and Neighboring Societies, *African Study Monographs*, Suppl. 28: 57–79.

Kent, S. (1992) The Current Forager Controversy: Real versus Ideal Views of Hunter-Gatherers, *Man* (N. S.) 27: 45–70.

Kitanishi, K. (1995) Seasonal Changes in the Subsistence Activities and Food Intake of the Aka Hunter-Gatherers in Northeastern Congo, *African Study Monographs* 16(2): 73-118.

Klieman, K. A. (2003) *"The Pygmies Were Our Compass": Bantu and Batwa in the History of West Central Africa, Early Times to c. 1900 C.E.*, Greenwood.

Lupo, K. D., J.-P. Ndanga, and C. A. Kiahtipes (2014) On Late Holocene Population Interactions in the Northwestern Congo Basin, *Hunter-Gatherers of the Congo Basin: Cultures, Histories, and Biology of African Pygmies*, B. S. Hewlett (ed.), Transaction Publishers, pp. 59-116.

Lupo, K. D., D. N. Schmitt, C. A. Kiahtipes, et al. (2015) On Intensive Late Holocene Iron Mining and Production in the Northern Congo Basin and the Environmental Consequences Associated with Metallurgy in Central Africa, *PLOS One* 10(7): e0132632.

松浦直毅（2012）『現代の〈森の民〉――中部アフリカ，バボンゴ・ピグミーの民族誌』昭和堂.

Mercader, J. (2002) *Under the Canopy: The Archaeology of Tropical Rain Forests*, Rutgers University Press.

大石高典（2016）『民族境界の歴史生態学――カメルーンに生きる農耕民と狩猟採集民』京都大学学術出版会.

Oishi, T. (2012) Cash Crop Cultivation and Interethnic Relations of the Baka Hunter-Gatherers in Southeastern Cameroon, *African Study Monographs*, Supplimentary Issue 43: 115-136.

Oishi, T. (2016) Aspects of Interactions between Baka Hunter-Gatherers and Migrant Merchants in Southeastern Cameroon, *Senri Ethnological Studies* 94: 157-175.

Olivero, J., E. F. John, M. A. Farfán, et al. (2016) Distribution and Numbers of Pygmies in Central African Forests, *PLoS ONE* 11(1): e0144499.

Patin, E., G. Laval, L. B. Barreiro, et al. (2009) Inferring the Demographic History of African Farmers and Pygmy Hunter-Gatherers Using a Multilocus Resequencing Data Set, *PLoS Genetics* 5(4): e1000448.

Phillipson, D. W. (2005) *African Archaeology*, 3rd edition, Cambridge University Press.

Robillard, M., and S. Bahuchet (2013) Les Pygmées et les autres: Terminologie, categorization et politique, *Journal des Africanistes* 82(1-2): 15-51.

Rostovtzeff, M. (1957) *The Social and Economic History of the Roman Empire*, Oxford at the Clarendon Press.

Rupp, S. (2003) Interethnic Relations in Southeastern Cameroon: Challenging the "Hunter-Gatherer"-"Farmer" Dichotomy, *African Study Monographs*, Supplementary Issue 28: 37-56.

佐藤弘明・川村協平・稲井啓之ほか（2006）「カメルーン南部熱帯多雨林における“純粋”な狩猟採集生活」『アフリカ研究』69: 1-14.

Sato, H., K. Kawamura, K. Hayashi, et al. (2012) Addressing the Wild Yam Question: How Baka Hunter-Gatherers Acted and Lived during Two Controlled Foraging Trips in the Tropical Rainforest of Southeastern Cameroon, *Anthropological Science* 120(2): 129-149.

Solway, J. S., and R. B. Lee (1990) Foragers, Genuine or Spurious?: Situating the Kalahari San in History, *Current Anthropology* 31(2): 109-146.

Spielman, K. A., and J. F. Eder (1994) Hunters and Farmers: Then and Now, *Annual Review of Anthropology* 23: 303-323.

Takeuchi, K. (2014) Interethnic Relationships between Pygmies and Farmers, *Hunter-Gatherers of the Congo Basin: Cultures, Histories, and Biology of African Pygmies*, B. S. Hewlett (ed.), Transaction Publishers, pp. 299-320.

Terashima, H. (1986) Economic Exchange and the Symbiotic Relationship between the Mbuti (Efe) Pygmies and the Neighbouring Farmers, *Sprache und Geschichte in Afrika* 7(1): 391-405.

Turnbull, C. (1961) *The Forest People*, Simon and Schuster.

Vansina, J. M. (1990) *Paths in the Rainforests: Toward a History of Political Tradition in Equatorial Africa*, University of Wisconsin Press.

Verdu, P. (2014) Population Genetics of Central African Pygmies and Non-Pygmies, *Hunter-Gatherers of the Congo Basin: Cultures, Histories, and Biology of African Pygmies*, B. S. Hewlett (ed.), Transaction Publishers, pp. 31-58.

Verdu, P., F. Austerlitz, A. Estoup, et al. (2009) Origins and Genetic Diversity of Pygmy Hunter-Gatherers from Western Central Africa, *Current Biology* 19(4): 312-318.

Wilmsen, E. N. (1989) *Land Filled with Flies: A Political Economy of the Kalahari*, University of Chicago Press.

Yasuoka, H. (2006) Long-Term Foraging Expeditions (Molongo) among the Baka Hunter-Gatherers in the Northwestern Congo Basin, with Special Reference to the Wild Yam Question, *Human Ecology* 34(2): 275-296.

Yasuoka, H. (2013) Dense Wild Yam Patches Established by Hunter-Gatherer Camps: Beyond the Wild Yam Question, toward the Historical Ecology, *Human Ecology* 41: 465-475.

8 熱帯高地アンデスにおける狩猟民から家畜飼養民への道——アルパカ毛の利用に着目して

稲村 哲也

8.1 はじめに

本章では，アンデス高地において，ラクダ科動物の狩猟から牧畜への移行が，どのように生じたのか，民族考古学的観点から考察する．具体的には，狩猟がどのように行われていたか，そして，家畜化がどのように起こったのかについて，筆者自身のフィールドワークによる民族誌データに基づき，考古学的な知見を取り入れて分析し，その仮説を提示するものである．これまでもアンデスにおけるラクダ科動物の家畜化・牧畜成立過程については論じてきた［e.g., 稲村 2009］が，ここでは，考古学的知見や年代記記録を補強するとともに，より整理した議論を展開する．

アンデス高地のラクダ科の家畜にはリャマとアルパカがいるが，ここでは特に，毛が利用されるアルパカに注目する[1]．議論の道筋としては，現代の牧畜の特徴について概観したあと，先史時代の狩猟と，家畜化の過程に関する考古学的資料をそれぞれ紹介する．つづいて，現在みられるアルパカの祖先種である野生ラクダ科動物ビクーニャの生態，インカ時代の追い込み猟チャクに関するクロニカ（年代記）の記述，現代によみがえったチャクの実際などの民族誌資料を提示する．最後に，西アジアにおける家畜化の議論を紹介し，アンデスの家畜化がどのようなものであったかを考察する．

8.2 現代のアンデスの牧畜の特徴

本論に入る前に，現在のラクダ科動物の牧畜の特徴について概観しておく必

1）リャマの家畜化はアルパカより後のことと考えられる．それについては，8.6 節を参照されたい．

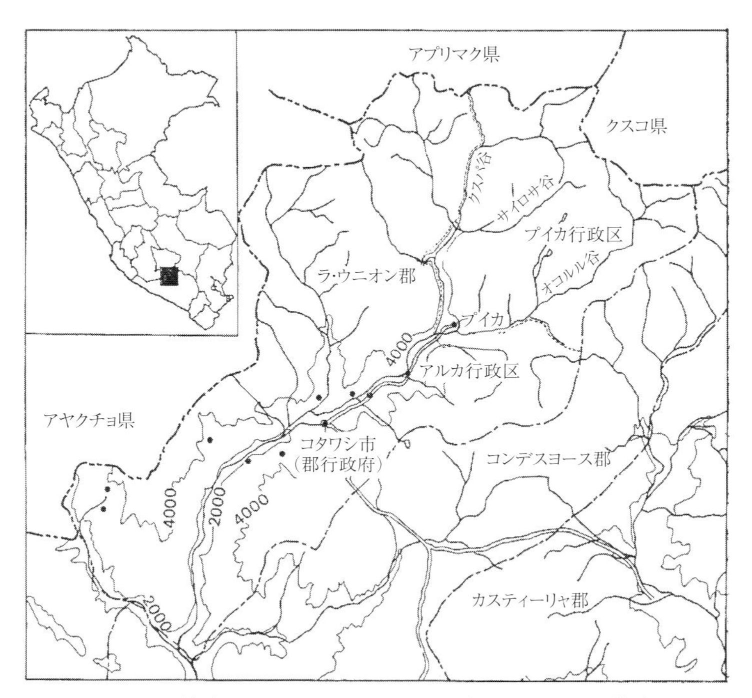

図1　アレキーパ県（Departamento de Arequipa）ラ・ウニオン郡（Provincia de La Unión）プイカ行政区（Distrito de Puica）．筆者作成．

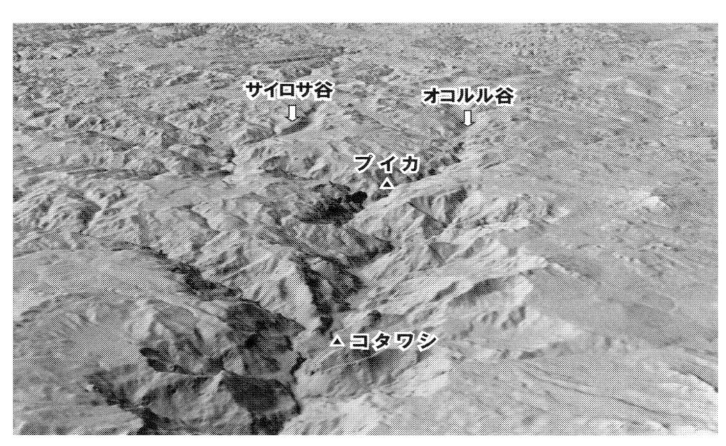

図2　プイカ行政区周辺の地形．カシミールを用いてSRTM-3 DEMから描画．視点は南緯15度30分34.5秒，西経73度13分28.5秒，対地高度24 km，方位角48度，伏角19度とした．作成は苅谷愛彦（かりやよしひこ）（共同研究者）．

要がある．筆者は，1978 年からペルー南部アレキーパ県の高原（プーナ）で，ラクダ科の家畜アルパカとリャマを飼養する牧民の社会の調査研究を続けてきた．調査地としてきたプイカ行政区全体は標高約 3000 ～ 5000 m の高さに位置しているが，生態系は，標高 4000 m を超える高原とそれ以下の峡谷とに大きく分かれる（図 1，2）．峡谷では農民が段々畑でトウモロコシやジャガイモなどを栽培している．峡谷を遡るとなだらかな高原に達し，そこに牧民の世界が展開している．

中央アンデスの牧畜の特徴として，①定牧（定住的牧畜），②乳利用がないこと（肉は食用にされる），③家畜飼養の目的が毛の利用（アルパカ）と輸送手段（リャマ）に特化していること（図 3，4），④農耕との相互依存関係が強いこと，などが明らかになった［e.g., 稲村 1995, 2014］．

中央アンデスの高原には，氷河によって侵食された U 字谷（氷食谷）が広がっている．牧民の住居は，U 字谷の斜面の湧水が本流に注ぐ沢の近くに位置することが多い．そこにアルパカの放牧に適した湿原が形成されているからである（図 5）．

アンデスの牧畜の第 1 の特徴「定牧」の要因の 1 つはそうした湿原の存在である．中央アンデスには雨季乾季の季節性があるが，湿原は乾季でも涸れることがない．また，中央アンデスは低緯度に位置するため，気温の年変化が少ない．そのため，一年を通じて，一家族が数百頭の家畜を高原の一定領域内で維持することができる[2]．

第 2 の特徴である「乳の利用がない」牧畜が成り立つ理由は，農耕との密接な関係にある．中央アンデスは，標高によって高原の牧畜地域と峡谷の農耕地域とが明確に区分されている．そして，その 2 つの生態系は隣接している．そのため，専業の牧民でも，リャマの輸送力を利用することにより農産物を得ることが容易である．つまり，農民の依頼により農産物を段々畑から村まで運搬したり，肉や岩塩との物々交換などによって農産物を得ることができるのである．アルパカ毛もかつては物々交換の重要な品目であった（現在は現金化する

2）定牧とはいえ，実は小規模の季節的移動を行う．しかし，その移動は，家族が占有する一定の領域内（筆者の調査地での平均面積は約 20 km^2）の 2 つの住居の間の移動で，移動の距離は数 km で，標高差はほとんどない．移動の目的は，出産の時期にあたる雨季に新生児の死亡率を抑えるため，病原菌で汚染されない家畜囲いを確保することである．アルパカが囲いの中に溜め糞をするため，雨季には複数の囲いをローテーションして汚染を防いでいる．詳しくは［稲村 1995, 2014］など．

図3　アルパカの毛刈り（以下，筆者撮影）

図4　リャマのキャラバン

図5　湿原で放牧されるアルパカ

ことが普通になっている）．

これらの2つの特徴は，第3，第4の特徴とも密接に関連し，あるいはそれらの要因となっている．

8.3　先史時代のアンデス高原——考古学的研究から

農耕牧畜成立前の定住狩猟民

先土器時代の狩猟民の研究をした考古学者のRickは，峡谷やアンデス高原（プーナ）の辺縁部における狩猟民の季節移動の存在を認めながらも，「広大な高原の資源をもつ高原の住民（狩猟民）は1年中そこにとどまっていたようである」「高原の中心地域は，年間を通じて居住することが可能である．なぜなら，主要な野生動物資源は乾季でもそこから移動して出ていかないからである」［Rick 1988a: 28］と述べ，先土器時代におけるアンデスの「定住的狩猟民」の存在を主張している．ペルー中部の高原に位置するフニン（Junin）県のパチャマチャイ（Pachamachay）洞窟（標高約4500 m）での研究から，高原で

図 6　ビクーニャの家族群

大量の石器が出土することや，高原以外の植物や動物の食糧が見出せないことなどを，その根拠としている［Rick 1988a: 32］.

以上のように，Rick は，（アルパカの祖先種である）野生ラクダ科動物ビクーニャ（図 6）の群れが 1 年を通じて一定のテリトリー内で生息するため，ビクーニャの狩猟に依存する 25 名程度の狩猟バンドが，半径 9 km の範囲内に定住することが可能であったとしている［Rick 1988b: 38-39］.

ラクダ科動物の家畜化

Wheeler らの研究によれば，家畜化の時期は紀元前 4000 年から 3500 年の間である［Wheeler 1988］. フニン高原のテラルマチャイ（Telarmachay，標高 4420 m）では，紀元前 7000 年から紀元前 1800 年までの先土器時代だけで約 40 万点の動物骨が発掘された.

先土器時代全期間を通じて，同定された動物骨の 97.85 ～ 99.15％はラクダ科またはシカ科（高地種）動物の骨である．そのうちラクダ科の割合は，Ⅶ期（紀元前 7000 ～ 5200 年）の 64.73％から，Ⅴ下層 1 期（紀元前 4000 ～ 3500 年）には 86.94％へと増加し，この時期に，野生種のグアナコ型ともビクーニャ型とも異なる，家畜種アルパカ型の切歯が出現する［Wheeler 1988: 54］．これが，紀元前 4000 年頃に家畜化が起こった（アルパカという家畜種が生まれた）とする根拠の 1 つである.

ラクダ科動物の家畜化を示唆するもう 1 つの証拠として，この時期における新生獣の骨の割合の増加があげられる．Ⅴ下層 2 期以前（紀元前 7000 年から 4000 年までの間）では，新生獣のラクダ科動物全体に対する割合は約 35％から 37％であるが，Ⅴ下層 1 期では 56.75％に急増する．このように高い新生獣の死亡率は，その非効率性からして狩猟によるものではなく，家畜化による死亡率の上昇と考えられる［Wheeler 1988: 51］.

現代における，アルパカの新生獣の死因は，野生動物にはないバクテリアによる下痢で，夜間に家畜が集められる「家畜囲い」の中の地面が病原菌で汚染されることによる．家畜の出産期は12月から3月にかけての雨季に当たり，この時期に家畜囲いの地面が糞と混じって泥まみれになるからである．このことは，Wheelerがラクダ科動物の家畜化の根拠の1つとしてあげた「新生獣の死亡率の急激な増加と家畜化の相関」を裏付ける．筆者が調査した牧民が行っている，家畜のミクロな季節移動と家畜囲いのローテーションのシステムは，まさに，仔家畜の死亡率を抑えるための工夫であると言える．

8.4　ビクーニャの生態と追い込み猟「チャク」

ラクダ科野生動物ビクーニャの生態

アンデスにおける狩猟・牧畜研究の利点は，現在もラクダ科の野生動物と家畜が高原に共存している点にある．ラクダ科野生動物には，ビクーニャのほかにグアナコが生息している．以前は，アルパカとリャマの共通の祖先種がグアナコであるという説が有力であったが，Wheelerらが遺伝的研究から二元説を提起した．さらに，川本芳(よし)らによる遺伝学的研究の結果から，グアナコとリャマ，ビクーニャとアルパカの近縁性がそれぞれ確認できた［Kawamoto et al. 2004, 2005; 稲村・川本 2005; 川本 2007］．このような研究成果により，野生種と家畜種の生態の比較が意味を持つことになった．では，ビクーニャの生態はどのようなものであろうか．

ビクーニャは2種類の群を構成する[3]（以下はPérez Ruiz［1994: 42–43］）．1つは，一定のテリトリーを占める「ファミリア（家族）」群である（68%）．もう1つは特定のテリトリーをもたない若いオスだけの大きな群である（28%）．若オスは少なくとも2年はこの群で過ごし，その後に家族群のオスにとってかわろうと挑戦する．これらのグループ以外に，若オスに家族を奪われた離れオスがいる（4%）．パンパ・ガレーラス国立保護区で1974年から1981年までに

3）共同研究者である大山修二が，パンパ・ガレーラスの観測基地で，ビクーニャの行動の詳細な調査を行った［大山 2004, 2007b］．大山によれば，1頭のオスと通常1～5頭のメスから成る家族群はなわばりをもつ．

行われた調査では，家族群の平均個体数は5.3であった．テリトリーの大きさは，家族群の大きさと植生の状態によるが，8 ha から 40 ha の間である．

インカ時代のチャク

以前のアンデス地方には，現在よりはるかに多くの野生動物が生息していた．インカ時代には，約 200 万頭のビクーニャがいたと考えられている．インカ・ガルシラソ・デ・ラ・ベーガによる『インカ皇統記』に次のような記述がある[4]［ガルシラソ 1987］．

> 歴代のインカ王が催していた数多くの大々的な行事のひとつに，毎年，一定の時期に行われる盛大な狩猟があり，この狩猟はインディオの言葉でチャクと呼ばれていた．……（インディオの数は）2 万あるいは 3 万にも及んだ．集まったインディオたちは二手に分かれ，それぞれが一列になって左右に長く横隊を組み，……徐々に包囲をせばめ，ついには，獲物を手で捕らえてしまうのであった．
>
> ところで，こうした狩猟に先立って，猟の獲物に危害を加えるピューマ，クマ，多くの種類のキツネ，……それらは，山野から害獣を一掃するため，直ちに殺された．……ワナク（グアナコ）やビクーニャはといえば，これらは剪毛の後，解放された．なおインディオたちは，これらの野生動物の数を，それがまるで家畜ででもあるかのように勘定して，それを，言ってみれば彼らの歳事記録帳であるキープに，動物の種類別に，雌雄を分けて記録していたのである．

最後の部分の記述にあるように，ビクーニャやグアナコは毛を刈られた後，生きたまま解放され，その数がキープ（結縄）に記録された．ビクーニャの毛はとくに質が高かったため，インカ王に献上され，王族の衣服の材料とされた．シカの場合，メスはそのまま解放され，ふつうのオスは食用とされたが，「タネオス」として相応しい立派なオスは生きたまま解放された．

スペインによる征服後も，チャクはインカ期とは異なるやり方で継続された．地理学者の Tschudi によって，19 世紀前半に行われていたチャクの記録が残

4）ガルシラソは，スペイン征服者とインカ皇女の間に生まれ，スペイン語を学んだ年代記作者である．彼は，母方の親族を通じて，インカの伝統について多くを記している．

されている［Bonavia 1996: 376］．それによれば，ビクーニャは殺され，肉が参加者に平等に分配された．毛皮はカトリック教会の所有となり，司祭に手渡され，売って教会の改修のために使われたという[5]．やがてチャクは，ビクーニャの個体数の減少とともに，ほとんど行われなくなった．

現代によみがえった「殺さない狩猟」のチャク

インカ帝国崩壊後，スペインから持ち込まれた銃を使った乱獲によって野生動物は減少した．1965年には，ペルーに生息するビクーニャの個体数が1万頭を割って絶滅の危機に直面し，その頃から政府による保護政策が始まった[6]．

近代的なチャクのための技術の開発は1960年代から開始され，ナイロン製ネットを使った罠（わな）が考案された．こうした新技術により，数十名程度の少数でもチャクが可能となった．ペルーの治安の悪化によりその実施は遅れたが，1990年代になってフジモリ政権下で治安が回復すると，法律の整備と技術普及の制度が整った[7]．1993年，チャクがアヤクチョ県の野生動物保護区パンパ・ガレーラスで実施され，「殺さない狩猟」としてのチャクが復興した．1994年から，ビクーニャ毛はヨーロッパをはじめ，日本を含む世界各地に輸出されるようになった．

2001年，筆者はパンパ・ガレーラスで行われたチャクを観察した．まず準備段階として，高原に数kmにわたり扇型に黒いナイロン・ネットを定置網のように張りわたす．扇の要の部分には円形の囲いが用意されている．扇の外側

5）追い込みのやり方は現代版のチャクに似ていて，以下のようなものであった．グループは70人か80人かそれ以上で，彼らは，動物の群がいるプーナの高所に上った．彼らは棒と長い紐（ひも）を持っていき，地面に等間隔に棒を立て，長い紐で棒を繋いでいき，1周半時間ほどかかる丸い囲いをつくり，一方を100フィートほど開けておく．女たちは，紐に色がついた布を結びつけ，それが風にゆれるようにしておく．男たちの何人かは馬に乗り，彼らは何マイルにも広がり，ビクーニャを脅しながら，囲いに追い込む．十分な獲物が入ると，囲いが閉じられる．ビクーニャは，風にゆれる色布のために，囲いを越えようとはしない．インディオたちは，ビクーニャの後脚を狙ってボーラを投げ，それが脚に絡んで容易に捕獲することができる．

6）1967年，アヤクチョ県ルカーナス行政区に属するパンパ・ガレーラス（標高約4000 m）に国立保護区が設立された．1980年代には極左テロ集団「センデロ・ルミノソ」が保護区を襲い，その管理は放棄された．「センデロ」は，その資金源としてビクーニャの密猟を行った［Wheeler and Hoces 1997: 284-285］．

7）フジモリ政権下，国内の治安が回復するとともに，1991年，ビクーニャの管理権をその土地の農民共同体やその他の団体に付与し，その生産物である毛を利用する権利が与える法律が公布された．その結果，各地の共同体にビクーニャ管理委員会が設立され，全国組織も設立された．

図7　ビクーニャを追い込む人々

図8　チャクで囲いに追い込まれたビクーニャ

図9　ビクーニャの毛刈り．この後解放される．

に列をなした人々が，カラーの布テープがついた長いロープをもって追い立てる（図7）．数百にのぼるビクーニャは，扇の要の位置にある丸い囲いに追い込まれる（図8）．人々は，追い込まれたビクーニャを素手で捕まえ，囲いの外で地面に押し倒し，そこで，訓練を受けた技術者が，発電機につないだ電動バリカンで背中の毛を素早く刈り取る（図9）．毛を刈り取られたビクーニャは直ちに解放される．

復活したチャクは，先住民社会にとって大きな収入源となった[8]．ビクーニャを生きたまま利用することの重要性がアンデスの人々の間に広まり，密猟が抑制され，ビクーニャの個体数が増加している．ペルーだけでも1999年の統計で15万頭以上を数えるようになった［Ministerio de Agricultura del Perú 2001］．

8）ルカーナスの元ビクーニャ捕獲委員長によれば，2001年実績では，ルカーナスで49回のチャクを行い，1万1026頭を捕獲し，そのうちの3890頭の（十分に毛が伸びた成獣の）ビクーニャの毛を刈り，約15万ドルの収入になった．そうした収入によって，役所建物，学校などの基盤整備を推進してきた．全国レベルでは，2000年の統計によれば，151のコミュニティにおいて，約1万7000頭のビクーニャから3427 kgの毛が生産された．

8.5　考察

家畜化の理論

野澤謙らの定義によれば，「家畜」とは「その生殖が人の管理下にある動物である」［野澤・西田 1981: 3; 野澤 1987: 66］[9]．また野澤らは，家畜化は1つの過程なのであって，野生と家畜の間に明確な切れ目はないとする［野澤・西田 1981: 3］．野生と家畜，また両者の移行型の遺骨を区別するには，「いろいろな状況証拠を組み合わせ，それらをよりどころにして推定するしかない」とし，①年齢構成，②性別（家畜化されるとメスは保持される），③家畜にしか現れない変異遺骨体，④動物を囲いこんだとみられる建造物，⑤群を制御するような情景を表わす壁画（とくに動物に毛色変異個体が見出せる場合）などをあげる[10]［野澤・西田 1981: 104–105］．Wheeler が論じるアンデスにおける家畜化では，上記のうちの①年齢構成と，③変異遺骨体（アルパカ型の歯の形態）が，その根拠として用いられている．

考古学的な証拠が複合的で，家畜化の過程が連続的であるなら，家畜化とそのプロセスをどのように捉えることができるだろうか．藤井純夫（すみお）は，ヨルダンのベイダ遺跡（図 10）に依拠し，ヤギの家畜化における次のようなプロセスを想定した［藤井 2001: 166–169］．

①消費パターン面での家畜化（集落外における野生ヤギの管理的狩猟）〔Ⅴ～Ⅳ層〕：成長曲線が鈍化しはじめる時期の成獣個体を選択的に狩猟し，肉を消費する．
②行動面での家畜化〔Ⅲ～Ⅱ層〕：「囲い」らしき石垣遺構が成立．「囲い」での馴化（じゅんか）と世代交代は「逃げない獲物」を成立させる．この層のヤギには，小型化個体（家畜化途上の個体）と大型個体（野生個体）が混在する．
③形態面での家畜化〔Ⅰ層〕：ヤギ飼養は「囲い」内部における再生産体制

9）前述のように，インカ時代のチャクでは捕獲されたシカは食用にされたが，立派なオスは「タネオス」として解放された．これは野生動物に対する一種の「生殖管理」であり，野澤らの家畜の定義や Clutton-Brock らの野生／家畜区分論［Clutton-Brock 1989］の再考を促す．チャクによる野生／家畜の区分論の再考については稲村［1995, 2014］等で論じている．
10）ラッカムも，家畜化の証拠として同様の条件をあげている［ラッカム 1997: 87–88］．

図10　ベイダ遺跡

にシフト．サイズのバラツキが縮小し，全体としてやや小型のレンジ内に収束．野生個体の補充が減少し，「囲い」内部の遺伝的隔離が強化される．

家畜化の定義として，学問上は，遺伝学的視点から通常は③の形態が重視されているが，人の生活にとって実質的にはむしろ②の行動面（逃げないこと）が重要で，形態の変化はその後の結果にすぎない，と藤井は指摘する［藤井 2001: 166］．

家畜化の契機の仮説——「追い込み猟」重視説

野澤謙は，家畜化に先立つ人による環境の改変の重要性を指摘する．西アジアでは，火入れされた原野に適応して野生コムギ，野生オオムギ，エンバクなどの穀物が勢力を広げ，それらの植物を食うヒツジ，ヤギなどの反芻（はんすう）動物が分布を広げ，人の側がそれらの種の栽培化・家畜化に向かった［野澤 1987: 70］．

本郷は，人の生活圏への哺乳動物の進入について，オオカミ，イノシシなどは自ら定住集落周辺の2次的な環境に入り込んできた動物であるとし，ヤギ・ヒツジなどの偶蹄類については「幼畜飼いならし」説をとっている［本郷 2007: 23］．

一方，藤井は，ヤギとヒツジは自ら人の側に接近してくることはないため「殺さないで集める」ことが重要とし，家畜化の「初動装置」としての「追い込み猟」を重視する［藤井 2001: 175］．「殺さないで集める」方法として，「個別的・単発的馴化」ではなく，集団全体の大規模かつ恒常的な家畜化の過程として，「囲いや網による追い込み猟」が家畜化初動のための「最大かつもっとも安定的なチャンネルと考えられるからである」［藤井 2001: 176］．その根拠として，ヤギやヒツジの家畜化に相前後して，先土器新石器文化B中～後期（紀元前6500年頃）盛んに行われたヨルダン砂漠での囲いによるガゼル追い込み猟に着目した［藤井 2001: 177-178］.

野生動物を人の生活環境にとり込んだ後には，その獲物に逃げない習性をもたせること（行動面での家畜化）が重要である．藤井は，追い込み猟の獲物に含まれていたはずの妊娠メスに注目する．「囲いのなかで生まれた子は，もはや逃げないという意味で行動学的にはすでに家畜であり，放牧も可能である」［藤井 2001: 183-184］.

アンデスにおける家畜化・牧畜成立の仮説――西アジアとの比較

藤井説は，アンデスにおけるチャクと家畜化の関係を想起させる．ただ，西アジアと中央アンデス高地の間の大きな自然環境の違いも考慮しておく必要がある．テラルマチャイ洞窟における発掘から，ラクダ科動物の専門的狩猟から家畜化への移行プロセスが認められている．テラルマチャイが位置するフニン高原は，北上するマンタロ川の右岸に位置し，北にフニン湖があり，多くの湿原があり，そこにはラクダ科動物に適した草が豊富で，「天然の家畜囲い」といった様相を呈している．このような場所は，アンデス高原のなだらかな氷食谷によく見られ，そうしたアンデス固有の自然環境を考慮すると，西アジアで「追い込み猟で捕獲された野生動物が初期農耕集落の囲いの中で生かされた」というシナリオは，アンデスでは修正の必要がある．つまり，野生動物はその生息域である高原でそのまま維持されたはずである．「定住的狩猟民」が「定住的野生動物」の群を囲いこんで家畜化したというシナリオが十分考えられるわけである．

狩猟民にとって，固定した生息域をもつ草食動物ほど捕獲が簡単な獲物はなかったであろう．しかしながら，とった獲物をすべて殺してしまえば，資源はすぐに枯渇してしまう．それは狩猟民にとっても一目瞭然だったであろう．彼らは必要な分だけを消費し，他の獲物は逃がしたのかもしれない．

チャクのように，獲物を生かしたまま毛を利用しようとしたとき，どのようなことが起こっただろう．毛の利用と家畜化の関係について，次にみていくことにしよう．

毛色多型と家畜化の契機としての「毛の利用」仮説

ここでは，アルパカの毛の利用の観点から，アンデスにおける家畜化について考察してみよう．旧大陸では牧畜成立において乳利用が重視されてきた．しかし，アンデスでは，毛の利用が牧畜成立の大きな動機づけになったと考えられるからである．

家畜化に伴う毛色の変化に関して，野澤謙は次のように述べている［野澤 1995: 113-114］．「野生動物の毛色変異性が低いのに対して，すべての家畜種に毛色多型が見られ」，「毛色は家畜の飼養目的である生産性と直接の関係はないのがふつうで，経済的形質といえないのにもかかわらず豊かな変異性を表す」．集団遺伝学において，「毛色変化」は繁殖集団の細分に起因する．細分が劣性遺伝的変異の顕在化を促すからである．「動物を飼育下で継代し始めると，すぐに多様な遺伝的変異が集団中に出現し始める．そうした変異体の多くは生存力の弱いものであるにもかかわらず，ヒトの保護を受けることによって飼育集団中に保護され，繁殖の機会が与えられて増殖する」．

定住的狩猟民は，生息域が固定的なビクーニャの選別的な狩猟を繰り返すことが容易であったに違いない．藤井が言う家畜化の第1段階（消費パターン面での家畜化の進行）は，アンデスでは容易に起こったことが想定できる．それでは，そこから第2段階へ進むには，どのような動機づけと，どのようなプロセスが想定できるだろう．

ビクーニャの継続的な狩猟をより確実にするため，あるいは，チャクでみたように，野生動物の毛を採ることを目的として，野生動物を囲いこんだ可能性を考えてみよう．「天然の家畜囲い」のような地域では，石を積み上げるなどのわずかな労働投下によって，人為的に「広い囲い」を作ることができるだろう．それが行われたとき，家畜化の第2段階（行動面での家畜化の進行）に移行したと想定できる．

ここから第3段階への移行は時間の問題である．囲い込まれた少数の個体群の継代によって毛色変異が起こる．この時点で，毛の利用のための家畜化の動機が想像できる．野澤が否定した，毛色の「経済的形質」の発現といってもいいだろう．毛色への嗜好（しこう）が喚起され，毛色変異を起こした個体の保護やタネオスの選別が行われたことが想像されるのである．現在のアルパカには，白，茶，ベージュ，灰，黒の毛色が固定している．そうした色を組み合わせた織物が織られ，異なる色の糸を撚って文様を作ったオンダ（投石縄）も製作されている．

8.6　おわりに

本稿では，「殺さない狩猟」チャクの観察から着想し，西アジアにおける藤井純夫の考古学研究に触発され，アンデスのラクダ科動物の家畜化の契機としての「毛の利用」仮説を論じてきた．

アルパカの毛には色のバリエーションや量が多いという利点があるが，毛の細さや柔らかさといった品質に関しては野生のビクーニャの方が優れている．そのため，アルパカという家畜を作りだしながら，アンデスの人々は，野生種ビクーニャを温存した．インカ時代には，皇族のための衣服の材料を確保するため，チャクが盛んに行われたのである．このように，チャクとビクーニャの生態に関する知見から，インカ期までラクダ科動物と人間との間の，多層的な相互交渉が続いていたことが想定できる．そして，現代においても，そのような状況への回帰（チャクの復活）が起こったのである．

なお，本稿では毛の利用を主目的とするアルパカの家畜化についての仮説を論じてきたが，リャマは，輸送を目的として，グアナコが家畜化されたものである．グアナコはビクーニャと比べると，大きく強いため制御がしにくい（図11）．人垣を跳び越えるほどのジャンプ力もあり，グアナコのチャクによる捕獲はなかなか大変である．考古学的には，アルパカの門歯の形が独特のものであるのに対し，リャマの歯はグアナコと変化がないため，家畜化の時期がまだ確定されていない．家畜化のしやすさから見て，リャマの家畜化の時期はおそらくアルパカよりも後だと想像される．

アンデスの牧畜は，農耕との結びつきを背景とするものである．筆者が調査を行ってきたプイカでは，専業の牧民が，物々交換や農作物の運搬によって，容易に農作物を得ている．山本紀夫が調査を行ったマルカパタ（Marcapata）や，Websterが調査したケロ（Q'ero）のようなアンデス東斜面では，農牧複合の生業形態が見られる［Webster 1973; 山本 1992］．いずれにしても，アンデスの牧畜は農耕との関係を前提として成り立っている．では，家畜化と植物栽培化の関係についてはどのようなことが言えるだろうか．山本紀夫らが考えるように，家畜化とほぼ同じ時期（またはそれ以前）に，高原の住民がビクーニャ

図11　グアナコ

図12　シカのネット・ハンティングらしき壁画

の糞場で育つジャガイモの野生種を採集して食べるようになったかもしれない［山本 1993, 2004; 大山 2007a］[11]．ジャガイモを，より生育条件がよい峡谷部に移して，栽培化した可能性も考えられる．家畜化と植物栽培化の関係については，今後の考古学的研究が待たれる．

文化人類学における家畜化や牧畜成立に関する研究には，考古学の成果を踏まえた議論が重要である．追い込み猟については，ペルー北部海岸のベンタロン遺跡（紀元前2000年頃）で，ネットを使ったシカの狩猟と思われる壁画が見つかっている（図12）．しかし，チャクはいつどのようにはじまったのかはまだ不明である．本稿で論じたことは，民族考古学的観点からの仮説にすぎない．今後の考古学的研究による検証が重要である．

参照文献

Bonavia, D.（1996）*Los Camélidos Sudamericanos: Una Introducción a Su Estudio*, Instituto Fransés de Estudios Andinos.

Clutton-Brock, J. (ed.)（1989）*The Walking Larder: Patterns of Domestication, Pastoralism, and Predation*, One World Archaeology 2, Unwin Hyman.

藤井純夫（2001）『世界の考古学16 ムギとヒツジの考古学』同成社.

ガルシラソ・デ・ラ・ベーガ，I.（1987［1609］）『インカ皇統記2』牛島信明訳，岩波書

11）関雄二は，山本説を支持し，「大量の糞が堆積する動物の囲い場の建設などが生態系に影響を及ぼし，雑草型のジャガイモが生み出された可能性が指摘されている［山本 1993］．ここにラクダ科動物と高地性植物のドメスティケーションが同時並行的に推し進められた状況を見て取ることができる」［関 1997: 42］と論じている．

店.
本郷一美（2007）「『定住革命』とその後」『筑波大学 先史学・考古学研究』18: 19-30.
稲村哲也（1995）『リャマとアルパカ――アンデスの先住民社会と牧畜文化』花伝社.
稲村哲也（2007）「野生動物ビクーニャの捕獲と毛刈り――インカの追い込み猟『チャク』とその復活」『アンデス高地』山本紀夫編，京都大学学術出版会，pp. 279-296.
稲村哲也（2009）「アンデスからの家畜化・牧畜成立論――西アジア考古学の成果をふまえて」『ドメスティケーション――その民族生物学的研究』山本紀夫編，国立民族学博物館調査報告 84: 333-369.
稲村哲也（2014）『遊牧・移牧・定牧――モンゴル，チベット，ヒマラヤ，アンデスのフィールドから』ナカニシヤ出版.
稲村哲也・川本芳（2005）「アンデスのラクダ科動物とその利用に関する学際的研究――文化人類学と遺伝学の共同」『国立民族学博物館調査報告』55: 119-174.
川本芳（2007）「家畜の起源に関する遺伝学からのアプローチ」『アンデス高地』山本紀夫編，京都大学学術出版会，pp. 361-385.
Kawamoto, Y., A. Hong, Y. Tokura, et al.（2004）A Preliminary Study on Blood Protein Variations of Wild and Domestic Camelids in Peru, *Report of the Society for Researches on Native Livestock* 21: 297-304.
Kawamoto, Y., A. Hong, Y. Tokura, et al.（2005）Genetic Differentiation among Andean Camelid Populations Measured by Blood Protein Markers, *Report of the Society for Researches on Native Livestock* 22: 41-51.
Ministerio de Agricultura del Perú（2001）*Consejo Nacional de Camélidos Sudamericanos*, Ministerio de Agricultura del Perú.
西田正規（2007）『人類史のなかの定住革命』講談社.
野澤謙（1987）「家畜化の生物学的定義」『牧畜文化の原像――生態・社会・歴史』福井勝義・谷泰編，日本放送出版協会，pp. 63-108.
野澤謙（1995）「家畜化と毛色多型」『講座地球に生きる 4 自然と人間の共生――遺伝と文化の共進化』福井勝義編，雄山閣，pp. 113-142.
野澤謙・西田隆雄（1981）『家畜と人間』出光書店.
大山修一（2004）「南米アンデスの高貴な動物――ビクーニャと人びとの暮らし」『地理』49(9): 100-106.
大山修一（2007a）「ジャガイモと糞との不思議な関係」『アンデス高地』山本紀夫編，京都大学学術出版会，pp. 135-154.
大山修一（2007b）「ラクダ科野生動物ビクーニャの生態と保護」『アンデス高地』山本紀夫編，京都大学学術出版会，pp. 335-359.
Pérez Ruiz, W.（1994）*La Saga de la Vicuña*, Diálogo S. A.

ラッカム，J（1997）『動物の考古学』本郷一美訳，学芸書林.
Rick, J. W.（1988a）The Character and Context of Highland Preceramic Society, *Peruvian Prehistory: An Overview of Pre-Inca and Inca Society*, R. W. Keatinge（ed.）, Cambridge University Press, pp. 3–40.
Rick, J. W.（1988b）Identificando el sedentarismo pre-histórico en los cazadores re colectores: un ejemplo de la sierra sur del Perú, *Llamichos y Pacocheros: Pastores de Llamas y Alpacas*, J. A. Flores Ochoa（ed.）, Centro de Estudios Andinos, Cuzco, pp. 37–43.
関雄二（1997）『世界の考古学 1 アンデスの考古学』同成社.
Webster, S.（1973）Native Pastoralism in the Andes, *Ethonology* 12(2): 115–133.
Wheeler, J. C.（1988）Nuevas evidencias arqueológicas acerca de la domesticación de la alpaca, la llama y el desarrollo de la ganadería autóctona, *Llamichos y Pacocheros: Pastores de Llamas y Alpacas*, J. A. Flores Ochoa（ed.）, Centro de Estudios Andinos, Cuzco, pp. 37–43.
Wheeler, J. C., and D. Hoces R.（1997）Community Participation, Sustainable Use, and Vicuña Conservation in Peru, *Mountain Research and Development* 17(3): 283–287.
山本紀夫（1992）『インカの末裔たち』日本放送出版協会.
山本紀夫（1993）「植物の栽培化と農耕の誕生」『アメリカ大陸の自然誌 3 新大陸文明の盛衰』赤澤威・冨田幸光・阪口豊ほか編，岩波書店，pp. 1–48.
山本紀夫（2004）『ジャガイモとインカ帝国』東京大学出版会.
山本紀夫編（2007）『アンデス高地』京都大学学術出版会.

附論2　南の海の狩猟民と隣人
——インドネシア・ラマレラのクジラ猟

関野 吉晴

1　はじめに

インドネシアは，西はスマトラ島から東はパプアまで，5110 km と東西に長い．世界最多の島嶼を抱え，1万3466もの大小の島により構成される．人口は2億3000万人を超え，世界第4位を示す．

人力で人類の拡散をたどる「グレートジャーニー」のなかで，私はラマレラ村のクジラ漁に出会った［関野 2003, 2012; 関野・前田 2012］．ラマレラ村は，フローレス諸島の東部のレンバタ島にある．南緯8度，沖縄本島よりわずかに大きい．その南西部にあり，急峻な山すそに家々が張り付いていて農業には不向きだと一目で分かる．伝承によれば400年以上前に，ボルネオ島の東隣の大きな島スラウェシ島から移住してきた［加藤 1995; 小島 1995; 小島・江上 1999］．エイやサメなど大型の魚を銛で捕獲していた海の民だ．広範な海をマルク諸島周辺で活動した後，移動を繰り返してラマレラに着いた．ここで先住民の許しを得てこの地に住みついた．先住民を今でも土地の主「トゥアンタナ」として崇め，マッコウクジラを捕獲すると眼の周囲の部分を献上している．16世紀末には捕鯨を始め，今ではマッコウクジラ，オニイトマキエイ（マンタ），イトマキエイ，サメ，ウミガメ，マンボウ，マグロなどを捕え，山の農民たちとの物々交換で主食のトウモロコシ，バナナその他の野菜を手に入れている．ラマレラは「太陽の地」という意味だ．

ラマレラ村は，上ラマレラ村，下ラマレラ村合わせて2000人弱が住んでいる．村には驚くほど立派なカトリック教会があり，村人は全員カトリック教徒だ．19世紀に日本での布教と同じようにイエズス会の宣教師がやってきた．2010年に私が再訪したときには，イエズス会から奈良に派遣され，10年以上日本に住んでいる，日本語の流暢な神父が里帰りしていて，私にラマレラ村の歴史を話してくれた．

約400年前から手銛(てもり)による伝統捕鯨を続けてきた．世界で唯一のマッコウクジラ猟をしている．この村の沖合は急に深くなっている．そのためにマッコウクジラの回遊路になっている．

マッコウクジラは歯クジラだ．下あごにはしっかりと歯がついている．潜水能力に優れ2000～3000 m潜れる．深海にいるダイオウイカなどのイカを食べている．

5月から9月までが猟期だが，年間40頭以上とれた年もあれば，4頭しかとれなかった年もある．運，不運に左右される不安定な猟だ．しかも，最近は国際的な反捕鯨キャンペーンや過疎化の波が村に押し寄せ，若者が街に出ていき，伝統捕鯨は存続の危機に瀕(ひん)している．

2 クジラ猟の実際

2008年7月，私が初めて行ったときは，5月に12頭，6月に5頭とれて，それ以来とれない状態だった．幸運にも滞在中に，2回も「バレオ」（「クジラが出たぞ！」の意味で，クジラが発見されるとすべての村人に大声で伝えられる）という掛け声がかかった．

最初の「バレオ」は7月31日，プレダンに乗っているときだった．プレダンとは彼ら自身で金釘(かなくぎ)を使わずに作った捕鯨のための木造船だ．彼らは優秀な船大工でもある．この舟の最大の特徴は，舳先(へさき)に1.5 m張り出した竹製の銛打ち台だ．台湾南東海岸でよく見られるカジキの突きんぼ漁船と似ている．

一斉に出たプレダンの1艇に乗せてもらっていたのだが，他のプレダンがマッコウクジラを発見したという連絡が入った．まだラマレラに着いて4日目，そんなに早くマッコウクジラが見られると思っていなかった．すでにマンタ猟は見ていたが，プレダンに乗っている乗組員の反応や表情，意気込みは，マンタとマッコウクジラとで大違いだ．険しい表情だが，高揚した顔だ．陸でヤシ酒を飲んでいるときの陽気な表情は影を潜めていた．20頭ほどの群れだった．この時期の群れは子連れが多い．

「バレオ」の掛け声の方向に急いで向かう．すでに他のプレダンがマッコウクジラに接近していた．全員一丸となって櫂(かい)を漕(こ)いでいた．マッコウクジラを

帆走するプレダン．ほとんどのプレダンはエンジン付きになっていて，帆走する機会はめっきり少なくなっている．（以下，筆者撮影）

浜から沖に出るとき，クジラが見つかったとき，風がないときはオールを漕ぐ．

見つけると，エンジンを外し，エンジンを他のボートに渡して，手漕ぎで近づいていく．

プレダン特有の，先端に突き出た竹製の台の上に，長い柄の付いた銛を持ったラマファー（射手）が黒い塊を凝視していた．ラマファーは世襲で，風や潮の流れを読んでプレダンの進路を決める．ラマファーの直後に助手がいて，大きなジェスチャーでプレダンの舵を握る者に進むべき方向を指示している．1艇のプレダンからラマファーが潮を噴くマッコウクジラの背中に向かって思いっきりジャンプをした．全体重を長さ5ｍある銛柄（もりえ）を手に銛を突き立てる．クジラの体内にできるだけ奥深くまで銛を突き刺そうとしているのだ．命がけの仕事だ．うまく突き刺さったのだろうか．クジラはそのまま潜っていった．このときにマッコウクジラに尾びれでプレダンが叩かれたり，噛（か）みつかれたりで，2回に1回は転覆する．「転覆したときは他のプレダンが近づき，転覆したプレダンを復帰させて，クルーを助ける」とマトロス（乗組員）のラファエルが教えてくれた．

今回は転覆を免れ，ラマファーは泳いでプレダンに戻った．そのプレダンの乗組員たちが銛につながっていたロープを引っ張っている．銛はクジラの体の奥深くに食い込んだようだ．疲れを待って，引き寄せ，次の一撃を加えなければならない．群れたマッコウクジラたちも動揺しているようで，分散し始めた．銛の刺さったクジラは一度で仕留められるわけではない．深く潜って再び浮上して大きく潮を噴く．疲れを待って，二度三度とラマファーがジャンプをしな

猟に使う銛とそれにつないだロープ.

背中を見せたマッコウクジラに果敢に挑む.

一度銛を打ち込まれたクジラは暴れ，近くで潮を噴いた.

全体重を銛にかけてマッコウクジラを突く.

ければならない．このクジラはその艇と数艇が担当し，他のプレダンは次のクジラをめがけて散っていった．しかし，この日にとれたクジラは1頭だけだった．疲れて浮かび上がったマッコウクジラは一番銛を打ったプレダンに結び付けられ，他のプレダンをロープでつなぎ，縦に1列になって浜に曳(ひ)いていった.

ラマファーのタポオナによれば，昔はすべてのプレダンは1辺30 cmほどのゲワンヤシを正方形に編んだ断片を継ぎ合わせた帆を張って海に出た．10年ほど前にエンジン付き小型ボートが増えてきてから伝統猟に変化が出てきた．小型ボートで50頭近いゴンドウクジラを銛で突いて捕獲した年もあったという．しかし小型ボートでは大きなマッコウクジラは捕獲できない．プレダンもナガスクジラやシロナガスクジラなどヒゲクジラを捕獲しない．先祖がヒゲクジラに乗ってやってきたという渡来伝説にもよるが，物理的にもプレダンのスピードでは捕獲不能かつ危険だからだ.

最近はプレダンにエンジンを搭載し，エンジン付き小型ボートとペアを組んでいる．マッコウクジラを発見すると，以前はプレダンを漕いでいたが，今はエンジンのおかげで，発見したマッコウクジラに迅速に接近できる．追いつくと，船外機を小型ボートに移す．プレダンがひっくり返る危険があるからだ．一番銛を打ったプレダンがクジラ猟の権利を獲得するので，エンジンなしのプレダンは競争に勝てない．プレダンは次々と船外機を付けるようになった．今ではすべてのプレダンがエンジンを付けるようになった．エンジンを外した後はいつも通り手漕ぎでマッコウクジラに接近し，手銛で突く伝統的な捕鯨が続いている．

若者はエンジン付き小型ボートで小型のクジラ，シャチなどを突き銛でとるようになった．2007年からはカトリック教会の神父の許可を得て，それまで禁じられていた日曜日の出猟，捕獲が実現した．

マッコウクジラが村の海岸に揚げられると，多くの村人たちが集まってきた．プレダンをヤシの葉で葺(ふ)いた屋根の被った艇庫に皆で押しあげた．クジラも捕獲したプレダンとサポートしたプレダンの乗組員たちが浜の端に寄せた．ベーリング海のセントローレンス島でホッキョククジラ猟を見たが，陸にあげるときはブルドーザーを使っていた．しかし，ここではロープを使って皆で力を合わせて人力だけで引っ張り上げていた．解体は翌日にすることになった．

3　マッコウクジラの解体と分配

翌朝，浜辺に行ってみると，クジラは浜辺の水際にあった．夜中のうちに移されていたのだ．村の若い女性たちが，携帯電話でマッコウクジラと一緒に記念撮影をしていた．2006年に，電波が弱く，村のごく一部でしか利用できないが，携帯電話が使えるようになった．その前年には国営電力会社から電力が供給されるようになった．それまでは鯨油ランプが使われていた．

夜明けとともに男たちが集まり始めた．干潮を待って解体が始まった．プレダンの船大工棟梁が，村の分配法に従ってやや大きなナイフで解体の目印を入れる．男たちが，分厚い脂肪のついた表皮を剝がしていく．老人たちの指導で肉，内臓なども次々と解体していく．半身が終わると，ひっくり返して反対側を解体していく．その後，浜辺で分配が行われるが，分配にあずかれるのはクジラを仕留めたプレダンとサポートしたプレダンのマトロスとオーナーの他に

夕方にプレダンに引っ張って来られたクジラは夜の満潮時に浜辺に打ち上げられ，夜明けとともに解体が始まった．

長いナイフで解体を進める．

家に持ち帰ってさらに細かく切る．

軒先に干したマッコウクジラの皮脂．

鍛冶屋（かじ），船大工，地主，その他捕鯨に関わった様々な人に分配される．

猟のときにどんな役割をしたかで，解体したクジラのどの部分が分配されるのか，詳細に決められている．浜辺でプレダンごとに，男たちが車座になって分配を始めた．解体，分配は男の仕事だが，分配された肉を海水で洗うのには，女性や子供も手伝う．女性が大きな洗面器に肉を載せ，それを頭の上に載せて各家庭に運ばれる．

自宅に持ち帰ってさらに男性がナイフとフォークで細かく切り分ける．それを親戚や近所の者に分配する．最終的にはかなりの家族にまで行き渡る．それらの肉は女性が家の近くにロープを張って干す．それから１週間ほど家々の軒先にはクジラの肉や皮脂が干してある．その下には脂がしたたり落ちているが，それを受ける桶が置いてある．その脂はランプに使われる．

4　物々交換

彼らはクジラの表皮，脂肪，肉，内臓，頭といったすべてを分配し，持ち帰るが，それらの大半は物々交換に使われる．ゆとりがあるときのみ自己消費する．土曜日にラマレラから7 km東に行ったウランドニ村で定期市が開かれる．クジラ肉の大半は，農産物との交換に使われる．頭に大きなかごを載せて徒歩で行く者も多いが，そのころ走り始めた乗り合いバスで行く者も多い．私の泊まっている宿の女主人ウディスによれば，外部と道路が通じたのは2002年からで，それまでは定期フェリーが来ていた．道路が通じると大型フェリーの入る港のあるレオレバから定期バスが毎日走るようになった．ウランドニにもバスが行くようになった．一部の者はエンジン付き小型ボートでやってきた．

大きなブリンギンの木の下に農民や他の漁師の村からも多くの女性が集まっていた．ウランドニ村の定期市会場では役人が税金を取っていた．農民たちは，サルン（腰巻）を広げ，大きなお盆の上にとうもろこし，トウモロコシ，バナナ，アボカド，ココナッツヤシの実，ビンロウジ，キャッサバ，ヤミイモその他の野菜を並べていた．漁師町からは魚を持ってきて，少し離れたところで魚を広げていた．午前11時に村の役人が笛を吹いて，物々交換が始まった．物々交換のレートは決まっている．例えば干したクジラの小片（通常長さ12 cm，幅は5～6 cm，厚さ3 cm）でバナナ12本またはトウモロコシ12本と交換する．どっしりと腰を下ろした農民の間をラマレラの女たちが回って歩く．ラマレラの女たちは塩や石灰も持ってきていた．農民には現金を要求する者もいる．この物々交換のおかげで畑作りのできないラマレラの人たちも農産物を手に入

ラマレラ女性と農民の女性が物々交換に集まってきた．

物々交換所では真剣に交渉する．

れているのだ．

しかしながら，定期市だけではクジラを売りさばけない．特に彼らの一番欲している主食のトウモロコシが足りない．そのために女たちの重要な仕事に行商（プネタン）がある．行商を毎年行ってきた47歳のベアトリスは言う．「昔は深夜にマッコウクジラ，マンタの海の幸を籠いっぱいに入れて，頭に載せて取引のある村を目指した．歩いて3時間ほどの村に着くと，そこで1軒1軒家を回る．お得意さんは決まっているのですんなりと商談は成立した．ここでの取引でクジラを売り尽くせないと，険しい山道を歩き次なる村に向かう．村に着くと村の女たちが集まって来て交渉が始まる」．

「帰り道は籠いっぱいにトウモロコシとバナナを積んで，50 kg 近くになることもあった．それを頭の上に載せて，午後には急峻な山道を下りてきた．行商は女たちに託された重要で身体を張った仕事だった」．

しかし今は定期バスも増便し，行商も定期バスを利用して行くようになった．重たい荷物を頭に載せて山道を歩く光景は見られなくなった．しかし，行商そのものは続いている．主食のトウモロコシだけはマッコウクジラまたはマンタとの物々交換に頼っている．ラマレラと農民との共生関係は続いている．

5　これからの課題

ラマレラの物々交換について言及しているR・H・バーンズによれば，彼らは鯨肉や鯨油といった交易可能な産物に加えて，島外に航海できる術を持っているにもかかわらず，島外との交易をしていない［Barnes 1996］．クジラがいきわたる範囲を近隣の農民のみにすることによって，彼らとの共生関係を持続させるという計算だろう．農業のまったくできないラマレラに移住した狩猟民の切実な選択肢だったのだ．

さて，2008年に滞在したときには，捕鯨に反対するWWF（世界自然保護基金）が捕鯨をやめさせようと乗り込んでいた．漁網を浸透させようと，その提供を申し出ていた．WDCS（クジラ・イルカ保護協会）はクジラ猟の代わりに，プレダンに観光客を乗せて，ホエール・ウォッチングをするエコツーリズムで生計を立てたほうが経済効率がいいと説得している．ホエール・ウォッチングのワークショップを開き，船外機と漁網の提供を申し出ていた．しかし交通の便が悪いうえに，クジラは毎日出るわけではない．ラマレラの若者たちは反発しているが，WDCSはクジラ猟とホエール・ウォッチングを最初は共存させるという提案だ．

2010年7月に行ってみると，異変がおこっていた．毎朝海に出ていたプレダンがクジラとりに出かけない．「なぜプレダンを出さないのか」と尋ねると，「寝てなくて眠いんだ」と言う．前の日の夕方に漁網を仕掛けに行き，仮眠した後，獲物をとって，朝帰ってきたからだ．彼らは漁網の提供を受け入れたのだ．実際に効率がよくなった．マッコウクジラこそ掛からないが，マンタ，イルカのほかにマンボウやマグロなどが掛かる．マンタの漁獲量が大幅に増えた．収穫の総量は上がったのだ．ほとんどのプレダンが漁網漁を始め，陸からクジラが見つかったときだけ「バレオ」の掛け声が巡り，プレダンを出すことになった．マッコウクジラの捕獲量は確実に減ったが，わずかながらとれている．

早朝，祈りの後，20隻のプレダンが一斉に沖に出ていく姿は壮観だ．しかしこれからはその姿は消えていき，マッコウクジラを陸から発見したときだけ出猟するようになるだろう．

プレダンキャプテンで最後にエンジンを搭載したバカテナは，帆を張る回数が減りマストロの操船技術が衰えること，伝統捕鯨の跡を継ぐ若者が少ないことを懸念している．「重労働で危険なわりに収入の少ない漁師になろうとせず，村の外で働きたい若者が増えている」．

一方で，意外なのは，年配のマストロたちの中に，援助してくれるなら申し出を受けてもいいのではないかという意見が出て，それに対して漁師の若者たちが強く反発している．2009年，WWFからインドネシア人が派遣されたとき，車から降り立った職員に反対派の急先鋒ラファエルを中心とした若者たちがナイフを手に立ちはだかり，「もし村に来るなら殺す」と詰め寄った．仕方なくWWFの職員は立ち去った．

スラウェシ島のマナドで開かれた世界海洋会議でも，インドネシアの海洋資源の保護が議題になった．ダイナマイト漁や毒流し漁などサンゴ礁などの海洋資源そのものを直接破壊する漁法を取り締まるのが主な目的だった．しかし，ラマレラの人々はこの会議にマッコウクジラ猟の禁止が盛り込まれていると思いこみ，「漁業省の職員がやってきたときも追い返した」とラファエルは言う．

バカテナは「政府や環境団体の圧力などでは，伝統捕鯨は簡単には消失しない」と言うが，彼の揺れは，多くのラマレラ村民の揺れでもある．

参照文献

Barnes, R. H.（1996）*Sea Hunters of Indonesia: Fishers and Weavers of Lamalera*, Oxford University Press.

加藤秀弘（1995）『マッコウクジラの自然誌』平凡社.

小島曠太郎（1995）「捕鯨船プレダン解剖図鑑――インドネシア・レンバタ島，海の漁師の檜舞台」『季刊民族学』74: 74-90.

小島曠太郎・江上幹幸（1999）『クジラと生きる――海の狩猟，山の交換』中公新書.

関野吉晴（2003）『グレートジャーニー――「原住民」の知恵』知恵の森文庫（光文社）.

関野吉晴（2012）『海のグレートジャーニー』クレビス.

関野吉晴・前田次郎（2012）『舟を作る』徳間書店.

附論3　狩猟採集から複合生業へ
——タンザニアのサンダウェ社会における農耕と家畜飼養の展開

八塚 春名

1　生業変容の過程を追う

「サンダウェは狩猟民か農耕民か」．今考えるとおかしな問いだが，調査対象であるサンダウェという人びとにたいして，私は過去に何度もこの問いかけをしてきた．そしていつも，当時の私を納得させてくれるような明確な答えは得られなかった．彼らは時に「狩猟民」といい，また別の時には「農耕民」といったり「農業も狩猟もする」といい，答えはまったく一定しなかった．その後，私は調査を続けるなかで，そうした定まらない返答は，まさに，サンダウェの実情をそのままに映したものであると理解するようになった．

タンザニアの中央部に居住するサンダウェの多くは，19世紀後半にはすでに定住し，農耕や家畜飼養に従事していたことが報告されている．しかし当時の彼らの生業実態から，おそらく19世紀中ごろまでは狩猟採集が基盤であっただろうと推測されてきた．多くの狩猟採集社会において，狩猟採集以外の生業活動が，それまでに推察されていたよりも古くから採用されていたことはすでに明らかだが［e.g., 池谷 2002］，実際にそれらが広く普及し，彼らの生活に定着した後の生業実践についてはあまり知られていない．世界各地で狩猟採集民を対象とした定住化や農耕化が促進されるなか，政策による強制ではないかたちで，農耕や家畜飼養を始め，生業を多様化させる過程とその後の様態について詳細を捉えることは，今後の狩猟採集社会からの移行を考える上での参考事例を示すことができると考えている．

本論では，タンザニアのサンダウェ社会に，いつ，どのように農耕や家畜飼養が広まり，定着したのかを，先行研究とフィールドワークでの聞き取りをもとに検討する．そして，生業が多様化する現在，彼らが自らをどのように捉えているのか，先述した私の的を得ない質問への答えをヒントに考察を加える．

サンダウェは現在，タンザニアの中央部であるドドマ州チェンバ県を中心に居住する．この地域は，年平均降水量が700 mm程度の半乾燥地帯で，11月後半から5月までの約6か月間の雨季とそれ以外の乾季に明瞭にわかれる．タンザニアの中央部に最初に居住し始めたのはサンダウェの先祖であるコイサン系の言語集団だといわれているが，後にバンツー系，クシ系，ナイロート系といった異なる言語を話す複数の集団が居住するようになった．その結果，この地域にはさまざまな言語を話し，農耕，牧畜，狩猟採集といった多様な生業を営む人びとが隣り合わせに暮らしている．

2 「狩猟民」サンダウェ

サンダウェの言語は，南部アフリカのコイコイやサンのようにクリック音を用いるコイサン系の集団に分類されてきた［Sands 1995］．この言語分類は，歴史的に南部アフリカの狩猟採集民サンと近縁であることを連想させ，サンダウェを狩猟採集民だと位置づけるひとつの主要な根拠になってきた．近年，ミトコンドリアDNAやY染色体の解析によって，サンダウェはサンや同じタンザニアの狩猟採集民ハッツァよりも，サンダウェの近隣民族との近縁性がもっとも高いことが示され，同地域における民族混淆の歴史が解明されてきている［Tishkoff et al. 2007］．

しかし，サンダウェ自身は，自分たちの先祖は南部アフリカの狩猟民であるといった歴史認識をもち，近隣民族との差異を強調する．サンダウェは，自分たちの言語が近隣民族が話すものと明確に異なることや，近隣民族に比べて自分たちの肌の色が褐色であるといった特徴を挙げて，他民族とのあいだの差異を説明する．そして，それらの差異が生じている原因を，自分たちの起源が近隣民族とは異なるからだと解釈してきた．私がこれまでにおこなった聞きとりによると，彼らが自分たちは南部アフリカから来たと語る理由のひとつに，「南アフリカのネルソン・マンデラ元大統領が，自分たちとよく似た言葉を話すから」というものがあった．コサ人であるマンデラは，バンツー系の言語でありながらクリック音を用いるコサ語を話した．さらに，多くのタンザニア国民も，サンダウェの言語や身体的特徴を理由に，「サンダウェは私たちとは異なる，サバンナで動物を狩って暮らしている人びと」だと語る．サンダウェにたいするこのステレオタイプなイメージは，「農耕のやり方を知らない」，「怠け者で農耕ができない」といったネガティブなイメージも作り上げてきた．こうした近隣民族との差異は，サンダウェにとっても，また近隣民族にとっても，サンダウェ独自の歴史を形成する証拠となり，サンダウェを多くのタンザニア国民（＝農耕民）とは異なる立場（＝狩猟民）に定置し続けてきた．

3 「農耕民」サンダウェ

しかし，実際のところ，1960年代にはすでにサンダウェの生業基盤は農耕で，家畜飼養や狩猟採集は補完的な活動になっていた［Newman 1970］[1]．現在のサンダウェは，各世帯が農地を保有し，土壌条件に合わせて主食作物を中心にさまざまな農作物を栽培する．サンダウェ社会に農耕が普及して以来，彼らは，シクンシ科の低木が密生するシケットや，マメ科ジャケツイバラ亜科の樹木が優占するミオンボ林といった砂質の土地を利用して，トウジンビエやモロコシを栽培する焼畑移動耕作をおこなってきた．しかし近年，より砂の含量が低いアカシア林においてトウモロコシ栽培を中心とする常畑（じょうばた）が拡大している［八塚 2012］．2006年に実施した食事調査では，サンダウェの主食の9割以上を村内で栽培した穀物が占め，副食は農作物の割合こそ低いものの，農地において「半栽培」の状態にある植物を高い割合で利用していた［八塚 2012］．つまり，現在の彼らの食生活の主要な部分は，農耕による生産物や農耕に付随する産物が占め，狩猟採集による産物は主要なカロリー源ではなくなったといえる．とくに狩猟については，ディクディクやヤブイノシシ，ブッシュハイラックスなどを捕獲するものの，それらの消費は食事調査の結果にはほとんど表れない．しかし，主要なカロリー源を狩猟に依存する必要がなくなったとはいえ，彼らが狩猟活動を一切必要としなくなったわけではない．サンダウェ男性にとっての弓矢の重要性や彼らの日々の会話に登場する狩猟の経験は，サンダウェが農耕をしながらも，自分たちの社会には狩猟活動が必要だと考えていることがうかがえる[2]．

1）当時の先行研究には，農耕や家畜飼養の状況とともに，狩猟採集により獲得される林産物の重要性についても示されている［Newman 1970］．

4　狩猟採集から複合生業へ——家畜飼養と農耕の普及

サンダウェは近隣の多様な民族との交流を通して，生業活動を変化させてきた．テンラーによると，サンダウェ社会に最初にウシを導入したのは，アラグワという人びとであった．アラグワはタンザニア北部に暮らす農牧民イラクの一集団だと知られている．彼らは十数世代前にやって来て，サンダウェと婚姻関係を結び，徐々にサンダウェ語を話すようになった［Ten Raa 1986a; 1986b］．やがて，アラグワはサンダウェの一集団だと認識されるようになり，今日では，アラグワはサンダウェのクラン（氏族）のひとつだと説明される．その後，牧畜民ダトーガの一集団であるタトゥルや，サンダウェの西隣に暮らす農牧民ニャトゥルとの交流がすすみ，さらなる家畜がサンダウェ社会に普及した［Ten Raa 1986b］．

一方，時期は明らかでないが，サンダウェの農耕の起源はニャトゥルだと考えられている．ニャトゥル自身が「私たちの先祖がサンダウェに農耕を教えた」と語ることに加えて，サンダウェの口頭伝承のなかにも，厳しい飢饉に際して，ニャトゥルの居住地域へ移住したサンダウェと，逆にサンダウェの居住地域へやって来たニャトゥルがいたことが伝えられている．サンダウェはこうした移住を伴う交流のなかで，トウジンビエ，モロコシ，ササゲといった作物と，それらの栽培に関する知識を習得した［Newman 1970］．また，サンダウェの南隣に暮らす農牧民ゴゴも，サンダウェ社会へ農作物を広めたと言われている．

1908 年，サンダウェの居住地域へローマ・カトリック教会の宣教師がやって来て，小さな教会を建設した．1929 年には，私が調査で滞在する村にも教会が建設され，以来 1990 年代まで，同村のキリスト教会にはヨーロッパ出身の神父が常駐した．彼らはサンダウェ語を覚え，人びとから非常に慕われ，そのことがより一層，サンダウェ社会にキリスト教会を浸透させることになった．神父は教会において雇用を創出し，多くのサンダウェ男性が，調理，洗濯，掃除，運転，農作業といった仕事に従事した．神父の農作業を手伝うなかで，サンダウェはヒマワリなどの換金作物についての知識も習得していったと考えられる．

2）ただし，タンザニアは狩猟免許の取得を義務づけており，それをもたないサンダウェによる狩猟は，法律上は違法とみなされる．サンダウェは自分たちの狩猟が違法だと取り締まられることにたいしては，強い不満を抱いている．

さらにタンザニア独立後の1970年代には農村地域の活性化を目的に集村化が実施され，サンダウェの居住地域でも人びとは強制的に道路沿いに集住させられ，共同農場の耕作が義務付けられた．

本論の冒頭において，サンダウェは19世紀中ごろまで狩猟採集を基盤としてきたと考えられていることを述べたが，実は，サンダウェがいつまで狩猟採集によって生計を維持してきたかという点については議論がわかれる．多くの先行研究では，19世紀中ごろと推測されていたが，19世紀より早期にすでに農耕や家畜飼養が広くおこなわれてきたという説もある．たとえばトレバーは，約450年前の厳しい飢饉時に近隣民族によって家畜を盗まれたサンダウェが狩猟採集生活を再開した，というサンダウェによる語りを記している［Trevor 1947］．またバグショーは，サンダウェはバンツー系民族によって消滅させられた民族のうち残留した人びとの子孫であり，攻められた時に家畜と農耕技術を失い，叢林へ戻り再び遊動生活をおこなうようになったと推測している［Bagshaw 1924-25］．さらにニューマンは70年代までの論考のなかでは19世紀中ごろの説を支持していたが［Newman 1970］，1991～92年に出版した論考においては，狩猟採集社会と農耕社会の人口増加率の差異とサンダウェ社会の人口推移を根拠にしながら，自身の先行研究を否定し，16世紀の初期には狩猟採集から農耕へと生業基盤を移行していたと結論づけている［Newman 1991-92］．これらについてはまだ議論の余地があるが，いずれにせよ，サンダウェが政策や開発事業に翻弄されるよりも以前に，近隣民族との交流のなかで，農耕や家畜飼養を定着させたということだけは事実である．

5 「狩猟民」であり「農耕民」である

サンダウェの居住地域周辺には，多様な生業活動をおこない，異なる言語を話す複数の民族が居住し，これらの人びとの移動の歴史がサンダウェの生業変容に影響を与えてきた．それゆえ，サンダウェは植民地政府や独立後のタンザニア政府による開発政策や外部由来の経済に絡め取られることなく，狩猟採集を基盤とする生活から農耕を基盤とする生活への移行を，比較的ゆっくりと成し遂げたと考えられる．サンダウェが長い歴史のなかで，農耕の基盤を徐々に築き，一方で狩猟採集も維持してきたことによって，現在の彼らの複合的な生業実践が可能になった．

また，サンダウェ自身は過去に狩猟採集を生業基盤にしていたという歴史認識をもちつつも，今では農耕は生活の主要な部分を構成する重要な活動だと考え，彼らの帰属アイデンティティは「狩猟民」であり「農耕民」でもある．それは，上述のとおり他民族との交流のなかで長期的にゆるやかに生業を変容させてきたことに起因するだろう．

参照文献

Bagshaw, F. J.（1924-25）The People of the Happy Valley（East Africa）Part 3 The Sandawi, *Journal of the African Society* 24: 219-227.

池谷和信（2002）『国家のなかでの狩猟採集民——カラハリ・サンにおける生業活動の歴史民族誌』国立民族学博物館研究叢書．

Newman, J.（1970）*The Ecological Basis for Subsistence Change among the Sandawe of Tanzania*, National Academy of Science.

Newman, J.（1991-92）Reconfiguring the Sandawe Puzzle, *Sprache und Geschichte in Afrika* 12/13: 159-170.

Sands, B. E.（1995）*Evaluating Claims of Distant Linguistic Relationships: The Case of Khoisan*, UCLA Dissertations in Linguistics 14, Department of Linguistics, University of California, Los Angeles.

Ten Raa, E.（1986a）The Acquisition of Cattle by Hunter-Gatherers: A Traumatic Experience in Cultural Change, *Sprache und Geschichte in Afrika* 7(2): 361-374.

Ten Raa, E.（1986b）The Alagwa: A Northern Intrusion in a Tanzanian Khoi-San Culture, as Testified through Sandawe Oral Tradition, *Contemporary Studies on Khoisan* 2（*Quellen zur Khoisan-Forschung* 5-2）, R. Vossen and K. Keuthmann (eds.), Helmut Buske Verlag Hamburg, pp. 271-299.

Tishkoff, S. A., M. K. Gonder, B. M. Henn, et al.（2007）The History of Click-Speaking Population of Africa Inferred from mtDNA and Y Chromosome Genetic Variation, *Molecular Biological Evolution* 24(10): 2180-2195.

Trevor, J. C.（1947）The Physical Characters of the Sandawe, *Journal of the Royal Anthropological Institute of Great Britain and Ireland* 77: 61-78.

八塚春名（2012）『タンザニアのサンダウェ社会における環境利用に関する研究——狩猟採集社会の変容への一考察』松香堂．

III

王国・帝国・植民地と狩猟採集民

狩猟採集民のみで暮らしたり農耕民とのかかわりによって生活が維持された形は現代まで継続していると推察されるが，第III部では，王国，帝国，植民地のような複雑社会とのかかわりから狩猟採集民の実像が紹介される．その内容は，交易を中心として政治や宗教などまで多岐にわたる．また対象地域は，日本を含めた北東アジア，東南アジア，南部アフリカ，中部アフリカである．この他の世界においても同様の問題から事例を集めることが必要であるが，現時点ではこれらの研究は事例研究の段階であり体系化が進んでいない．

交易関係は，各地域の自然に応じた産物を獲得してそれを交換したり贈与したりするものである．以下，冷温帯と熱帯の事例が選ばれている．手塚（第9章）は，古代から近世にかけての北東アジアにおける狩猟採集民の歴史を隣人とのかかわりから展望している．古墳時代の日本列島は中央の農耕文化圏と北と南の狩猟採集文化圏に分かれていて，鉄や毛皮の交流があったことが指摘される．また，1300年前後において元朝とアイヌの間に紛争が起きていたという．サハリンでの毛皮や鷹の羽をめぐってニブフとアイヌが競合した際，元朝はそれらの産物を貢物としてささげるニブフを擁護したという．一方で，アムール河の河口域から北海道にかけて高度な海洋適応をしたオホーツク文化が展開した．さらには，狩猟採集民と農耕民の接触にかかわるモデルを紹介して，そのモデルが北東アジアの事例に当てはまるか否かを検討している．これらから，北東アジアにおいて様々な狩猟採集民の集団が隣人や前近代国家（古代や中世日本，靺鞨（まっかつ），渤海（ぼっかい），元など）とのかかわりのなかで存在していたことが明らかにされる．

また，熱帯の事例ではあるが，信田（第10章）は，マレー半島に暮らす狩猟採集民オラン・アスリを対象にして，彼らと隣人との関係をめぐる歴史的変化を展望している．具体的には，①7世紀や14世紀に勃興した王国の時代，②19世紀以降のイギリス植民地時代，③1941年からの日本軍占領期，④1948年からの非常事態宣言期，⑤1957年以降のマレーシア独立期のように時代区分され，とりわけ①と②の状況に焦点がおかれている．ここでは，森から収奪される資源が森林産物，木材，土地のように時代とともに変化しているが，オラン・アスリの側でも王国時代には自らの内陸交易ルートをつくるなど独自の対応をしてきた点を明らかにしている．この事例は，日本のアイヌやアフリカのサンの植民地状況の事例にも当てはまる内容が多く，世界の狩猟採集民の歴史的変化を考える際に参考になる点が多い．

一方で，歴史時代の狩猟採集民が，当時の大規模社会のなかで宗教や国家の政策の影響を強く受けていたのか否かも論じられてきた．とくに，これらは植民地の時代の研究においても顕著である．高田（第11章）は，現在のナミビアにあたる地域を対象にして，国内の北中部に暮らす狩猟採集民サンとキリスト教の宣教団との関係史について論述する．その結果，宣教団がサンのための土地を確保する事例，サンの平等主義的な生活が共同労働の仕組みを受け入れやすかった点，宣教団が育成したサンのリーダーが，共同体の紐帯（ちゅうたい）を活用した布教活動を推進した点などが指摘されている．

松浦（附論4）は，アフリカ熱帯雨林に暮らす狩猟採集民ピグミーを対象にして，彼ら・彼女らのフランスやベルギー植民地時代の状況を概説している．対象地は，現在のガボンを中心とするコンゴ盆地の西部とイトゥリの森などのある東部である．ピグミーは，地域や時代によって多様な側面もあったが，16～17世紀には象牙取引に関与していたこと，19世紀後半には王国との関係や毛皮や象牙の交易および奴隷貿易などを通して外部世界と結合していたことが指摘されている．また，論考では詳述されてはいないが，20世紀初頭や半ば以降に進行した定住化と農耕化が，必ずしも植民地政策とは直接的に結び付いていないことは興味深い点である．

以上のように，冷温帯と熱帯の事例ではあるが，当時の狩猟採集民の一部が孤立して暮らしていたのではなくて，王国や帝国のような複雑な社会とかかわって生きてきたことがうかがえる．とりわけ植民地以前のかかわり方は，交易のような経済関係が中心であった．

9　北東アジア経済圏における狩猟採集民と長距離交易

手塚 薫

9.1　広域的な物流のネットワーク

1991 年以降，筆者は千島列島のフィールドワークを数多く体験している．その際，近世にラッコ島と呼ばれたウルップ島の周囲に実に多数のラッコが遊弋する光景を間近に目撃してきた．また，ウルップ島で羽が傷つき飛べなくなり，ロシア人生物学者によって保護され，サハリンまで運ばれる途中の眼光鋭い野生オオワシの姿も強く脳裏に焼き付いている．独特の光沢を有するラッコ皮に代表される獣皮や，矢羽として需要が高い鷲羽，鷹狩りに使用するタカそのものも，少なくとも 12 世紀以降は特定の国家の枠内で完結するのではなく，北東アジア経済圏で北の財として等しく高い価値を与えられ広く流通した．そこで以下では，異なる生業活動が長期間対峙する北東アジアの長距離交易の特徴を掌握することにしたい．

元朝とアイヌは，1260 年代から 14 世紀のはじめにかけてサハリンやアムール川下流域においてたびたび紛争を繰り広げた．元朝の歴史をあつかった『元史』と『元文類』には「吉里迷」と「骨嵬」という集団同士の交易に絡む争いが記述され，それぞれ現代のニブフとアイヌの祖先を指すことが有力視されている．ニブフが生産する毛皮や鷹の羽などは，元朝への貢物として使用され，その見返りに中国産品が下賜された．したがってニブフを擁護する立場から元朝が介入したということになるだろう［中村 2001: 181］．アムール川下流からサハリンにかけて，各種の毛皮やワシタカ類が豊富でそれらは交易の元資となっていた．鷹狩にも使用された「海東青」という希少なタカの種も存在した［瀬川 2009: 146］．しかし同時にそれらは，アイヌが希求するものでもあった．アイヌはサハリンで毛皮やワシタカ類の羽を入手すると，当時東北地方の交易を支配していた津軽半島の豪族安藤氏の拠点十三湊までもたらした［中村 2014: 11］．タカを献上させる目的で元朝に任命されたニブフの「打鷹人」をアイヌが虜にしているとの「元文類」の記述はまさに貴重な鳥資源を掌握しようとするアイヌの企てを象徴している.

海獣皮や鷲羽をめぐる北東アジア特有の産物をめぐる抗争は，日本の古代史にも登場する.『日本書紀』に見える658年に始まる阿倍臣比羅夫らと「粛慎」との交戦記事であり，著名な沈黙交易の場面が登場する．当時，高句麗やその東方に存在すると考えられた「粛慎」はオホーツク文化を指すとする考えが有力である.

9.2 オホーツク文化とアイヌ文化

オホーツク文化とは，およそ5～12世紀にかけて，アムール川河口部，サハリン，北海道，千島列島に展開した先史文化であり，土器の型式編年にもとづき3時期に区分されることが一般的である．それは前期（5～6世紀），中期（7世紀前葉～中葉），後期（7世紀後葉～12世紀頃）となる．オホーツク文化は，宗谷海峡を望む北海道北端とサハリン南部の狭い範囲で成立した．オホーツク文化について以下の3つの特徴が指摘されている［熊木 2014: 1–2].

①遺物にみられる大陸的な様相．②遺跡立地や動物遺体に認められる高度な海洋適応．③住居内の「骨塚」など動物に対する独特の取り扱い方法.

①の大陸的な様相を裏づけるものとして，アムール川の中・下流域に分布していた靺鞨系文化に由来する遺物が，北海道の7～8世紀のオホーツク文化の遺跡からも出土している．それらは青銅製帯飾り，銀製耳飾り，青銅製小鐸などであり，ブタ，穀物とあわせ大陸文化との直接的な交流を物語る．このうち青銅製の帯飾りは靺鞨社会において特別な精神的意味を有するとされ，靺鞨系文化の領域以外からみつかっていない［臼杵 2005: 48]．靺鞨系集団の分布域にまで接近し，入手した金属製品をオホーツク文化内部に流通させるネットワークが存在したのである．靺鞨系文化は『旧唐書』『新唐書』など中国の文献のうえからは，半農半猟で社会組織も未成熟状態なままであり「粟末」や「黒水」などいくつかの部に分かれていたと評されるが，道具の鉄器化が進み，高い農業生産応力を有し，社会の複雑化も進んでいた［臼杵 2005: 49]．後代の渤海と同様に複合的な生業を実施していたらしい．また，大陸の靺鞨系文化の強い影響を受けて著しい斉一性を示す土器そのものが，千島列島やアムール川河

口部にかけての広い範囲に拡散し，オホーツク文化の中期には最大領域をしめる．前期に比べ集落数や住居址（し）数も増えているので，人口も増加したらしい．

しかし後期に入ると，地域ごとに在地の文化との関係が深まり独自の特徴を示すようになる．靺鞨系文化からの大陸産文物の流入は継続するものの，中期ほど靺鞨文化とオホーツク文化の関係は緊密ではなくなり，かわって擦文（さつもん）文化との関係が重要性をおびる．こうして大陸やサハリンとの関係が希薄になったオホーツク文化は，北上する擦文文化と融合し，トビニタイ文化へ変容をとげる．

一方，アイヌ文化の生業の特質は，伝統的な民族誌の記述や最近の炭素・窒素同位体による食性復元の結果から，狩猟と漁撈，なかでもサケなどの海産物に大きく依存する食生活を採集と農耕が補完するタイプのものであったと要約できる［米田・奈良 2015: 86–87］．オホーツク文化に顕著だった海生哺乳類の利用よりも海生魚類やサケ類への結びつきが強い．アイヌ文化は，擦文文化を母胎として 12 世紀頃の東北北部から北海道にかけての地域で形成されたと考えられており，その後サハリンや千島に進出し，それぞれの地理的な特性に適合した生業を展開していく．

北海道アイヌの場合，アイヌ文化の直接的な祖型とされる擦文文化の時代から定住的な村落をベースに雑穀類の栽培をも実施しており，狩猟採集との基本的な組み合わせは，近世に請負労働が開始されるころに制約を受けるものの，基本的には大きく変化してはいない．

オホーツク文化とアイヌ文化は，むしろ精神文化の面で共通性を有する．アムール川下流域からサハリンを経て北海道にいたる極東地方には，捕獲したクマの仔を一定期間飼育した後で「送る」特殊な儀礼が狭い地域に集中している．アイヌ文化のほか，オホーツク文化期の遺跡として知られる礼文島（れぶんとう）の香深井（かふかい）A 遺跡や 12 ～ 13 世紀の擦文文化終末期頃とされる羅臼町オタフク岩（いわ）洞窟でもその存在が推定されている．アイヌの飼育型熊送りがオホーツク文化からの影響を受けている蓋然性は高い．アイヌの世界観では，自身が獲得・利用する動物は天上界に住む神々が化身した姿であるとされる．アイヌが諸神（もろがみ）と互酬的な関係を結び，生活資源を安定的に確保する目的で行ってきた飼育型熊送りという複雑な儀礼が成立した背景には，極東全般に当てはまるような交易用の資源を安定的に獲得する必要性があったことが想定される．良質の矢羽に対する武家社会からの需要に対応して，ワシ類の飼養とシマフクロウの送り儀礼が発展するのも，これと共通の構造であろう．アイヌ語に交易用の毛皮を意味する「チホキ」（直訳すれば，買われるもの，つまり「商品」）という語や新しく二次的に構成された比較的小型の毛皮獣を指す「チロンヌプ」（直訳すれば，我々がどっさり殺すえもの）という語が広く分布していることもその傍証となる［中川 2003: 74-75］．また，考古学的な証拠として一例を挙げるなら，十勝の陸別町の 16 ～ 17 世紀頃に相当するユクエピラチャシ跡からは，ごく一部分の発掘にもかかわらず，1 ～ 4 歳齢という若獣を主体とする 300 頭のエゾシカが出土し，当時のエゾシカ資源量に影響を与えるほど生産効率を高めた「乱獲」があったことが指摘されているが，その狙いは自給以上に交易資源の獲得にあったというべきであろう［佐藤 2007: 213］．

9.3　デンネルモデル

ここで，狩猟採集民と農耕民の相互交流にかかわるデンネルが考案したモデルを紹介したい［Dennell 1985］．先史時代のヨーロッパで農耕が拡散していく過程で，農耕民の移住など農耕社会の強力で一方的な働きかけによって，狩猟採集社会が農耕社会へ変化していくという単純な伝播論を是正するために提示されたものだが，先史時代のヨーロッパという時代・地域に限定されない普遍性を有する（表 1）．モデル全体に通底する重要なポイントとして，まず，農耕民ではなく，狩猟民のイニシアチブで交流や交易に発展した可能性を取り上げている点を確認しておきたい．定住的な農耕民に比べ，遊動的な狩猟採集民は移動する範囲が広く，農耕民のそばに接近する機会が多い．農耕化は農耕民の働きかけがあってもなくても進展しうる．また，農耕民と狩猟採集民の接触の初期には，数百年にわたって双方の資源を交換しあう段階があり，文化的にも経済的にも独立した集団として機能するという．フロンティアにおいて対峙する集団間で，自らの領域では生産できない物資を互いに提供しあうことで依存する交易関係である．

なかでも，狩猟採集民から農耕民への移行が漸次進展する場合や，恒常的な接触以前に食料生産の集中化や探索範囲の拡大という動きがあったという指摘は重要である［Dennell 1985: 128］．狩猟採集民が森林資源の管理を高め，食用植

表1　狩猟採集民と農耕民の間のフロンティア類型［Dennell 1985］

<table>
<tr><td rowspan="5">移動</td><td rowspan="3">透過</td><td>同化</td><td>農耕民へ同化</td></tr>
<tr><td>獲得</td><td>農耕文化の受容</td></tr>
<tr><td>自然拡散</td><td>家畜などの越境</td></tr>
<tr><td rowspan="2">非透過</td><td rowspan="2">移住</td><td>農耕民と交替</td></tr>
<tr><td>無人領域への拡散</td></tr>
<tr><td rowspan="3">静止</td><td rowspan="2">開放</td><td>共生</td><td>交換</td></tr>
<tr><td>寄生</td><td>略奪</td></tr>
<tr><td>閉鎖</td><td>非接触</td><td>ノース人とイヌイットの間に生じたケース</td></tr>
</table>

物の量を増加させること，沿岸地帯の水生動物を集中的に利用し，浅瀬からより深海の魚に対象を拡大していくことが含まれる．北海道でも同じ現象がみられる．弥生文化併行期頃の続縄文文化では縄文文化では利用しなかった特定の生物ゾーンに地域ごとに独自の方法で開発の手がおよぶ［高瀬 2014: 29-30］．また，オホーツク文化では大陸の半農半猟的飼育民との接触を通じ，実際にブタやイヌを飼育しており，栽培植物の存在も知られ，単純な狩猟採集民とはいえない性格を有している［山田・椿坂 1995: 115-117］．このように，北東アジアには複合的な生業で食資源を確保する狩猟採集民が多い．漁撈，狩猟，採集，家畜飼養などの各種の生業に作物栽培を組み合わせた生業のことであり，アイヌ文化の特徴でもある．農耕の受容については，農耕だけに着目するのではなく，それを入手した狩猟採集民の側の，威信が高まるような財（たとえば恒久的な住居，土器，磨製石器，家畜，穀物）や冬季の食料探索の負担が少ないという生活様式などにも注意すべきであろう．

デンネルモデルにはヨーロッパでは生じなかった状況を含め，様々なケースに対応可能な8通りの類型がある（表1）．まず，上の「移動」と下の「静止」に大別できる．移動と静止の違いは，農耕民と狩猟採集民の間で，農耕および農耕にともなう文物（たとえば土器）の移転がみられるかどうかにかかわっている．ある産物が農耕民から狩猟採集民にもたらされても，それがフロンティアを超え，生産された場所以外で消費されただけの場合は「静止」に分類される．さらに「移動」は，両者が直接接触する「透過」と接触しない「非透過」に分類される．「透過」は接触がもたらす結果として上から順に，狩猟採集民が農耕民との密接な関係を通じ，明確かつ直接的に農耕民へ同化する「同化」，農耕民の移住はみられないが農耕資源や農耕技術を狩猟採集民が獲得する「獲得」，人の助けを借りずに生物資源などが自然にフロンティアを越境し拡散していく「自然拡散」が想定されている.「非透過」の「無人領域への拡散」は，以下に述べるような理由で，農耕民がそれまで居住していた狩猟採集民と直接遭遇せずに入れ替わるケースである．農耕民が待ち込んだ病原菌によって免疫のない狩猟採集民が激減するという可能性であり，北米やオーストラリアの接触期に生じた.

「静止」は，狩猟採集民が農耕資源の活用や農耕民への同化の魅力を感じていない場合であり，農耕民の側からすれば農耕する価値のある土地だとみなしていない場合である.「静止」はさらに「開放」と「閉鎖」に区分できる.「開放」は幅広い有用な物資がフロンティアを通じ往来する「共生」と，否定的互酬性の性格が卓越するもの，狩猟採集民が農耕民の資源を略奪，拉致するような「寄生」に区分できる.

最後に「静止」のうちの「閉鎖」(図の1番下）であるが，両者の間にまったく交渉が認められない場合であり，農耕民の側に防御的な構造物の建設もみられない．10～14世紀のグリーンランドにおけるノース人（古代スカンジナビア）とイヌイットの場合である.

以上述べたように，このモデルで重要な点は急速な農耕化だけでなく，長期的に資源や技術が徐々に浸透することも説明できることである．北東アジアにみられる複合的な生業をもつ文化も隣接する農耕文化からの長期的な影響を受けていたと考えられる.

9.4　大陸など外部社会の文物へのアクセス

日本列島の南端と北端の文化は，日本列島中央の影響を受けつつ，狩猟採集経済から生産経済に移行する様相をみせながらも自立性の高い独自の社会を形成し，中央を意識したエキゾチックな産物の生産と流通にも積極的にかかわっていた［藤本 1988: 12]．平安時代の京都では，矢羽に使用する鷲羽や馬具に使用する水豹皮(あざらし)など，北海道以北に確実につながる産物が高価に取り引きされた．そして，南からは，薩摩(さつま)・大隅(おおすみ)を経由して中国からの輸入品である茶碗，唐硯(とうけん)や南西諸島産の赤木，檳榔(びんろう)，夜光貝が平安貴族の生活文化を彩った［柳原 2004:

85]．このように，南北の文化圏は日本列島内部で完結するのではなく，さらに外部へと拡張する広域の物流ネットワークを形成していた．外部社会との接合の過程で，稀少財や威信財などの価値の相違を前提とした物資の長距離交易やそれらの資源の象徴利用が活発になる．それぞれの文化圏におけるローカルな資源の開発と流通を検討する際，北東アジア全体の動向を見据えた理解が欠かせない．

靺鞨に後続する渤海は，727年以来，古代日本との間で継続的な交流を行った．渤海からの使者は35回，日本からも13回の使者が派遣された［赤羽目 2015: 127-129］．渤海から日本に向かう航路は，北回り航路，朝鮮半島東岸航路，日本海横断航路の3つに大きく区分され，そのうち前半の8世紀代に主流だったのが，沿海地方を陸地沿いに北上し，渤海領北端でサハリンまたは北海道に渡航し，東北地方に南下する北回り航路である．日本海を横断する距離が短く，小型船が中心だった渤海使にとって好都合であったが，たびたび蝦夷の被害に遭った［赤羽目 2015: 133］．渤海は，養豚，狩猟，漁撈，イヌ，ウシ，ウマの飼育の他に農業と養蚕もあり，繊維製品，工芸品，鉱産品，土器，陶磁器，磚瓦の生産もあった［鈴木 2005］．鹿角は鏃・刀・飾具・帯鉤などの加工・製作にも使用され，これらが周辺の狩猟採集民に貫流する物質文化の一部をかたちづくった．渤海使は毛皮交易商といわれるほど日本訪問の目的は毛皮類を中心とする貿易であった［林 2015: 38］．人参や薬草，蜂蜜などの日用品もあったが，だんぜん人気があったのは毛皮類であった［林 2015: 39］．王室間の公的な貿易にとどまらず，私的な貿易も盛んであった．795年の13回目の渤海使が蝦夷の妨害に遭い，北回り航路は閉ざされる．

9.5　長距離交易で行き交う資源

オホーツク文化とその前期に存在した続縄文文化との消極的な協力体制は，「静止」「開放」「共生」に分類されよう[1]．しかし，擦文文化とオホーツク文化中期以降の関係は，擦文文化の拡大に押されて占有領域を縮小させており，

1）オホーツク文化の前期に相当する北海道東部の枝幸町音標ゴメ島遺跡では，オホーツク文化前期の土器と同時期の続縄文文化最終末の土器がまとまって出土しており，オホーツク文化と続縄文文化が互いに協力体制を築いていたことがわかる［熊木 2014: 7］．

直接の接触はむしろ避けられている．拡散したときにオホーツク集団がすでに移動して近辺に存在していないとすれば，「非透過」で「移住」とみなせる．ただし，鉄製品などの供給は，大陸との関係が後退したあとは擦文文化に依存せざるをえず，必要最低限の接触は維持されていた．オホーツク文化は最終的に遺跡立地や土器・住居までもが擦文化するという「トビニタイ文化」を経て擦文文化に吸収されるので「透過」の「同化」で幕を閉じる．

貴重な大陸系物資への依存には，その見返りの物資が必要になるが考古学的に特定するのは難しい．毛皮やワシタカ類の鳥そのもの，もしくはその尾羽であった可能性が近年注目されている．続縄文文化からアイヌ文化期にかけて交易ルートの拡大と北方交易で重要性をます産物の変化との関係は図1のようにまとめられる[2]．アシカ皮やクマ皮のような単純なものから，外部社会で次第に需要を増したワシタカ，クロテン，干鮭（からさけ），ラッコを含む複雑なものに発展している．実際，アイヌのサハリン進出以前に，擦文文化がオホーツク文化のかつての領域に広がり，11世紀以降オホーツク海沿岸や道東部に大規模な集落が形成される．農耕やサケ漁に適さない地域に進出するのは，交換価値が高い資源に集中的に労働力を投入し，食料や生活財を自給自足から交易により獲得する段階に入ったためであり，ワシ類の羽の獲得が重要性を増した［澤井 2008: 232］．渤海建国前の複数の北東アジア諸集団が唐に朝貢していた産物にワシタカ羽が含まれており，オホーツク文化期にもすでにボーラ（石弾つき投げ縄）を使ってワシ羽を捕りアムール川流域に移出し，大陸産品を入手していた［瀬川 2009: 150-152］．擦文文化期には羽類の多くは東北を経由して本州中央部に流通したが，オホーツク文化期のそれはおもに大陸に運ばれたのであろう．毛皮は室町期に日本社会に豊富に流入していたが，それに劣らず古い歴史を持つのは，尾羽である．『西宮記』によれば，賭弓（のりゆみ）の儀式に用いられる矢羽が早くも10世紀には北から搬入したことを伝えている［蓑島 2015: 196］．

一方，南との関係をみれば，7世紀半ば以降東北の古墳文化の北上は東国からの移民を軸として展開した．律令制への道を歩み始めていた古代国家の東北北部を掌握しようとする政策が反映している．北進した古墳文化と東北地方に残存した続縄文文化系につながる伝統を保持したグループとの同化によって成

2）この図の「アイヌ社会」は，続縄文文化から擦文文化を経由してアイヌ文化にいたる幅広い意味で使っており，多くの研究者の用語の使用法とは異なることに注意されたい．

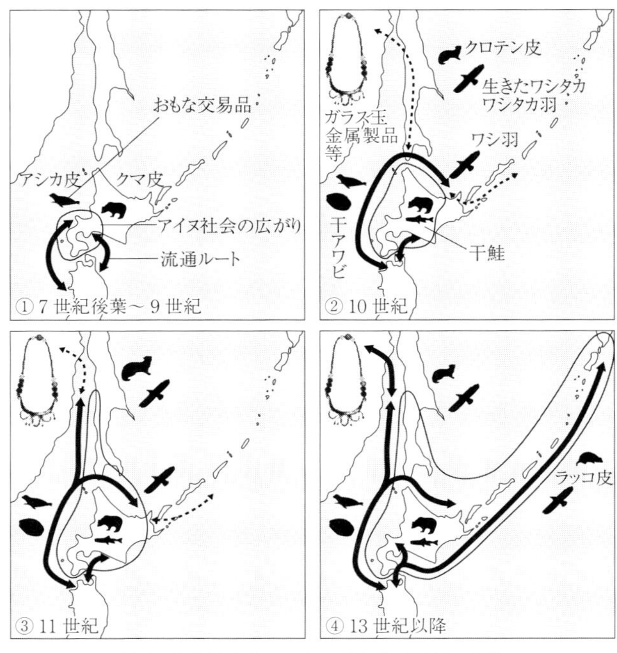

図1　先住民交易ルートの拡大と交易品の変化
（瀬川［2015: 57］掲載図より）

立した集団が道央部に移住し，擦文文化の形成が始まった［小野 1998: 9］．擦文文化形成には諸説あるが[3]，続縄文文化に帰属する人々が東北に移住し，その後継者らが古墳文化に服属し，故地の北海道に再移住し，新しい土器製作方法や農耕技術の移転などがみられたとすれば，「移動」の類型にあてはまる．在地系のグループとの関係が重要となるが，移住と同時に先住者との関係も必然的に生じるので，デンネルの図式に当てはめれば「透過」と「非透過」の折衷が必要となろう．在地系グループとの関係は明らかでなく，「透過」なのか「非透過」なのかは，にわかに判断できない．場合によってはそれらの折衷だったかもしれないからである．移住者は雑穀農耕や馬飼いなどの「先端」技術を有している場合があり，在地民に「導入」を促した可能性がある．

3）在地の集団が土師器文化との交流を通じ自生的に擦文化したという見解と対立している［小野 1998: 4］．

9.6 集約・商業的な狩猟採集文化への転換

「北の文化」の活発な交易をささえた続縄文文化からアイヌ文化までの交流を概観するだけで，デンネルモデルの多くの類型が登場した．このモデルは交流の目的を明らかにするには適さないが，一定の地理学空間の内部にほぼ同時に異なる類型が併存しうる可能性を示唆している．異なる集団同士の接触の仕方が多様であり，同一集団が長期間１つの類型にとどまらない．狩猟採集民と農耕民の間にグラデーション的な生業段階があることも大きく作用している．移住をともなわずに重要な技術や生活様式の導入がはかられる例もあれば，移住によって社会の変革が生じる場合もある．魅力的な資源や価値がただ一方通行的に流れるのではなく，相互の関与の仕方を注視することが肝要になる．

自給自足型の生業様式から，明確な需要があり，他集団に移出するための資源の生産にシフトができるためにはそれを可能にするだけの生活物資の安定的な供給体制が構築されなければならない．その意味では，鉄製農耕具の改良と普及により靺鞨・渤海社会で農業生産が飛躍的に増大していた事実は重要である．

つまり本章が明らかにしたのは，オホーツク文化が北東アジア経済システムに編入されていたことである．このシステムはいくつもの国家やその成立の途上にある社会組織から成る経済上の統一体であって，特定の国家のような政治的統一体に帰属しているものではない．中国文献の記述を鵜呑(うの)みにすれば，７世紀代の国家は唐・倭・新羅などに限られ，それ以外はこれらに依存する狩猟採集社会に分類されてしまう．しかし，こうした前近代国家の求心力を過大に評価することには慎重でなければならない．それらに準ずる力をもっており，実際に多くの周辺民族と朝貢交易に近い関係を結んでいた靺鞨系文化の存在は，北東アジアにおいて，狩猟採集社会から国家にいたる社会形態の間に様々な組織の形態があることを示唆しているからである[4)]．北東アジアでは狩猟採集から遊牧，農耕にいたる様々な生業基盤を有する諸集団が隣接し複雑にかかわりあうなかで独特な地域経済システムが形成されており，それぞれの狩猟採集集団が接合を深めたり弱めたりしながら独自の手法でそれに関与していたのであ

4）内陸アジアの遊牧文化圏との交易関係も存在した［臼杵 2005: 48］．

る．

以上述べたように，オホーツク文化とその後のアイヌ文化は，北東アジアにおける地域経済を構成するパーツとして機能しており，それらを単独に取り扱うことはシステムの全体像を曖昧にしてしまう．中国歴代王朝の巨大な毛皮，ワシタカ羽の需要はもちろんのこと，あるいは前近代国家としての古代日本のそれも，北方の先住民の資源や土地の利用形態の変化をもたらし，それらの集団間の交易関係を拡大させ複雑化させた．こうしたことが人類史における土地利用の変遷と軌を一にしている動きであるのは見逃せない．フォーリーらの世界規模での研究によれば，農耕が始まったころの土地利用は自給的なポリカルチャー（多品種小面積栽培）主体であったものが，近代以降人口が激増し，収益性の高い作物への需要が拡大するのにしたがって集約的で商業的なモノカルチャー（単一種大面積栽培）へと姿を変えたという［Foley et al. 2005: 571］．同様の現象が，毛皮交易の発展以降，希少価値があり，特定の社会階層のステイタスとなった特定の動物資源を商業利用し始めた北東アジアの狩猟採集文化にも見られたことになる．

参照文献

赤羽目匡由（2015）「上京城と平城京」『古代環東海交流史 2 渤海と日本』東北亜歴史財団編，羅幸柱監訳，橋本繁訳，明石書店，pp. 117–135.

Dennell, R. W.（1985）The Hunter-Gatherer/Agricultural Frontier in Prehistoric Temperate Europe, *The Archaeology of Frontiers and Boundaries*, S. Green and J. Perlman (eds.), Academic Press, pp. 113–139.

Foley, J. A., R. DeFries, G. P. Asner, et al.（2005）Global Consequences of Land Use, *Science* 309: 570–574.

藤本強（1988）『もう二つの日本文化——北海道と南島の文化』東京大学出版会.

林相先（2015）「渤海と日本の交流史」『古代環東海交流史 2 渤海と日本』東北亜歴史財団編，羅幸柱監訳，橋本繁訳，明石書店，pp. 31–39.

熊木俊朗（2014）「オホーツク文化と周辺諸文化の交流——オホーツク文化前半期に関する最近の調査成果から」『歴史と地理』675: 1–14.

蓑島栄紀（2015）『「もの」と交易の古代北方史——奈良・平安日本と北海道・アイヌ』勉誠出版.

中川裕（2003）「言語からみた北方の交易」『北太平洋の先住民交易と工芸』大塚和義編，思文閣出版，pp. 73–77.
中村和之（2001）「“北からの蒙古襲来”の真相」『歴史読本』2001年6月号：176–181.
中村和之（2014）「“北からの蒙古襲来”について」『歴史と地理』677: 1–14.
小野裕子（1998）「北海道における続縄文文化から擦文文化へ」『考古学ジャーナル』436: 4–10.
佐藤孝雄（2007）「ユクエピラチャシ跡の脊椎動物遺体」『史跡ユクエピラチャシ跡——平成14～16年度発掘調査報告書』大鳥居仁編，陸別町教育委員会，pp. 203–244.
澤井玄（2008）「11～12世紀の擦文人は何をめざしたか——擦文文化の分布域拡大の要因について」『エミシ・エゾ・アイヌ』榎森進・小口雅史・澤登寛聡編，岩田書院，pp. 217–246.
瀬川拓郎（2009）「蝦夷の表象としてのワシ羽」『中世東アジアの周縁世界』天野哲也・池田栄史・臼杵勲編，同成社，pp. 135–157.
瀬川拓郎（2015）『アイヌ学入門』講談社.
鈴木靖民（2005）「入唐求法巡礼行記の世界の背景——渤海国家の交易と交流」『平成16年度科学研究費補助金研究成果報告書（研究実績報告書）基盤研究C（2）「『入唐求法巡礼行記』に関する文献校定および基礎的研究」（研究代表者：田中史生）』（http://www.junreikoki.jp/pdf/suzuki.pdf　2015年11月7日閲覧．頁数非表示）.
高瀬克典（2014）「続縄文文化の資源・土地利用」『国立歴史民俗博物館研究報告 185: 15–62.
臼杵勲（2005）「北方社会と交易——オホーツク文化を中心に」『考古学研究』52(2): 42–52.
山田悟郎・椿坂恭代（1995）「大陸から伝播してきた栽培植物」『“北の歴史・文化交流研究事業”研究報告』北海道開拓記念館編，pp. 107–134.
柳原敏昭（2004）「中世日本の北と南」『日本史講座第4巻 中世社会の構造』歴史学研究会・日本史研究会編，東京大学出版会，pp. 77–105.
米田穣・奈良貴史（2015）「アイヌ文化における食生態の多様性——勝山館跡・お浪沢遺跡出土人骨の同位体分析」『季刊考古学 特集アイヌの考古学』関根達人編，pp. 86–87.

10 統治される森の民
――マレー半島におけるオラン・アスリと隣人との関係史

信田 敏宏

10.1 はじめに

オラン・アスリは，遠い昔からマレー半島の森のなかで狩猟採集生活を送ってきた「森の民」である．前植民地期の王国時代，イギリスによる植民地時代，日本占領期，非常事態宣言期，マレーシア独立後の開発とイスラーム化の時代，そして，グローバル化の現在，いずれの時代も，オラン・アスリの森での暮らしは平穏無事とは言いがたく，その生活はときどきの為政者や権力者の思惑に翻弄され続けてきたと言っても過言ではない．しかし，彼らは決して孤立無縁な存在ではなく，隣人との関係を変化させながら，激動の時代を生き抜いてきたのである．本章では，マレー半島の森を舞台に，オラン・アスリがマレー人や華人といった隣人との関係をどのように築きながら生きてきたのかを，歴史的観点から明らかにしてみたい．

10.2 オラン・アスリ

オラン・アスリは，マレーシアのマレー半島に暮らす先住民の総称である（12 章図 1 参照）．18 の諸民族から構成されるオラン・アスリは，生業や言語などを基準に，伝統的に狩猟採集を行なっていたネグリト系，焼畑移動耕作を行なっていたセノイ系，定住型農耕に従事していたムラユ・アスリ系の 3 つのグループに大きく分類されている．現在の人口は約 20 万人で，マレーシアの総人口（約 3000 万人）の 1%にも満たないマイノリティの民族集団である．

それぞれの諸民族は焼畑や農耕に従事してはいても，同時に狩猟も行なってきた．狩猟はオラン・アスリにとってアイデンティティを象徴する生業であるが，現在，マレー半島において生計のために狩猟を行なっている民族は，オラン・アスリ以外に存在しない.

10.3 王国の時代——マレー人との両義的関係

7世紀に勃興したシュリービジャヤ王国, 13世紀からのマジャパイト王国, そして15世紀のマラカ王国という王国の時代, マレー半島は中国とインド, さらにはアラブ地域を結ぶ東西交易の中継地として栄えていた. マレー半島の内陸部の低地では農業が発達し, そこで栽培される穀物や胡椒, 果物は港の町に供給された. 山間部の森林地域からは, ラタンや竹, 樹脂や香木などの森林産物が集められ, 商品として海上交易を通じてインドや中国などに運ばれていった. 1511年にマラカがポルトガルに占領されて以降, 海上交易は, ポルトガルやオランダ, イギリスによって支配されるようになったが, 王国や王国が支配する後背地での農業生産, 森林産物の交易は基本的に, 19世紀にイギリスの植民地化が本格化するまで従来のまま維持されていた.

この王国の時代, マレー半島は, 熱帯雨林のジャングルにおおわれ, マラリアなどの熱帯の病気の温床にもなっていて, 人口が希薄であった. そのため, あまり人を寄せ付けない森のジャングルは, オラン・アスリの独壇場であった. 当時, 彼らは, セマン, サカイ, ビドゥアンダなど, 様々な名称で呼ばれており, 精霊信仰を行なう未開の民族, 狩猟採集民と見なされていた. 5世紀頃からイギリスによる植民地化が本格化する19世紀まで, オラン・アスリは森林産物の採集者として, マレー半島の経済に重要な役割を果たしてきたと言われている [Dunn 1975: 108-109].

15世紀にマラカ王国がイスラーム化し, マレー人の多くがイスラームへ改宗していった後も, オラン・アスリはイスラームへ改宗することなく, 森の奥深くや森の周辺部に暮らしていた. 森にはアニミストのオラン・アスリ, 沿岸部や低地にはイスラーム教徒のマレー人というすみ分けがなされていたのである.

森林産物の交易

マレー半島の交易ネットワークは, 主要な河川とその支流により形成されていた. 上流・源流の森林地域にはオラン・アスリの集落, 中流・下流にはマレー人の村落, そして下流あるいは河口にはマレー人支配層(その頂点には国王）というのが，その交易ネットワークの大まかな配置である．土地の占有よりも人の掌握が支配の根幹であったこの時代の支配形態は，上流から下流への朝貢関係ないし従属関係であり，それは「パトロン－クライアント関係の連鎖」として概念化される［cf. 関本 1987: 23］．

マレー人をパトロン，オラン・アスリをクライアントとする森林産物の交易は，具体的には，次のようにして行なわれていた．マレー人の要望によってオラン・アスリが採集した森林産物（ラタン，竹，沈香，象牙，樹脂，白檀，樟脳など）は，マレー人が持っている塩，米，鉄などと物々交換され［Gomes 2004: 2］，河川を利用して下流に運ばれ，河口を拠点とするマレー人支配層の元に集積された．そして，王国の首都に集められ，そこから中国やインドなどに運ばれていったのである．

この河川交通を利用した交易ネットワークにおいて，オラン・アスリは「森林産物の採集者」としてのニッチェを確保していたが，その一方で，オラン・アスリは実質的にはパトロンであるマレー人に雇われたクライアントであり，オラン・アスリが塩，米，鉄などの品物を得るには，マレー人との取引が必要不可欠であった．ここで留意しなければならないのは，取引の主導権を握っていたのはマレー人であったということである．マレー人側の需要がなければ取引は成立せず，オラン・アスリはマレー人を通してしか外部の品物を得ることができなかった．こうして，国王を頂点とするマレー人支配層は森林産物の採集者としてのオラン・アスリに価値を見出し，オラン・アスリを直接的あるいは間接的に支配することにより，一方的かつ独占的な経済的利益を得ていたのである．

労働提供，奴隷

ネグリト系や一部のセノイ系などの，農耕をしない純然たる狩猟採集民タイプのオラン・アスリは，しばしば，隣人であるマレー人に農作業などの労働を提供していたとされている．この場合のマレー人との関係もまた，雇い主であるマレー人と雇われ人のオラン・アスリという，パトロン－クライアントの関係であった．例えば、ドイツの民族学者シェベスタは，王国時代から続いていたこうした関係について、次のような報告を行なっている．

私がセマンのグループと出会った場所はどこでも，セマンはマレー人との間にある種の取り決めを交わしていた．マレー人にとってセマンは，森林産物をもたらしてくれる存在であった．森林産物は，米，ナイフ，衣服などと交換された．マレー人は，「森の小人たち」の保護者を自認していたが，いつも彼らを公正に扱っていたとは限らず，しばしばこの取り決めを利用して個人的な利益を得ていた．すなわち，マレー人がセマンの労働力を必要とする時には，彼らを森から呼び出し，不当な報酬で働かせていたのである．[Schebesta 1973 [1928]: 32]

マレー人を上位，オラン・アスリを下位とする関係性は，奴隷略奪という事実のなかにも如実に示される．奴隷制を存立の基盤の一つとしていたマレー王国はイスラーム国家であり，同胞であるイスラーム教徒の奴隷を禁止していたので，イスラーム教徒ではないオラン・アスリが，マレー人の奴隷となっていた．そのため，当時のオラン・アスリは，奴隷，隷属者を意味する「サカイ」と呼ばれていた．

マレー人の襲撃者たちは暗くなるまで身をひそめて待ち，サカイが就寝すると略奪を開始する．彼らはライフルを所持し，恐怖と混乱を引き起こすために撃ちまくる．サカイの家族たちは恐怖と混乱のなかで右往左往し，襲撃者たちの格好の餌食となってしまう．襲撃者たちは，女性や子どもの金切り声が聞こえると現場に急行し，子どもたちの頭を殴り，気絶させる．子どもたちはさらわれ，奴隷として売られる．[Skeat and Blagden 1966 [1906]: 532-533]

このように，マレー人の奴隷略奪者たちは，たびたび，オラン・アスリの集落を襲撃し，子どもを略奪し，奴隷として売りさばいていた．大人たちはその場で殺され，子どもだけが奴隷として連れ去られた理由として，以下のような説明がなされている．

大人のサカイやセマンは市場価値がない．彼ら大人は奴隷化することができず，必ずといってよいほど森や山に逃げ帰ってしまう．未熟な子どもたちが一般的に所望される．子どもたちは自分たちの部族の言葉や森の生活を知らずに成長する．したがって，子どもたちには逃げる理由がほとんどないのである．ペラ，クダ，パタニの境界域で，マレー人の間で隷属状態にあるサカイやセマンの奴隷に出会った．時には子どもの奴隷，時には大人の奴隷であったが，大人の奴隷は子どもの時から奴隷であった．［Maxwell 1880: 46; Endicott 1983: 222］

以上のように，オラン・アスリはマレー人に対して森林産物ばかりでなく，労働力や奴隷をも提供しており，マレー人とオラン・アスリの関係は必ずしも対等で友好的なものとは言えなかった．奴隷略奪が行なわれていた時代（奴隷略奪はイギリス植民地時代初期まで続いた），マレー人との接触を恐れて，オラン・アスリは「沈黙交易」的な物々交換を行なっていたとの報告もある［Skeat and Blagden 1966［1906］: 225-227, 229; Endicott 1983: 228］．

オラン・アスリの戦略

しかしながら，オラン・アスリは，マレー人の支配に手をこまねいていただけではなかった．彼らは，マレー人との河川交易とは別に，森のなかに独自の内陸交易ルートを確保していた［信田 1996］．イギリス植民地時代の研究者によってその存在が明らかにされた内陸交易ルートは，王国時代から続いていたものであり，それは，森のジャングルにおおわれた幅の狭い小道で，河川に沿った道が大半であったが，なかには，山を越える道や分水嶺を越える道もあった．これらの道は，単に山や川を越えるだけでなく，王国の境界や民族の境界をも越えるルートとして重要な意味を帯びていた．こうした内陸交易ルートを見ると，オラン・アスリがマレー人に支配されるだけの受動的な存在ではなく，森の中を自由に行き来し，時には，王国のテリトリーを越え，その支配から逃れるような動きを見せていたことが分かる．オラン・アスリの戦略的とも言えるこのような行為は，この時代から現在までのオラン・アスリの主体性や自律性を考察する上で重要な視点を提示している．

10.4　イギリス植民地時代――新たな隣人との出会い

19 世紀にイギリスがマレー半島を植民地化し，道路・鉄道網が整備されるようになると，河川交易ネットワークの重要性は相対的に弱まり，マレー人支配層はイギリス植民地政府により独占的権力を次第に奪われていった．イギリス植民地政府は，奴隷制を廃止するなど，マレー人による人（奴隷）や資源（森林産物）の支配からオラン・アスリを解放する一方で，オラン・アスリの生活の場である森を直接的に統治し始めたのである．

移民の流入

イギリス植民地時代，スズ鉱山やゴムのプランテーションの開発が本格化し，マレー半島には華人やインド人，さらにインドネシア各地から多くの労働者が移住してきた．その結果，オラン・アスリをめぐる民族間関係は複雑な様相を呈するようになっていった．とりわけ，華人が森林産物の交易に参入したり，オラン・アスリ女性と華人男性との通婚が増えたりするなど［Harper 1997: 9; Kathirithamby-Wells 2005: 131–133］，オラン・アスリと華人との関係が密接になっていったことは，後々の華人との関係性に大きな影響をもたらした．

一方，スズ鉱山やゴムのプランテーションは，低地だけでなく森林地域にも拡大していき，森林伐採により森の環境が悪化していった．スズ鉱山では精錬のための燃料として，また，鉱山で働く労働者の生活燃料や家屋の建材として，木材が必要とされた．さらに，労働者の食糧を確保するために耕作地も拡大した．移民たちの耕作は移動型耕作が主流であったため，森林は次々と切り拓かれていった．

土地の区画化

無法な開発と人口の増加が進み，それまで無尽蔵にあった土地は不足していった．こうした状況のなか，森の開発をコントロールするため，イギリス植民地政府は20世紀前後から森の土地を区分けし，森林管理を本格化させていったのである．1913年には，マレー保留地法が制定され，土地の売買やリース契約，抵当化の権利がマレー人に与えられた［水島 1994］．こうして，マレー半島の土地は，売買自由な「譲渡可能地」（私有地），「州の土地」（公有地），森林局（1901年に設置）の管理下にある「森林保留地」，「マレー保留地」などに区画化されていった．

森の土地の区画化は，オラン・アスリの焼畑移動耕作に影響を与えた．従来，オラン・アスリの焼畑移動耕作は，ある程度広い面積のテリトリー内を一定の時間間隔を置きながら行なわれていたが，土地が区画化されることにより，耕作が可能な土地の面積が狭まった．そのため，焼畑のローテーションが短くなり，土壌が悪化し，収穫が減るなどの影響が出たと考えられる．実際，ヌグリ・スンビラン州にある筆者の調査村では，20世紀初頭，村びとは移動耕作を止めて，水田耕作を開始して定住生活を送るようになったのだが，それは，周辺でのスズ鉱山開発に続き，ゴムのプランテーション開発がなされ，森林保留地やマレー保留地が設定されていき，彼らのテリトリーが次第に狭まっていったことと関係していたと推察される．

サカイ保留地

森林保留地やマレー保留地での狩猟採集や焼畑移動耕作は処罰の対象となるなど，それまで森を自由に動き回ることができたオラン・アスリは，次第にその行動範囲が制限されるようになり，彼らの生業も大きな影響を受けることになった．こうした危機的状況に対して，イギリスの人類学者ヌーンは，オラン・アスリ保護の観点から，ペラ州でサカイ保留地の設定を可能とする法律を1939年に制定させたが［Kathirithamby-Wells 2005: 179-180］，それは森の土地の区画化が終了しつつある時期であったため，限定的な効果しかもたらさなかった．

サカイ保留地の制定（後にオラン・アスリ保留地となる）など，次の時代の萌芽的な政策も出てはいたが，こうした動きは日本占領期（1941 ～ 1945年）や非常事態宣言期（1948 ～ 1960年）によって，中断を余儀なくされた．

日本占領期・非常事態宣言期

日本占領期には，多数の華人が日本軍による迫害を恐れ，オラン・アスリが暮らす森林地域に移住した．彼らはオラン・アスリの協力を得ながら，マラヤ共産党が結成した「マラヤ人民抗日軍」を支援する活動を展開していたのである［Harper 1997: 12-14］．

マラヤ人民抗日軍と協力して日本軍と戦っていたイギリス植民地政府は，戦後，独立構想をめぐり抗日軍と対立し，抗日軍への弾圧を開始した．マラヤ共産党は「マラヤ民族解放軍」を結成し，イギリス植民地政府軍との戦闘が始まった．1948年，非常事態宣言が発令された．マラヤ共産党の共産ゲリラは，森のジャングルに潜伏し，オラン・アスリの支援を受けながら，植民地政府軍と戦った．共産ゲリラと共に，植民地政府軍との戦闘に参加するオラン・アスリも多く，華人の共産ゲリラのなかには，オラン・アスリを母に持つ人たちも多くいたと伝えられている．

一方，イギリス植民地政府は，オラン・アスリを共産ゲリラから引き離し，オラン・アスリの支持を勝ち取るために，医療や食料配給などの社会的サービスを開始して，オラン・アスリの共産主義化を防止することに力を注ぐようになった．非常事態宣言期の真っただ中の1953年，イギリス植民地政府は，オラン・アスリの統治を強化するため，オラン・アスリ行政に特化したオラン・アスリ局（原住民局）を設置し，翌1954年には，オラン・アスリの土地権や社会福祉などについて定めたオラン・アスリ法（原住民法）を制定した．これらは，共産ゲリラに対する軍事戦略上の措置として位置づけられていた．

イギリス植民地政府の側に立っていたマレー人によるイスラーム化の圧力も強まり，マレー半島各地で宣教活動が活発化し，マレーシア独立までに，約9%のオラン・アスリがイスラームへ改宗し，独立後には，マレー人として生きていくことになったと言われている［Harper 1997: 27-28］．独立後のマレーシア憲法では，マレー人は「イスラームを信仰し、マレー語を話し、マレーの慣習に従う者」と規定されている．出自を問わないこうした定義では，イスラーム教徒になったオラン・アスリがマレー人となりうる可能性は十分にある．

この動乱の時代，オラン・アスリは，華人中心のマラヤ共産党とマレー人が加担するイギリス植民地政府との綱引きに翻弄され，戦闘で死亡したり，収容施設での過酷な生活のために亡くなるなど，多くの犠牲者を出すことになった［Harper 1997: 18-21; Kathirithamby-Wells 2005: 241-242］．

10.5　開発とイスラーム化の時代——マレーシア独立以降

イギリス植民地時代に開始された森の統治は，1957年の独立以降も，より強力に推進されていった．ゴムやアブラヤシのプランテーション開発やダム建設，リゾート開発などの国家主導の開発プロジェクトによって，森の土地は次々に収奪されていったのである．なかでも，再集団化計画（Regroupment Scheme）は，再定住地への移動を伴う大規模開発プロジェクトであった．さらに，マレーシア政府は，マレーシア国民への統合（とりわけ，マレー人への統合）を究極の目標として，オラン・アスリに対してイスラーム化政策を実施していった．

開発政策

再集団化計画というのは，森の中に散在している村に住むオラン・アスリを，ある地域（再集団化地域）に集住・再定住させ，そこで教育，医療，住宅，水道・電気を提供し，ゴムやアブラヤシなどのプランテーション労働に従事させるというものである．オラン・アスリに対する貧困対策を建前として計画された大規模開発プロジェクトであったが，実際の目的は，共産ゲリラ対策であった．この計画が開始された1977年当時は，マラヤ共産党の共産ゲリラが，森の中に潜伏して活動していると考えられており，その共産ゲリラに味方する恐れのあるオラン・アスリを共産ゲリラ（華人）から物理的に引き離すことを目的として計画されたのである．したがって，計画当初は，共産ゲリラが潜伏していると考えられた地域のオラン・アスリが開発の対象となっていた．しかし，共産主義の脅威が減少した後も，政府の開発プロジェクトのため移住を余儀なくされた人びとに再定住地を提供するための計画として，各地で再集団化が実施されるようになっていったのである．

その一方で，それぞれのコミュニティに対して，ゴムやアブラヤシなどの換金作物栽培を奨励する農業開発も実施された．狩猟採集や焼畑耕作に従事していたネグリト系やセノイ系のグループも，水田耕作などに従事していたムラユ・アスリ系のグループも，同じように，換金作物栽培に従事することが推奨された．こうした開発プロジェクトは結果的に，オラン・アスリの生活環境を大きく変容させた．

イスラーム化政策

1980年代以降からは，政府主導のイスラーム化政策が開始され，一部のオラン・アスリは，イスラームへ改宗していった．イスラーム教徒になると，イノシシの肉などを食べることができなくなるので，従来のように森での生活を続けることが困難となる．こうして，徐々にではあるが，オラン・アスリは「森の民」としてのアイデンティティをも失うことになっていった［信田 2004］．

イスラーム化政策によって，イスラームへ改宗するオラン・アスリが徐々に増える一方で，多くのオラン・アスリはイスラームへの改宗を拒否し続けていた．イスラーム化に抵抗するオラン・アスリのなかには，イスラーム化を強いるマレー人との関係を忌避し，非イスラーム教徒である華人やサバ・サラワクの先住民と関係を築き，婚姻関係を結ぶ人びともいた．マレー人との関係を避け，華人や他の民族との関係を構築しようという態度は，マレー王国時代，河川交易ネットワークが多勢を占めるなかで，内陸交易ルートを確保していたオラン・アスリの交易戦略を想起させる．

10.6　グローバル化の時代——先住民運動の高まり

1970 年代からの開発は，オラン・アスリに別の局面をもたらした．国家主導の大規模開発プロジェクトの実施に伴って，彼らの土地の権利が大きく侵害されたのである．大学建設，ダム建設，高速道路，そして，森林伐採など，彼らの住む地域周辺で実施される開発により，彼らの生活基盤は突然として危機に瀕（ひん）する事態となった．そもそも彼らには十分な土地の所有権が与えられていなかったため，多くの場合，彼らの声は無視され続け，彼らが暮らしてきた土地や森は収奪されていった．当時，彼らの悲惨な状況は，マレーシア国内でも知られることなく，ましてや国外に伝わることもなかった．

ところが，1990 年代以降，こうした閉鎖的な状況に変化が生じ始めた．そのころ世界はグローバリゼーションの時代に突入しており，国連などの国際社会では先住民の権利回復が叫ばれるようになっていた．情報のグローバル化により，それまで国内問題にとどまっていたオラン・アスリの開発問題やマレーシアの森林環境の問題が，国際社会に広く知られるようになったのである．

こうした状況のなか，オラン・アスリはマレーシア政府による森の収奪に対して自ら立ち上がり始めた．彼らは，国内・国外の NGO の支援を受けつつ，ボルネオ島に暮らすサバ州・サラワク州の先住民や東南アジアの先住民と連携しながら，わずかに残された森や彼らのテリトリーを守るため，土地の慣習的所有権を主張したり，裁判闘争をするなどの先住民運動を展開するようになったのである［信田 2010］．

10.7　おわりに——オラン・アスリの未来，森の未来

最後に，マレー人をはじめとした隣人との関係性が変化していくなかで，オラン・アスリの生活はどのように変化していったのか，さらには，彼らの生活基盤である森の位置づけはどう変わっていったのかについて，それぞれの時代の特徴を整理しながら，考察してみたい．

王国時代，マレー半島の森は未開の土地，マラリアなどの熱帯の伝染病が潜む地域として人びとから敬遠され，オラン・アスリ以外，生活する者はほとんどいなかった．マレー諸王国は森を直接的に統治することはせず，交易を通じてオラン・アスリから森林産物を受け取り，それを海外の市場に供給していた．オラン・アスリが生活していた森は，彼らの隣人であるマレー人にとって，森林産物の供給地として位置づけられていたのである．マレー人は河川交易ネットワークにより森林産物の流通を管理することに専念し，奴隷制などでオラン・アスリを支配することはしていたものの，森の土地そのものを支配することについては関心を示さなかった．

イギリス植民地時代になると，道路網や鉄道網の発達によって河川交易ネットワークが形骸化し，さらには，華人が森林産物の仲買業に参入したこともあって，森林産物の交易に対するマレー人の影響力は低下していった．植民地政府は，奴隷制を廃止するなど，マレー人による支配からオラン・アスリを解放した．しかし同時に，植民地政府は，オラン・アスリの生活の場である森の土地を，保護政策の名の下で，直接的に統治し始めた．植民地政府の関心は，森林産物ではなく，木材の管理にあった．植民地政府による森の支配の影響は大きく，オラン・アスリが自由に行き来していた森は，森林保留地やマレー保留地，スズ鉱山やゴムのプランテーションとして囲い込まれることになり，狩猟採集や焼畑移動耕作などの生業活動は一定の制限を受けることになったのである．

また，イギリス植民地時代には，中国，インド，インドネシアなどからの移民が増加し，オラン・アスリと隣人との関係性が複雑化するようになった．とりわけ，森が戦場となった日本占領期や非常事態宣言期に，オラン・アスリと華人との関係が強まっていったのは注目すべきことである．こうしたオラン・アスリと華人との密接な関係を断つために，オラン・アスリ法やオラン・アス

リ局などのオラン・アスリ行政が開始されたのは，マレーシア独立前夜のことであった．

マレーシアが独立すると，オラン・アスリの生活基盤であった森は，政府主導の再集団化計画，高速道路建設，プランテーション開発などの大規模開発プロジェクトによって収奪されていった．さらに，非イスラーム教徒のオラン・アスリをイスラーム教徒であるマレー人の社会に統合・同化する政策も推し進められた．オラン・アスリは，「森の民」としてのアイデンティティを次第に失っていくようになる．

このように，オラン・アスリが生きてきた森は，マレー王国時代，イギリス植民地時代，日本占領期・非常事態宣言期，そしてマレーシア独立後の現在に至るまで，度重なる介入と統治によって，森林産物や木材の供給地から開発のフロンティア地域へとその位置づけを変えていき，森から収奪される資源も，森林産物，木材，土地といったように，時代を経るごとに次第に大きくなっていった．そして，ついに森はオラン・アスリだけのものではなくなってしまったのである．

しかしながら，そうした状況に対して，オラン・アスリはなすすべもなく立ちすくんでいるわけではなかった．マレー王国時代，支配者の目を逃れ，森の中にひそかに作られた内陸交易ルートを行き来しながら，様々な民族との関係を築いていたのと同じように，1990 年代以降，彼らは NGO やサバ州・サラワク州の先住民という新たな隣人との関係を構築し，「先住民」として，森に対する権利を取り戻すために先住民運動を開始したのである．こんにち，森は，地球環境問題や先住民の権利に関するグローバルな論争の舞台となり，森は誰のものなのかという問題をめぐって，オラン・アスリとマレーシア政府との間で様々な交渉や駆け引きが行なわれるようになっている．森という大きな資源が，今後，誰の手によってどのように活用されていくのか．このことは，オランン・アスリとマレー半島の森の未来，さらには，人類の未来を考えていく上で重要なテーマとなるであろう．

参照文献

Dunn, F. L. (1975) *Rain-Forest Collectors and Traders: A Study of Resource Utilization in Modern and Ancientalaya*, Monograph No. 5, Malaysian Branch of the Royal Asiatic Society.

Endicott, K. (1983) The Effects of Slave Raiding on the Aborigines of the Malay Peninsula, *Slavery, Bondage, and Dependency in Southeast Asia*, A. Reid and J. Brewater (eds.), University of Queensland Press, pp. 216–245.

Gomes, A. G. (2004) *Looking for Money: Capitalism and Modernity in an Orang Asli Village*, Center for Orang Asli Concerns / Trans Pacific Press.

Harper, T. N. (1997) The Politics of the Forest in Colonial Malaya, *Modern Asian Studies* 31(1): 1–29.

Kathirithamby-Wells, J. (2005) *Nature and Nation: Forest and Development in Peninsular Malaysia*, University of Hawaii Press.

Maxwell, W. E. (1880) The Aboriginal Tribes of Perak, *Journal of the Straits Branch of the Royal Asiatic Society* 4: 46–50.

水島司（1994）「マレー半島ペラ地域における土地行政」『東南アジア 歴史と文化』23: 22–42.

信田敏宏（1996）「オラン・アスリの内陸交易ルートとその戦略的側面——トゥミアの事例を中心に」『アジア・アフリカ言語文化研究』51: 185–208.

信田敏宏（2004）『周縁を生きる人びと——オラン・アスリの開発とイスラーム化』京都大学学術出版会.

信田敏宏（2010）「『市民社会』の到来——マレーシア先住民運動への人類学的アプローチ」『国立民族学博物館研究報告』35(2): 269–297.

Schebesta, P. (1973 [1928]) *Among the Forest Dwarfs of Malaya*, Reprint, Oxford University Press.

関本照夫（1987）「東南アジア的王権の構造」『現代の社会人類学 3 国家と文明への過程』伊藤亜人・関本照夫・船曳建夫編，東京大学出版会，pp. 3–34.

Skeat, W. W., and C. O. Blagden (1966 [1906]) *Pagan Races of the Malay Peninsula*, 2 vols., Reprint, Frank Cass.

11　南西アフリカ（ナミビア）北中部のサンの定住化・キリスト教化

高田 明

11.1　「カラハリ論争」を越えて

ナミビア共和国は，1990年に独立したアフリカでも新しい国の1つである．それまで100年以上の間はドイツ，そして南アフリカによる植民地政策の影響下にあり，南西アフリカと呼ばれていた．国土の大半が乾燥地帯にあたるナミビアでは，比較的湿潤な北中部に人口が集中している．ナミビア北中部（旧オバンボランド）を地盤とするオバンボは，南アフリカからの解放運動を主導し，独立以来の与党となっている南西アフリカ人民機構（以下，SWAPO）の最大の支持基盤でもある．

じつは，ナミビア北中部にもっとも早くから住んでいたのは狩猟採集民として知られるサンである．その後，この地域では農牧民オバンボをはじめとするさまざまな人々や組織が台頭してきた．サンは，こうしたアクターとユニークな関わりの歴史を築いてきた．本章では，そのうちとくにキリスト教の宣教団とサンの関係史について論じる．

本章の意義を示すために，まずサンの研究史を概説しておく[1]．サンは古くから「ブッシュマン」として西欧社会に知られており，多くの地域・言語グループからなる．20世紀後半になると，人類社会がその歴史のほとんどの間，狩猟採集活動に生計の基盤をおいていたという知見［池谷 本書序論］に基づいて，現代の狩猟採集民であり，カラハリ砂漠を中心とする地域に住んでいたサンが人類社会の始原的な姿を復元する鍵になると考えられるようになった．研究者たちは，できるだけ外部世界の影響を受けていないサンを追い求めた．ナミビアとボツワナの国境域に住んでいたジュホアン（Ju|'hoan）はその代表格である．サンの社会はすべての成年男女が平等な立場から社会生活に参画する

1）以下の研究史の詳細については Takada［2015: 1–15］を参照されたい．

「平等主義」の原則に貫かれていると考えられた［e.g., Lee 1979］．こうした主張は，狩猟採集民の社会のモデルとして，学界のみならず一般社会にも広く受け入れられた．

1980年代になると，サン研究に大きな転換点が訪れた．「見直し派」と呼ばれる研究者たちが，従来の研究は「孤立した自律的なサンの社会」という幻想を創出したとして，これを進めてきた研究者（「伝統派」と呼ばれる）を厳しく批判すると共に，実際のサンは近隣諸民族を含めたより大きな政治経済的なシステムの中で下層に追いやられ，狩猟採集に基づく移動生活を余儀なくされた人々の集合にすぎないと主張するようになった［e.g., Wilmsen 1989］．

この「カラハリ論争」を契機として，伝統派と見直し派の枠組みを超え，サンの歴史を復元しようとする動きが活発になった．その結果，一部のジュホアンなどを除けば，サンは長年にわたって近隣の民族や組織と政治経済的な関係をもってきたことが再認識されるようになった．とはいえ，サンがそうした政治経済的システムの中で形成された下層階級の集合体にすぎない，という見直し派によるイメージは一面的にすぎる．エスニシティの文化的な次元と政治経済的な状況との関係はさまざまで，それ自体が興味深い研究テーマとなっている．そこで現在では，カラハリ論争を超え，「他者」との関係史を見すえたうえでサンの文化について考えていく試みが進められている［池谷 2002; Takada 2015］．

こうした文脈に照らしてみたとき，ナミビア北中部に住むクン（!Xun）はとりわけ興味深い事例を提供してくれる．クンはジュホアンと隣接した生活域に住んできた．両者は，共同と分配を原則とする平等主義，命名・親族名称の体系，原野への豊かな知識といった，共通の起源をもつと考えられる文化要素が多く認められる．その一方で両者は，キリスト教の宣教団をはじめとする「他者」との関わりの歴史において大きく異なっている［Takada 2015］．自然に直接対峙する生活を送ってきたサンはしばしば，きわめて現実的かつ合理的にものごとに対処し，それゆえ超自然についての体系的な思想，例えばキリスト教のような世界宗教とは縁遠いといわれてきた［e.g., 田中 1994: 66］．しかしながら，本章でとりあげるクンをはじめとして，その社会・文化が変容する過程で宣教団に大きく影響されてきたサンの地域・言語グループは，じつは少なくない．そこで本章では，おもにクンと彼らをとりまく人々のライフストーリーに基づいて，ナミビア北中部でクンのキリスト教化がどのようにして起こったのか，について考える．

11.2　ナミビア北中部のクン

ナミビア北中部では，他の人々に先駆けてクンの源流と考えられる狩猟採集民が住んでいた．農耕と牧畜をおもな生業とするオバンボと出会った後も，その棲み分けは続いた．しかしオバンボは，18 世紀頃から王国群を発達させ始めた．両者は相互依存を強め，複合社会を構成する，すなわち両者を貫く共通の制度を生み出すようになった［Takada 2015］．ナミビアはドイツの植民地時代（1884-1915）を経て，第一次世界大戦後からは南アフリカに統治されるようになった．この間，ナミビア北中部では，フィンランド伝道協会（FMS）が 19 世紀後半から地域の権威と連携して活動してきた．20 世紀前半には現地教会の福音ルーテル・オバンボ－カバンゴ教会（ELOC）が設立され，サンに特化した活動も 1950 年代から始まった．1960 年代には，SWAPO が南アフリカからの解放運動を開始し，サンもこれに巻き込まれた．解放運動は 1990 年のナミビア独立に結実し，その後は政府がサンの再定住・開発のための施策を推進している．

ナミビア北中部のクンは，上記のような近隣諸民族や西欧文明との数世紀間にわたる関わりが明らかであったため，初期のサン研究ではあまり顧みられてこなかった．「カラハリ論争」においても，その主戦場となったのは伝統派がとりあげた地域であり，ナミビア北中部のクンが独自の研究対象として注目を集めることはほとんどなかった．しかし近年，サンの地域・言語グループ間には，親族システム，養育行動，生計戦略，居住パターン，政治とイデオロギーなどについて，考察に値する文化的多様性が存在することが示されてきている［e.g., Kent 1996］．こうした文脈に照らせば，農牧民や宣教団と歴史的に深く関わってきたクンは，ジュホアンとのインテンシブな地域比較［Barnard 1992］を通じてサンの文化の独自性や多様性，また政治経済的な位置づけと文化との関係について考え，さらには狩猟採集民と「他者」との交渉史に焦点をあてた地球環境史を論じるうえで重要な事例を提供してくれる．

筆者は 1998 年以降現在まで，断続的に計 44 か月間南部アフリカに滞在して調査を行ってきた．このうち本章で用いるデータは，おもに1998年から2001年にかけてナミビア北中部のエコカ村（以下，エコカ）で得られた住人のライフストーリー，および2011年に行ったフォローアップ調査に基づいている．エコカは，宣教団が上記のサンに特化した活動の拠点として1960年代に開拓した村である．筆者のデータによれば，エコカのサン（おもにクンとアコエ（ǂAkhoe）[2]からなる）の人口は，乾季中だけ他の土地を訪問していたものも含めて281 名であった（1998年時点）．村の中心部には，宣教団が開拓し，現在は政府が管理する約150 haの共同農場が広がる．クンはこの共同農場に加え，1家族あたり平均約0.25 haの世帯別農地をもち，トウジンビエ（*Penninsetum glaucum*）栽培を主とする農業を行っている．オバンボ向けの請負労働も広く行われており，共同農場および世帯別農地が不作の場合はこれがもっとも重要となる．以下では，宣教団とクンの関係史を紐解いていく．

11.3　ナミビアのフィンランド人宣教師[3]

19世紀後半，ナミビア北中部に植民地化の影が差しつつある中で，現地の社会に直接かつ大きな影響を与えていたのは宣教団であった．1870年には，設立間もないFMSがドイツ系のレニッシュ宣教団の協力を得て，ナミビア北中部に最初の伝道所を開設した．本国での民族主義運動を反映して，FMSは南部アフリカを覆いつつあった植民地主義とは一線を画していた．FMSの活動は長い時間をかけてナミビア北部に浸透していった．FMSは地域の権威と緊密な関係を結び，地域の人々の生活に密着した活動を展開した．そして，「真の帰依」を目指し，現地での指導者の育成に力を注いだ．1954年には現地教会としてELOC（1984年にナミビア福音ルーテル教会（ELCIN）と改名）が設立された．

宣教団は，サンへの布教にも早くから特別の関心を示していた．すでに1870年にFMSの宣教師がはじめてオバンボランドを訪れた際に，サンに出会ったことが記されている［Peltola 2002: 48］．ELOCは，FMSと協力して1950年代からサンに特化した活動を行うようになった［Jansen et al. 1994: preface］．この

2）ハイオム（Haiǁom）としても知られている［e.g., Widlok 1999］．
3）以下の関係史の詳細についてはTakada［2015: 60–68］を参照されたい．

ころナミビア北中部のサンは，オバンボに政治経済的にかなり依存するようになっていた．地域の大部分はオバンボのヘッドマンやチーフが管理する行政システムに組み込まれ，多くのサンが農作業や家屋建築にまつわる日雇労働，より長期にわたる家畜の世話などのためにオバンボを定期的に訪問したりその村の周辺に住んだりしていた．こうした状況で，ELOC はサンのための村を設立した．エコカは，その中でも最大規模の村である．ELOC はエコカから約25 km 北にあるオコンゴのインフラを整備し，その後でブッシュを切り開いてエコカを設立した．フィンランドからやってきた宣教師エリキ・ヘイノネンがこれらの指揮を執り，ELOC と関係の深いオバンボもこの計画に携わった．オバンボの女性でオコンゴやエコカで宣教団のために長年働いたマリアは，当時を回想して以下のように語った．

事例 1

私はオハングエナ州のエンゲラの東にあるオカディィバという村で生まれた．その後，エンハナに移住した．そこで私は伝統的な結婚をした後，キリスト教徒となった．しばらくして，夫が亡くなった．すると，オムンダンギロの教会のコミッティが私を呼んで，エコカに行ってサンのために働くようにと言った．そこで私は 1964 年にエコカにやってきた．

最初にエコカに来たサンは，フランツ・ニホを始めとする男性たちだった．フランツは教会関係者とサンの間の通訳を務めるようになった．フランツらと共に，私はサンにエコカに来ることを勧めるようになった．難しい仕事だったが，食料やタバコなどを配って魅きつけた．サンがブッシュからエコカに出てきたら，牛をつぶしてお祝いした．サンはよい振る舞いをする，よい生徒だった．

エコカには当初，世帯別の農地はなかった．共同農場からの収穫物は 1 か所に集められ，教会の人々によって毎週 3 回ずつ人々に配られた．共同農場を導入したのはエリキだった．共同農場はオコンゴにもあった．その後，エンドベ，オシャナ，オナマタでもサンのためのプログラムを実施するようになった．すべての村にまずはじめに，共同農場が設けられた．その後，人々が農業についてわかってくると，世帯別の農地が設けられるようになった．共同農場の中ではエコカのものがもっとも大きかった．エコカではマハンゴの脱穀に機械を使っていたが，他の村ではこれを手作業で行っていた．

その後，テルトゥ・ヘッキネンが宣教団から派遣されてきた．テルトゥはエコカに5年間住んでいた．オコンゴに住んでいた白人も時々エコカを訪れていた．私はテルトゥと一緒に，オカヨカ，オコンゴ，オケンゲレ，ナミショに出かけていって，その辺りにいたサンをエコカに連れてくるようになった．私はまた，宣教団の指示のもと，クンやアコエに農業を教えていた．さらに共同農場から得られた収穫物をクンやアコエに分配する仕事にも携わっていた．［フィールドノート（以下FNと略す）1999(19): 12-25］

マリアははじめ，現在はオハングエナ州の州都となっているエンハナに住んでいた．エンハナの伝導所は当時，サンに向けた宣教団のプロジェクトの中心地だった．宣教団は，未開拓の土地が多く残っていた同州の東部に新たなプロジェクト・サイトを設立しようとしていた．敬虔なキリスト教徒で，未亡人となったマリアは，このプロジェクトにふさわしい人材だった．マリアは設立間もないエコカに派遣された．

宣教団はサンのために，さまざまな活動を行うようになった．中でも，農業，識字教育，精神のケアには高い価値がおかれていた［Jansen et al. 1994］．エコカでは，サンのコミュニティ全体のために広大な農場が開拓された．この農場ではトウジンビエをはじめとする穀物が栽培されるようになった．サンの人々は，この農場で協力して働き，その収穫物はコミュニティのメンバーで分け合うことが期待された．本章では，宣教団関係者にならってこの農場を共同農場と呼ぶ．宣教団による統制は比較的緩やかで，共同農場ではクンやアコエが自主的に共同作業をすることが期待されていた．この共同農場の仕組みには，博愛主義的なプロテスタントのモラルが反映されているようである．ただしクンやアコエは，遊動生活時からキャンプのメンバーが共同と分配を原則としてできるだけ等しく社会生活に参画するという平等主義的な生活を営んできた．このため，必ずしも上記のモラルを内面化しなくても，その仕組みを受け入れる文化的な素地をもっていたのであろう．

またマリアによれば，サンの人々をオコンゴやエコカをはじめとする定住地に移住させることは容易ではなかった．この困難は，諸国家が主導するサンの再定住計画が概ね難航していることからも容易に想像できる．とはいえ，ほどなく多くのサンがプロジェクト・サイトに移住し，「よい生徒」となったことを考えると，このプロジェクトは少なくとも表面的には成功したといえるだろう[4]．その理由の1つは，宣教団が早くから現地に密着した活動の推進者をもっていたことにある．中でも，FLMのもとで言語学者・宣教師となったフィンランド人のテルトゥ・ヘッキネンは，エコカにおける宣教団の活動の成功の鍵となる役割を果たした．テルトゥはクン語やアコエ語に通じ，その文法の記述や民話の集録，聖書や説話集の翻訳，識字教育などに携わった．彼女の宣教団の活動への献身的な関わりは，現地の人々の間で今もきわめて好意的に記憶されている．これに加えて，サンの中からもプロジェクトに大きな貢献をするものがあらわれるようになった．マリアの語りで言及されたフランツはその一人である．フランツはアコエ出身で，サンと教会の人々の仲介者として働いた．マリアやフランツはサンの人々の需要に明るく，宣教団の活動を彼らにとって魅力的なものにするために大きく貢献した．

11.4　クンとアコエの定住化・集住化

こうしてオコンゴやエコカには多くのクンやアコエが住むようになった．また，オコンゴでは多くのクンやアコエの子どもや青年がサンのための学校に通っていた．もっとも，サンの定住化・集住化は，当初からスムーズに進んだわけではない．宣教団はとりわけ，クンとアコエの間の相互理解がなかなか進まないことに悩まされたようである．以下のアブラハム（1954年生まれ）の語りは，そうした当時の状況を伝えている．アブラハムはクンの男性で，18歳の時にオコンゴに移住してきた．

事例2

オコンゴでは，出身村や出身キャンプの違いによらず，民族集団ごとに住居を構えていた．クンとアコエはお互いに見知っていたが，言葉が通じない

4）もっとも，すべてのクンやアコエが宣教団の呼びかけにしたがって定住化・集住化したわけではない．紙幅の制限から本章で直接にはとりあげないが，この地域では少なからぬクンやアコエが，後述する宣教団の共同農場での重労働を嫌い，街に住むオバンボのもとで安い賃金と引き替えに簡易な労働を行って暮らしてきた．エコカのクンは，しばしばそうした人々を「怠け者」と評する[Takada 2015: 143]．

ので別々に暮らしていた．西側にクンがキャンプを構えていて，家族別にクワニャマ（オバンボの1グループ）のような小屋を建てていた．東側にはアコエのキャンプがあった．彼らは伝統的な小さな小屋を建てていた．クンとアコエのキャンプを大きなフェンスが囲んでいた．クンのキャンプとアコエのキャンプを仕切るフェンスはなかった．クンとアコエはとてもたくさんいた．どちらがたくさんいたかはわからない．フェンスの内側には家族ごとに小屋が建っていた．牛が来ないので小屋ごとの仕切はなかった．フェンスの内側に住みたくない者は外側に住んでもよかった．

オコンゴではクワニャマとサンのためにそれぞれ学校があった．どちらもエリキが管理していた．サンの生徒はホステルに住んでいた．少年と少女のために別々の建物があった．中にはキッチンがあって，人々は自由に料理ができた．またクワニャマの女性が賄いとして雇われていた．生徒たちには宣教団から食料が支給された．私が行った学校にはおもに20～25歳の青年が通っていた．私は18歳だった．幼稚園はなかったが，子どものための初等学校があった．これはクワニャマのチーフの妻であるルシア・ウェユルという女性が校長だった．大人は洗礼を受けるために学校に行った．いずれもエリキが管理していた．その頃にはナンゴロはフィンランドに帰っており，エリキが指揮を執るようになっていたのだ．エリキはフェンスの内側に住居を構えていた．校長先生や他のクワニャマはフェンスの外から職場に通っていた．

オコンゴでは私は学生だったので，食料は支給してもらっていた．宣教団の農場があって，クンとアコエ双方の畑が設けられていた．金曜と土曜には，生徒たちは畑の除草に行った．日曜日にはすべての生徒が休暇を取って，教会の集会に出かけた．生徒の両親たちや他の大人は月曜から金曜まで共同農場で働いた．他に建設業やトラクターの運転手になることを学ぶために宣教団に雇われている大人もいた．宣教団はそうした仕事に月に5ポンドほどの賃金を払っていた．インスペクターには月に20～30ポンドほど支給された．当時は靴が1ポンドだった．農場では，マハンゴ，ソルガム，カボチャ，スイカ，豆などが耕作された．畑を耕すのにはトラクターを使っていた．牛は使っていなかった．

狩猟や採集は皆やっていた．しかし学校に通っていたので，休日に両親の弓矢を借りて狩猟に行った．すべての生徒はホステルに住んでいて，休日のみ両親の小屋に帰っていった．家畜はほとんどいなかった．教会のためには牛，豚，ヤギ，鶏がいた．これらはクリスマスのような祝祭の時にのみ殺された．週末の他に休日として12～1月の1か月間，6～7月の1か月間があった．［FN 1999(21): 2-3, 12-17, 26-30］

アブラハムの語りが示すように，オコンゴに暮らすようになってからも，サンのグループ間には生活様式や交流の範囲に大きな違いがみられた．クンやアコエでは，家族・親族関係やオバンボとの友好関係などを軸として居住パターンや社会的関係が組織化されてきた．定住化・集住化に際してもこうした原則は機能したと考えられる．相互にあまり交流のなかったクンとアコエは，それぞれ別のキャンプを構えるようになった．両キャンプの住人はお互いに見知っていたが，深く交流することはなかったという．ただしクンとアコエが通婚した場合は，クンのキャンプに住むアコエやアコエのキャンプに住むクンも見られた．宣教団はこうした状況を考慮して，グループごとに居住地を用意した．

その一方で，宣教団はサンの学校に通う子どもや青年のためにホステルを提供した．少年と少女は別々の建物に住み，食事はホステルで提供された．これによって，子どもや青年の生活はそれまでの家族中心のそれからある程度分断されることになった．学校では宣教団の関係者が教師を務め，読み書き，聖書の内容，地域の歴史などを学んだ．日曜日にはすべての生徒が教会の集会に出かけた．

生徒の家族の多くはサンのための共同農場で働いた．生徒たちも週末には農作業を手伝った．クンとアコエに別々の農地が割り当てられた．宣教団はまた，定住地の開発によってさまざまな雇用も創出した．集住化・定住化した後も，クンとアコエは狩猟採集に出かけていたが，キャンプを構成する人口が激増したことにより，以前のようにキャンプ全体で獲物を分配したりすることは困難になったと考えられる．また，学校に通っていた子どもや青年が狩猟採集に参加する機会は休日に限られていた．

また，宣教団はエコカでも現地リーダーの育成を進めた．サンのコミュニティでは，シルヴァヌス・ハムカンダというクンの男性がヘッドマンとなった．彼は1992年に死亡するまで，エコカのサンの代表を務めた［FN 2000(11): 54-

55]．サンのヘッドマンは，地域の行政システムの中ではオバンボのヘッドマンの下に位置づけられており，宣教団やオバンボのヘッドマンの意向を通達したりサンの住人の声を宣教団やオバンボのヘッドマンに伝えたりする役割を担っていた．新たな入植者に土地を割り振ったりもめごとを解決するための集会を開いたりする権利はオバンボのヘッドマンにあった．ただし，この地域のオバンボの多くは宣教団の勧めでこの地に移住してきた人々であり，オバンボのヘッドマンも宣教団との関係が深かった．宣教団の管理のもとで定住化・集住化を進めたサンは，他の地域と比べると近隣の農牧民から自律した日常生活を営んでいたようである．日常的なもめごとや不満はあった［e.g., Takada 2015: 129-130］が，オバンボとサンは相対的には良好な関係を築いていた．

11.5　キリスト教化するクン

ELOC で教育を受けて牧師やそのアシスタントになるクンも現れた．以下は牧師のアシスタントの教育を受けたクンの男性フェストゥス（1957 年生まれ）の語りである．フェストゥスは，ナミビアの北側の国境を超えてアンゴラ国内に少し入ったところにあるオシトナ村で生まれた．子どもの頃は両親と付近の村を転々と移動し，狩猟採集活動やオバンボの農耕牧畜の手助けをして暮らしていた．19 歳のとき，オジで地域ではサンとして初めて牧師になったユニアスに誘われてオコンゴに移住した．オコンゴではサンのための学校に通い，その後クンの女性と結婚してエコカに住むようになった．30 代の半ば，フェストゥスは妻子をエコカに残して単身でオンダングワの近くにあるオングエディバという街に行き，宣教団の活動についてさらに深く学ぶことになった．

事例 3A

私は 1983 年，35 歳の時にオングエディバにある「聖書の学校（*Oshikola yon Bibeli*）」という名前の学校に行き始めた．教会の委員会が私を選んで学校に行かせてくれたのだ．帰ってきたら他の人たちを教えることになると聞いていた．学校では，牧師のアシスタント向けのコースで 1 年間学んだ．15 人の生徒がいたが，私はその中の最年長で，ただ 1 人のクンだった．他はオバンボだった．女生徒が 4 人いて，他は男性だった．私たちは聖書，数学，歴史（教会の発展），信仰（聖書の言葉に従った生活スタイルを学ぶ授業）という4科目を月曜から金曜まで学んだ．学校へ行く費用は教会の委員会が負担してくれた．また小遣いはオジで牧師のユニアスから受け取った．

私はホステルに住んでいた．朝起きるとまず部屋でお祈りをし，それからシャワーを浴びて朝食をとった．午前中には授業があった．昼食の後は休憩の時間があって，本を読んだり，バレーボールをしたり，菜園で植物に水をやったりした．午後も授業があった．6時になると夕食をとり，その後はホステルで自習した．そしてシャワーを浴びて就寝した．許可なしに外出すると罰を与えられた．またタバコや酒は禁止だった．違反を続けて，放校になった者もいた．［FN 2000(9): 66-77］

この語りが示すように，ELOCは牧師やそのアシスタントを養成するための教育施設に有望なサンを選んで送っていた．これらのコースは男女の双方に開かれていた．この教育施設はもともとオバンボ向けに開設されたもので，主要な授業はオバンボ語で行われていた．したがって，サンであるフェストゥスも他のオバンボの生徒と同じように学び，共に生活した．教育内容は生活全般におよんだ．こうした教育を受けた現地リーダーは，地域社会の住民を対象とした布教や啓蒙に尽力することを期待された．宣教団は現地リーダーを育成し，その出身地に密着した活動を行うことを通じて，共同体の紐帯（ちゅうたい）を活用した布教活動を推進しようとしたのである．フェストゥスは教育施設でのコースを修了した後の活動について次のように語った．

事例3B

1986年に私は学校を終え，給料をもらって牧師であるユニアスやフランツ（エコカの牧師でクワニャマの男性）を助けるようになった．オコンゴで1週間過ごしてからエコカの家に帰ってきた．まだ父は存命でオシャナムトエ村に住んでいた．オコンゴでは，洗礼を受けようとするクワニャマの青年に向けて*Okatikisha*（聖書に関連する逸話が集録された小冊子）を使って授業をした．エコカでは，洗礼名を得ようとする15～18歳ぐらいの青年を相手に教会で授業をした．生徒はクン，アコエ，クワニャマの混成で20～30人ほどだった．授業はクワニャマ語で月曜から金曜まで行った．毎月100～130ランドの収入があった．

またいろいろな村に派遣され，人々が日曜日の教会の集会に参加するように呼びかけた．この仕事は今日に至るまで行っている．また皆に農場に行って働くように呼びかけていた．ただし力ずくではなく，人々が応じるのに任せていた．応じない人もいたが，今日よりは多くの人が共同作業に参加していた．

後にサイモン（クンの男性）やその兄のエマヌエラも牧師のアシスタントをするようになった．サイモンはサンの大人の授業（クワニャマ語での識字教育）をもっていた．また日曜の集会で神の言葉を伝えるスピーチも担当していた．エマヌエラはサカリヤ（クワニャマの男性．教会ELOC/ELCIN）でクン語とアコエ語の識字教育を担当していた）を助けて，クン語の読み書きを教えていた．サイモンとエマヌエラの給料は私と同じぐらいだった．サカリヤの給料は私たちより多かった．しかし，教会は1994年に私たちに給料を払うのを止めた．金がなくて，牧師以外には給料を払えないということだった．［FN 2000(12): 66-75］

フェストゥスはエコカの妻子のもとに戻り，当初の予定通り牧師のアシスタントとして働き始めた．仕事は有給で，現金収入の機会が限られたエコカの中ではかなりの高給を得ることができた．当時は解放運動が活発な時期であったが，オコンゴやエコカでは聖書や信仰に関する授業，日曜の集会，農業振興，識字教育などを組み合わせた事業が行われていた．青年を対象とした聖書や信仰に関する授業および一般の住民を対象とした日曜の集会のスピーチはオバンボ語で行われた．もっとも，対象者にはエコカに住むおもなエスニック・グループ（クン，アコエ，クワニャマ）のいずれもが含まれていた．クンのフェストゥスがこれらをオバンボ語で行うことは，パトロン－クライアント関係として特徴付けられるオバンボとサンの関係に変化をもたらす契機となったと考えられる．識字教育は，クワニャマ，クン，アコエのそれぞれについて行われていた．クン語の教材は，フィンランド人のテルトゥ（11.3節）が中心となって作成し，識字教育に特化したトレーニングを受けた教師やそのアシスタントが授業を担当した．ここにも，できるだけ地域住民に密着した啓蒙活動を展開するという宣教団の方針が実現されている．

しかしながら，解放運動が激化した時期にはSWAPOを支持していた宣教団の活動拠点にたびたび南アフリカ軍がやってきて，その活動を妨害するようになった［Takada 2015］．その結果，サンに向けた宣教団の活動も低調となった．独立後，政府が宣教団から再定住と開発を目的とした活動を引き継ぐと，キリスト教色の強い聖書や信仰に関する授業や識字教育はさらに減退した．フェストゥスらへの給与支給の中止は，宣教団から政府への活動の引き継ぎが完了した時期と対応している．

11.6　おわりに

まとめよう．ナミビア北中部のクンは，数あるサンの地域・言語グループの中でもかなり早くから積極的にキリスト教を受容するようになった．これには，少なくとも以下の5点が寄与したと考えられる．(1) 外部からクンのコミュニティに参入し，宣教団の活動を継続的に推進する人物がいたこと（11.3節）．(2) クンの平等主義的な生活が，共同農場の仕組みを受け入れる文化的な素地となったこと（11.3節）．(3) 宣教団がサンのための土地を確保し，その活動の舞台としたこと（11.4節）．(4) クンの子どもや青年がホステルに住んで学校に通うことで，家族中心の生活からある程度分断されたこと（11.4節）．(5) 宣教団が育成した現地リーダーが，その出身地における共同体の紐帯を活用した布教活動を推進したこと（11.5節）．

宣教団の活動の成功は，これらを通じて，クンの文化を尊重しながらその声を活動に反映させ，クンの主体的な関わりを引き出していったことによるのだろう．本章では，クンもまた「きわめて現実的かつ合理的にものごとに対処する」（11.1節）というサン一般について言われてきた特徴を備えていること，そしてそうしたクンの人々が，これらの条件が整ったことによってキリスト教という世界宗教を受け入れていった過程を示そうと試みた．今後は，エコカと他のコミュニティの比較検討を進め，これらが狩猟採集民のキリスト教化をもたらす条件としてどの程度一般化できるかを論じていきたい．

参照文献

Barnard, A. (1992) *Hunters and Herders of Southern Africa: A Comparative Ethnogra-*

phy of the Khoisan Peoples, Cambridge University Press.
池谷和信（2002）『国家のなかでの狩猟採集民——カラハリ・サンにおける生業活動の歴史民族誌』国立民族学博物館．
Jansen, R., N. Pradhan, and J. Spencer.（1994）*Bushmen Ex-Servicemen and Dependents Rehabilitation and Settlement Programme, West Bushmanland and Western Caprivi, Republic of Namibia: Evaluation, Final Report, April, 1994*, Republic of Namibia.
Kent, S.（ed.）（1996）*Cultural Diversity among Twentieth-Century Foragers: An African Perspective*, Cambridge University Press.
Lee, R. B.（1979）*The !Kung San: Men, Women, and Work in a Foraging Society*, Cambridge University Press.
Peltola, M.（2002）*Nakambale: The Life of Dr. Martin Rautanen*, Finnish Evangelical Lutheran Mission, Printed by Natal Witness Commercial Printers.
Takada, A.（2015）*Narratives on San Ethnicity: The Cultural and Ecological Foundations of Lifeworld among the !Xun of North-Central Namibia*, Kyoto University Press / Trans Pacific Press.
田中二郎（1994）『最後の狩猟採集民』どうぶつ社．
Widlok, T.（1999）*Living on Mangetti*, Oxford University Press.
Wilmsen, E. N.（1989）*Land Filled with Flies: A Political Economy of the Kalahari*, University of Chicago Press.

附論4　植民地時代のピグミー

松浦 直毅

1　はじめに

アフリカ熱帯雨林の狩猟採集民ピグミーは，古代ギリシャ時代に，ナイル川の源流に住むコビト族として描かれて以来，ヨーロッパ世界において長らく謎に包まれた存在と位置づけられ，歴史の表舞台には登場してこなかった．物語上の怪物的な存在であり，人間と類人猿の中間的な存在であると見なされてきたピグミーが「再発見」され，同時代を生きる人々として認識されるようになったのは，19 世紀後半に探検家や宣教師がピグミーとの「出会い」を報告してからである．長い空白の歴史が終わると，それ以降ピグミーは，多くの研究者の関心の的となる．20 世紀に入って，現地調査による本格的な人類学的研究がおこなわれ，20 世紀後半以降には，各地のピグミーの生活や文化に関する詳細な民族誌的記述が報告されてきた．現在では，希少な狩猟採集民の一集団でありアフリカ熱帯雨林の先住民として，研究者のみならず，政府，国際機関，メディアなどからも注目され，一般社会にも広く知られている．

地球環境史上にピグミーを位置づけるためには，したがって，近代に至るまでの長い空白と 20 世紀後半以降の詳細な研究の間をつなぎ，過去から現在までのピグミー社会の変化や外部世界との関わりを連続的にとらえることが重要である．本稿では，19 世紀後半から 20 世紀前半という時代に焦点を当てる．探検家や宣教師らによる報告を参照しながら，植民地時代のピグミーがどのような生活を送り，近隣民族や外部社会とどのように関わっていたかを示すとともに，それがどのような社会背景と結びつき，どのように現代へとつながっているかを検討する．

2　植民地時代のピグミーの生活と民族関係

植民地時代のピグミーに関しては，ヨーロッパ各地の研究者による古典的なレビューがいくつかあるが［e.g., de Quatrefages 1887; Flower 1888; Schlichter 1892］，最近になって日本語で詳細にまとめられたものとして，北西功一による一連の著作がある［北西 2012, 2013］．北西［2012, 2013］は，英語，仏語，ドイツ語による多数の文献を渉猟して，年代や地域ごとにピグミーが登場する記述を整理している．植民地時代のピグミーに関する記述のほとんどが網羅されているこれらの研究に依拠して，本稿では，とくに近隣民族および外部世界との関係に焦点を当てて記述をたどることにする．

近代以降の欧米人で初めてピグミーと出会ったのは，フランス出身のアメリカ人探検家ドゥ・シャーユ（P. B. du Chaillu）である．1863年にガボンの海岸部を出発したドゥ・シャーユは，徒歩と丸木舟でガボン中央の森林部を探検し，現在バボンゴと呼ばれている「黒人のコビト」と1865年に出会っており，そのときの状況を克明に描いている［du Chaillu 1867: 269–270, 315–324］．これによるとバボンゴは，農耕民の集落から歩いて1時間足らずの森のキャンプで，木の枝と葉でできたドーム状の住居で暮らしており，頻繁にキャンプ地を移動する生活を送っていたという．キャンプの人口は50人程度と推測され，これは遊動生活を送る狩猟採集民の平均的なグループサイズに近い．彼らは自分たちの畑をもたず，森林産物と交換したり農耕民の畑から盗んだりすることで農作物を得ていた．農作物の盗みはある程度許容されており，農耕民の側からは贈り物や信用取引として農作物が与えられてもいた．親族のような関係をむすんだり，結婚したりすることはなかったが，バボンゴと農耕民は経済的な交換を通じて密接に結びついており，ドゥ・シャーユは，両者の親和的な関係に驚いたことを記している［du Chaillu 1867: 322］．

1873年に派遣されたドイツの探検隊も，ガボンの海岸部でバボンゴと出会っている［Lenz 1878］．40～60人のキャンプで伝統的な様式の住居に暮らしていること，狩猟採集や漁撈を生業とし農耕はみられないこと，近隣の農耕民との交換によって農作物や日用品を入手していることなどが記されており，ドゥ・シャーユの記述とほぼ重なっている．ひとつ異なるのは，バボンゴが奴隷狩りの対象となっていることに言及されている点であり，そのためバボンゴは，農耕民に対して不信感と恐怖感を抱いているとされている．

一方，アフリカ東部では，ドイツ人の探検家で博物学者のシュヴァインフルト（G. A. Schweinfurth）がナイル川源流域の調査をおこない，王国の支配下におかれた低身長の狩猟民と遭遇している［Schweinfurth 1874］．また，『暗黒大陸』の探検記で知られるウェールズ出身のアメリカ人探検家スタンレー（H. M. Stanley）は，1887年から1890年の最後のアフリカ探検の際に，コンゴ民主共和国のイトゥリの森でピグミーと出会っている［Stanley 1890］．これによると，ピグミーは農耕民の村から数km離れたキャンプに住んでおり，男性による狩猟と女性による採集によって暮らしている．近隣の農耕民との間には，森林資源と農作物や日用品との交換関係がみられ，戦闘のためにピグミーが農耕民に協力するとも述べられている．

スタンレーを隊長する探検隊のメンバーは，それぞれにピグミーとの出会いを記述しており，それらを総合することで，当時のイトゥリの森周辺のピグミーの生活や社会の概要が把握できる．同じころには，ドイツ人を中心とする探検家がコンゴ民主共和国中部を調査しており，大西洋岸からは，フランス人とドイツ人の探検家がカメルーンやガボンを訪れて，ピグミーに関する多くの記録を残している．地域や対象が異なりながらも，これらの記述からは，当時のピグミーのさまざまな共通した特徴が見出せる［北西 2013］．たとえば，（1）森のキャンプで遊動的な生活を送っている，（2）生業活動は，男性による狩猟と女性による採集で，農耕はおこなっていない，（3）物質文化は簡素で，道具製作の技術も未熟である，（4）近隣の農耕民とは経済的交換を通じた密接なつながりがあり，森林産物との交換によって農作物や鉄製の道具や武器などを入手していることなどが挙げられる．さらに，全体の傾向として重要なのが，毛皮や象牙の取引や奴隷貿易による外部世界との結びつきである．カメルーンの海岸に近い地域では，この時代にすでにピグミーに銃が導入されているという報告や，ヨーロッパに輸出されるゴムの採集にピグミーが関わっているという報告もある．商取引に直接関わっていたり，奴隷売買に巻き込まれたりしている集団もあれば，他の民族を介した間接的な関わりにとどまっている集団もあるが，いずれにしても，当時からすでにピグミーは，外部世界と何らかのつながりをもっており，世界経済の動向が大なり小なりピグミーの生活に影響を及ぼしていることがわかる．

多くの共通点がみられる一方で，農耕民との社会関係に関しては，異なった特徴もみられている［北西 2013］．ピグミーが農耕民を恐れ，農耕民に隷属している事例もあれば，農耕民の方がピグミーの力を畏怖しているという事例もある．また，両者がパトロン・クライアント関係や擬制的な親族関係によって強く結びつき，日常的に関わり合っている場合もあれば，両者の生活圏が隔てられて接点は限られており，交渉は最小限にとどまっている場合もある．十分な証拠があるとはいえないが，もうひとつ興味深いこととして，この時代からピグミーと農耕民の婚姻と混血がみられることが示唆されている点が挙げられる．ピグミーと農耕民の関係は，地域によっても切り取る側面によっても均一ではなく，このような民族関係の多様性は，現代のピグミー研究でも重要なテーマであるが［松浦 2012］，この時代にすでに地域や集団によって多様な関係性がみられるのである．

3　ピグミーの過去から現在

20 世紀に入ると，参与観察にもとづく本格的な人類学的調査がおこなわれるようになり，詳細な民族誌的報告がなされてきた．これらの研究によってピグミーの社会に関するさまざまな事実が明らかになったわけだが，ここで強調したいのはむしろ，これらの研究で示されたピグミーの生活や民族関係の特徴が，19 世紀終わりから 20 世紀初めにかけて各地で報告されたものと大きくは違わないことである．このことはいいかえれば，アフリカにおける帝国主義の拡大，二度の世界大戦とその後の冷戦時代，中部アフリカ諸国の独立といった大きな時代の変化による影響が，ピグミーの社会においては，かならずしも大きくなかったことを示している．さらにそこから推測を重ね，19 世紀後半の報告において伝統的な生活形態や原初的な道具や技術の使用がみられたことから敷衍（ふえん）すれば，歴史の表舞台に登場する以前の長い期間も，ピグミーの生活や民族関係は，19 世紀後半に記述されたものと大きくは変わらなかったのではないかと考えられる．

とはいえ，ピグミーが閉鎖的な社会に留まって，ずっと原始的な生活を保持してきたわけではない．前述のように　すでに 19 世紀後半には，王国との関係や交易を通じた外部世界との密接な結びつきがみられており，さらに遡れば，断片的ではあるが 16 ～ 17 世紀にもピグミーによる象牙取引を示唆する記録がみられる［Schlichter 1892］．グローバリゼーションとは，欧米を中心とする一元的な過程ではなく，地域ごとに相互に連関し，重層的に重なり合って展開した現象でもある［三尾・床呂編 2013］．植民地時代から独立後の国家形成の時代という「表の歴史」とはかならずしも軌を一にすることなく，ピグミーの社会は，独自の歴史を展開しており，そこでは長きにわたる外部のグローバル世界との結びつきがみられるのである．そして，狩猟採集生活を保持してきたこととも，交易を通じて外部世界と結びついてきたこととも深く関わっているのが，森林産物の交換相手であり協力と対立の両面をはらんだパートナーでもある，近隣農耕民との関係なのである．

長らく遊動的な狩猟採集生活を保持してきたと推測されるピグミーの生活が大きく変わったのは，とくに20世紀半ば以降に浸透した定住化と農耕化である．時期や進行の速度に違いはあるが，どの地域集団でも同様に起こっており，こんにち定住化・農耕化を経験していない集団は皆無であるといってもいい．ピグミーの定住化・農耕化に対しては，独立後の政府による定住化政策が大きな影響を与えたことは間違いない．しかしながら，20世紀初頭の定住化・農耕化の例が報告されているように［Andersson 1983］，ここでもやはり，かならずしもピグミーの社会変容が国家政策と同期していたわけではなかった．

さらに大きな変化の波が押し寄せるのが，1980年代以降から現代にかけてである．外国企業による資源開発事業がピグミーの生活圏にも及ぶようになり，それにつづく熱帯雨林の保全政策も，ピグミーの生業活動や土地利用の様式に強い影響を与えている［Ichikawa 2014］．そして，このような劇的な変化によって，近隣農耕民との関係も大きく変容しつつある［松浦 2012］．それまでもピグミーは，長きにわたって外部世界と結びつき，外部からの影響を柔軟に受け入れながら，狩猟採集生活を営み，近隣農耕民との共生関係を築いてきた．しかしながら，現代のグローバリゼーションは，農耕民との関係もふくむ社会のより根本的な再編を迫っている点で異なっており，ピグミーの歴史は，新たな局面を迎えているといえるだろう．

参照文献

Andersson, E.（1983）*Les Bongo-Rimba*, Uppsala Universitet.

de Quatrefages, A.（1887）*Les Pygmées*, J. B. Baillière & Fils.

du Chaillu, P. B（1867）*A Journey to Ashango-Land, and Further Penetration into Equatorial Africa*, Appleton.

Flower, W. H.（1888）*The Pygmy Races of Men*, Royal Institution of Great Britain.

Ichikawa, M.（2014）Forest Conservation and Indigenous Peoples in the Congo Basin: New Trends toward Reconciliation between Global Issues and Local Interests, *Hunter-Gatherers of the Congo Basin: Culture, History and Biology of African Pygmies*, B. Hewlett（ed.）, Transaction Publishers, pp. 321-342.

北西功一（2012）「ピグミーとヨーロッパ人の出会い――1860～1870年代を中心に」『山口大学教育学部研究論叢』61(1): 51-74.

北西功一（2013）「1880～1890年代におけるヨーロッパ人によるピグミー調査の進展」『山口大学教育学部研究論叢』62(1): 57-80.

Lenz, O.（1878）*Skizzen aus Westafrika*, A. Hofmann.

松浦直毅（2012）『現代の〈森の民〉――中部アフリカ・バボンゴ・ピグミーの民族誌』昭和堂.

三尾裕子・床呂郁哉編（2013）『グローバリゼーションズ――人類学，歴史学，地域研究の現場から』弘文堂.

Schlichter, H.（1892）The Pygmy Tribes of Africa, *The Scottish Geographical Magazine* 8: 289-301.

Schweinfurth, G. A.（1874）*The Heart of Africa: Three Years' Travels and Adventures in the Unexplored Regions of Central Africa, from 1868 to 1871*, Harper & Brothers.

Staley, H. M.（1890）*In Darkest Africa: Or, the Quest, Rescue and Retreat of Emin, Governor of Equatoria*, Charles Scribner's Sons.

IV

近代化と狩猟採集民

第IV部は，近代化と狩猟採集民とのかかわりに焦点を当てている．近代化は，定住化政策，森林開発，都市化など，多様な側面が認められるが，個々の章にて具体的な事例を通して議論される．

定住化に焦点を当てた小谷（おだに）（第12章）は，マレー半島に暮らす狩猟採集民オラン・アスリを対象にして，国家の定住化政策のもとでの定住地における彼らの人口動態を生態人類学の視点から把握している．まず彼は，人類史の復元および現代社会のなかの位置づけの2点から人口動態研究の意義について言及したあとに，オラン・アスリのなかのネグリト系集団が暮らす定住村（ポス・ルビル村）の現住人口，出生率，死亡率などを把握する．その結果，1969年の定住化政策の導入以後に出生率および死亡率とも高いことを明らかにした．本事例は，現存する世界の狩猟採集民の定住化の影響として人口動態とのかかわりを考える際の参照枠として有効である．

森林保全に焦点を当てた服部（第13章）は，アフリカ熱帯雨林に暮らす狩猟採集民ピグミーを事例にして，国立公園の拡大にともなう地域の対応について論じている．中部アフリカでは，近年，国際的な関心が高まり国連などの国際機関や国際NGOが関与するなど，カメルーンを中心として国立公園の設置などを通しての森林保護の政策が浸透していると同時に，先住民の支援活動が進んでいる．このような状況下で，現地に暮らすバカは，近隣の農耕民や森林保護官と対立したり，先住民運動を活発化させている人もいるなどの対応がみられる．一方で他の地域では，カカオ栽培によって経済力をつけているバカもいる．このように，中部アフリカの事例ではあるが，世界の狩猟採集民に共通する状況や問題を伝えている．

森林開発に焦点を当てた大橋（第14章）は，ペルーアマゾンにおける漁撈民シピボと狩猟民アシャニンカとの関係について論述している．前者は，川沿いの氾濫原でバナナ栽培を中心として，後者は高台（高地）にてキャッサバの栽培を中心として暮らしてきた．現在，両者の間では，前者から後者へ災害時の避難行動，サッカー大会や誕生日会への参加がみられる一方で，後者から前者へ肉の販売があることが特徴である．そして，外部からの森林開発をめぐっては，両者は協力的な関係をつくることを指摘している．大橋の研究は，長期間の現地滞在による調査データに基づいた論考であり，内陸部の狩猟民によって得られた動物の肉が川沿いに暮らす漁撈民に販売されるというアマゾン地域の特徴がよく示されている．

都市化に焦点を当てた加藤（第15章）は，ボルネオ島の狩猟採集民のなかではマイノリティに位置するシハン人の事例をとおして，彼らの居住地や隣人関係の変化を展望する．居住地について彼らは，森でのキャンプ，定住村，町という3つの居住形態のなかで頻繁に住処を変え，定住村や町に暮らしていても長期間にわたって定住していないという．また，シハンはほかの狩猟採集民グループと比較して，古くから複数の民族集団と緊密な関係を持っていた．シハンと隣人との関係性で特徴的なのはとくに華人との関係が強いということである．現代のシハンのなかで，伐採道路沿いへの移動は，町に居住し始めたシハンが，近代的な生活に適応しつつ，森との関係を維持するための方策として注目される．

最後に，山本（附論5）は，人類と病気とのかかわりについて，狩猟採集時代，農耕の時代，植民地期，そして現在と，歴史的に概観している．とりわけ，農耕化や家畜飼養の開始や定住化は，人々の衛生状態や健康を根本的に変えたと指摘する．また，都市の発達によって衛生状態の悪い環境が生まれ，新たな感染症リスクが生じたなど，人々と微生物との相互のかかわりについて明らかにする．

以上のことから，近代化の多様な側面に狩猟採集民がどのように適応しているのかがここでは示される．この種のテーマに関する既存の研究も多いが，定住化，開発，都市化という3つのキーワードによって近代化時代の狩猟採集民の実像の大部分を説明することができると考えている．

12　狩猟採集民の定住化と人口動態
――半島マレーシアのネグリトにおける事例分析

小谷 真吾

12.1　狩猟採集民の人口動態にかんする研究の現状

狩猟採集民の人口動態にかんする研究は，人類史の復元を目的として始まったと考えていいだろう［Howell 1986］．近年の考古学的知見から，人類における農耕の開始は多元であり，また古典的に考えられてきたよりも漸進的な出来事であると議論されている［Price and Bar-Yosef 2011］．ただし，その年代は１万2000年より前に遡るとは考えにくく，化石人類およびホモ・サピエンスはその歴史の大半において，食糧獲得を狩猟採集に依存してきたことは間違いない．そのため，狩猟採集による環境適応を人口動態から分析することによって，人類の特性を理解する手掛かりになると考えられてきたのである．

農耕開始以前の人口がある程度定常であったと推測される一方で，農耕の開始後の人口増加が顕著であることが明らかになってきた［Bocquet-Appel 2011］．逆に，農耕の開始以前に人口密度が増大し，その結果として生業を集約化する必要性が生じたことが農耕の開始の要因であるという仮説も提唱されている［Cohen 2009］．このように，人類史を理解する上で，狩猟採集という生業形態と人口動態の関係は最も重要な情報の１つであると言うことができる．しかし，考古学的資料から人口動態を把握することは非常に困難であり，その情報は主に現在の狩猟採集民に対する民族誌的研究によって得られてきた．

そのような民族誌的研究においては，特に出生率の高低，あるいはその変化に焦点が当てられてきた．出生率の高低とその変化に影響を与えるものとして，モビリティ（移動性）と栄養状態の２つの要因が論じられている．狩猟採集民の出生率は，非定住の農耕集団と大きな違いがない一方，定住農耕集団に対しては低いと分析されている［Bentley, et al. 1993］．つまり，狩猟採集民の属性の１つであるモビリティの高さが低出生率の要因であると考えられている．その因果関係について，例えばモビリティの高い生活形態が母子の身体的接触頻度を長期に継続させ，授乳期間が長くなることにより出産後無月経が維持されることから，出生率が低くなると考えられている［Konner 1980］．また，狩猟採集民における栄養状態の特徴，つまり生産物におけるエネルギーおよび脂肪の含有率の低さ，女性の労働量の多さ，そして季節変動の大きさによって，妊孕力（にんよう）が低く抑えられていると考えられている［Wilmsen 1982］．ただしこの2つの要因は別々に作用するわけではなく，例えば，定住化により女性の移動量あるいは労働量が少なくなることから栄養状態が変化し妊孕力が高くなるというように，相互に関係しながら出生率に影響しているのだと考えるべきだろう．

一方，現代社会において，人口動態は世界中のあらゆる集団の健康と福祉の指標であることも考えなければならない．狩猟採集民は，研究者が人類史を復元するために存在しているわけではなく，我々と同じ時間を生きている個人の集まりである．狩猟採集の実践を分析することが人類史の復元に大きな意味を持つことは間違いないが，現在の彼らは，狩猟採集民であると同時に，ある国家に属し，ある経済システムの一部となり，またある医療システムに組み込まれる存在なのである［池谷 2002］．

現在の狩猟採集民の人口動態は，否応なく現在の社会，経済，医療の影響，総じていえば近代化の影響を受けている．特に，典型的な狩猟採集の実践を消失させるような，定住化，生業転換，生物医学は，彼らの出生，死亡，移動に大きな変化をもたらしていることは間違いない．その変化は，遊動しない，あるいは狩猟採集をしない「狩猟採集民」を作り出し，「狩猟採集民」とは何かという根本的な問いまで喚起する．

そのような研究対象の変化は，狩猟採集民の人口動態に対する研究目的も変化させる．同じ社会，経済，医療システムに包含されていながら，例えば乳児死亡率が他の集団に対して狩猟採集民だけ高いという場合，その原因は人類史ではなく，現在のシステムの側に求められるべきである．つまり，人口動態のデータは，差別の根絶，貧困の改善，医療の介入の基礎的なデータとして用いられるべきである．現存する狩猟採集民に対する人口動態の研究は，彼らがどの程度グローバルなシステムに包含されているか，そして現在のシステムの中でどのように生存，死亡しているかの実態を同時に表していると言える．

以上のように，現在のシステムの中での狩猟採集民の健康，福祉の実態を把握する意味でも，狩猟採集民の人口動態にかんする研究は必要不可欠であるはずだが，依然その情報は不足している．そこで，本章は，半島マレーシアに居住するネグリト系集団バテッ（Bateq），メンドリッ（Mendriq）によって構成された定住村落を対象に行った事例研究を通じて問題群の検討を行う．また，その分析において，近隣の狩猟採集集団であるスマッ・ブリ（Semaq Beri）を対象として人口動態の現状把握と復元を試みた口蔵（くちくら）の研究［口蔵 2011］と比較することによって，半島マレーシアの狩猟採集民の人口動態の把握を試みる．

12.2　オラン・アスリと対象集団の概要

本研究の対象は，半島マレーシアに居住するオラン・アスリ（Orang Asli）の内，バテッとメンドリッによって構成される定住村，ポス・ルビル（Pos Lebir）である．オラン・アスリは，半島マレーシアに居住する18ないしは19の「先住民」集団（図1）の総称であり，統一されたエスニシティを表す名称であるとは言い難い．むしろ，イギリス植民地時代からマレー人，華人，インド人と行政的に分類されたエスニシティにおいて，それら以外であるというカテゴリーに入れられた集団の総称であるということができる．華人とインド人は移住者を祖に持つというアイデンティティを持ち，またマレー人は在来かつムスリムであるというアイデンティティを持つ．在来の人々というカテゴリーにおいて，オラン・アスリは非ムスリム，マレー人はムスリムであると言い換えられるだろう．

ただし，オラン・アスリに対するイスラム化政策および運動は，マレーシア独立以後継続して行われている．また1971年以降，在来の人々をまとめてブミプトラ（Bumiputera）と分類し優遇を試みる，いわゆるブミプトラ政策が施行されたことからも，オラン・アスリとマレー人の違いを厳密に表現するのは困難である．それでも，オラン・アスリの分類が現実的に意味を持つのは，国家組織としてオラン・アスリ開発局（Jabatan Kemajuan Orang Asli: JAKOA）が存在し，その分類によって行政的に管理をしているという実践にもとづくといえる．

一方，自己認識としてオラン・アスリの諸集団は，18ないしは19，あるいはそれ以上に細分化された血縁集団または言語集団としてのアイデンティティを持ち，自分たちはマレー人や華人，インド人，あるいは他のオラン・アスリ

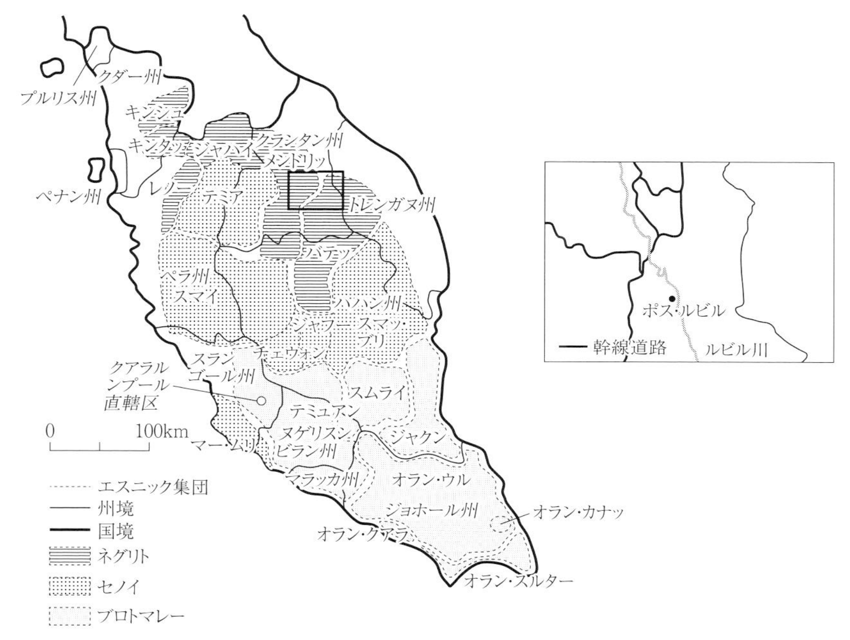

図1　オラン・アスリ諸集団（Benjamin［1985: 227, Fig 10.1］を翻訳して一部改変）とポス・ルビル

集団とは異なると考えている．そして，オラン・アスリ全体と，マレー人，華人，インド人の間には，経済格差，社会格差が存在する［信田 2004］．その格差を改善するために，オラン・アスリ諸集団が連帯し，内外の NGO などと協力して，オランアスリ全体の発展を目指すという運動が盛んになりつつある［Nicholas 2000］．そのように細分化された集団を超えた連帯を志向することによって，オラン・アスリ全体が自らをひとつのエスニシティとして自己規定しつつある現状も見られる．

オラン・アスリの中でも，生業を狩猟採集に依存する程度は大きな違いがある．既存の民族誌の記述において，本研究の対象であるネグリト系集団，および近隣のスマッ・ブリは，食糧獲得を狩猟採集に依存してきたことが描かれており［e.g., Endicott 1979; Kuchikura 1988; Gomes 2010］，狩猟採集民と分類するのに全く問題はない．一方，近隣においてもテミア（Temiar），あるいはその他セノイ系，プロトマレー系の集団は焼畑，あるいは漁撈などに生業を依存してきたと考えられ，狩猟採集民と呼称するのは困難である．

本研究の対象であるポス・ルビルは，クランタン州南部のルビル川流域に位置する．第二次世界大戦の後に激しくなった共産主義にもとづく反政府運動への対策として，オラン・アスリがその運動の支援に関わることのないように，また居住地域が運動の拠点にならないように，半島部北部の森林地帯における遊動的な集団に対する定住化政策が進められた．ポス・ルビルは，1969年にその定住化政策の拠点の1つとして整備され，当初は行政の支部がそこに設置された．現在は，電気，電話，水道等のインフラストラクチャーが導入され，また学校，イスラム礼拝所，簡易診療所等が設置されるとともに，世帯ごとの居住が許される木造あるいはコンクリート製の定住促進住宅がおおよそ世帯数分（36軒）配置されている．後述するように，人々は基本的に定住促進住宅に定住し，成人男性は現金獲得のための狩猟採集にしばしば出かける一方，女性や子供は大半の時間を村落内で過ごしている．

住民は，ネグリト系集団であるバテッ，およびメンドリッである．ポス・ルビルは，バテッとメンドリッの遊動範囲の境界だったところに位置すると考えられ，定住化後も，マチャン（Machang：バテッが主に居住）とパシ・リンギ（Pasir Linggi：メンドリッが主に居住）という500 m程度に離れた2か所に居住地が分かれている．ただし，バテッとメンドリッ間の婚姻も盛んであり，生業活動も両集団の参加で行われることが日常的であることから，両者の融合は進んでいると考えられる．両者間の日常会話で使用される言語はバテッ語である．バテッは，その他にもクランタン州内にポス・アリン（Pos Aring），スンガイ・タコ（Sungai Takoh）といった定住村落があり，トレンガヌ州，パハン州にも村落が存在する．メンドリッもその他にクアラ・ラー（Kuala Lah）という定住村落があるが，その集団内での比率は後述するセンサスの問題もあり，ポス・ルビルがバテッやメンドリッの全人口中で占める比率，あるいはバテッやメンドリッの総人口を正確に把握することは困難である．

バテッとメンドリッ，そしてその他のネグリト系集団の生業は狩猟採集である［Endicott 1979; Gomes 2010］．ただし，少なくともポス・ルビルに限って言えば，現在，狩猟採集は林産物を仲買人に売ることによる現金収入のために行われている．さらに，居住地周辺の開発のためにもはや狩猟採集活動を継続できない集団の報告も多数あり［須田 2009］，むしろポス・ルビルの人々は在来の生業を社会変化の中で商業的になんとか再構築した狩猟採集民の一例であると言えるかもしれない．

村民の狩猟採集による林産物は，ラタン（籐），ガハル（香木），センザンコウ，スッポン，その他漢方薬および在来薬の原料である．それらの生産量の増減は，マーケットの需要と資源の増減，そして行政による規制などによって影響を受けると考えられるが，調査時点での村民の活動はセンザンコウおよびガハルの狩猟採集に多く費やされていた．狩猟採集従事者は，仲買人から食費，燃料費などを前借りしたのち，オートバイや自動車を使用して，日帰りあるいは数日にわたる狩猟採集行によって林産物を得る．林産物は仲買人に買い上げられ，前借り分を引いた現金が従事者に手渡され，村内あるいは近隣の町にある商店でコメ，野菜，肉などの食料や生活用品が購入されるという日常生活である．

現在，ほぼすべての狩猟採集が男性によってのみ行われている．食糧獲得のための狩猟採集ではないこと，定住化し家族で移動することがなくなったこと，自動車の使用など移動方法が変わったこと，仲買人も男性であることなど，様々な要因がそれに影響していると考えられるが，村落内のみで活動することが女性の日常である．子供の世話や炊事洗濯といった，いわゆる家事労働に女性が従事することが多く，彼女らが現金を得る機会は，村落内の学校や商店でのパートタイム労働程度に限られている．

12.3 センサスの方法

ポス・ルビルにおける調査は2008年から2011年まで行った．人口動態の把握は，主にオラン・アスリ開発局（以下JAKOAと表記する）が収集しているセンサスデータに依拠した．このJAKOAセンサスは，JAKOAがオラン・アスリ各集団に対して行う開発や教育政策の基本情報として使用するために収集しており，マレーシア全体のセンサスデータと必ずしも一致していない．データは，各定住村を担当する駐在員が，最低年1回は村落を巡回し各種情報を聞き取ることにより収集され，整理された後に各州のJAKOA支部に提出されるものである．様々な項目がデータに記載されているが，本研究では，生年月日，性別，エスニシティ，出生地（移動の履歴），死亡年月日（該当者のみ），婚姻区分の項目を分析に使用した.

マレーシア全体のセンサスデータは，国家統計局（Jabatan Perangkaan）主体で10年ごとに行われる国勢調査（Banci Penduduk dan Perumahan Malaysia）が最も代表的な静態統計であり（直近は2010年），また国家登録局（Jabatan Pendaftaran）主体で行われている住民登録が総合的な人口動態統計である．ただし，JAKOAの各定住村落駐在員が国勢調査員を兼ね，また住民登録もしばしば駐在員に依頼して行われるため，実際にはJAKOAセンサスとマレーシア全体のセンサスの調査主体および対象が一致しているということもできる．

このJAKOAセンサスは，必ずしもセンサスの方法を正規に習得してはいない駐在員によって収集されるため，本研究で直接用いるにはかなり不正確であった．例えばエスニシティの登録では多くの住民がテミアとされていたり，また住民登録が正規になされていない成人において，出生年月日がしばしば不明であったりした．したがって，筆者は，JAKOAクランタン州支部に提出された2008年度のデータをもとに，まずデータ記載の内容を全世帯に対する聞き取りによって補完し，2009年，2010年，2011年に補完データを聞き取りによって更新するという方法をとった．筆者による調査終了日は2011年9月20日（開始は2009年8月24日）であり，分析において調査終了日までのデータを用いた．

生年月日については，現在，看護師による巡回健康相談が月一回実施されているため，若年世代のデータは1か月以内の誤差で収まると考えられるが，その制度が実施される前（10年程度）の記録はそれ以上の誤差が生じていると考えられる．そこで，本研究では病院内出産をはじめとする確かな登録記録を持つ個人を起点に，その個人に対する長幼を把握することで，年齢の補正を行った．確かな登録記録のほとんどない老年世代に対しては，大きなイベント時（マレーシア独立等）の大まかな年齢をもとに長幼を比較し補正を行ったが，1年以上の年齢誤差が生じている可能性がある．

12.4　現住人口

表1は，補完したセンサスをもとに構成したポス・ルビルの現住人口（*de jure* population）をまとめたものである．JAKOAセンサスにおいての記録上

表1　ポス・ルビルの現住人口（筆者作成）

	男性	女性	総数
2011年9月20日の実数	152	151	303
2008年1月1日の推定数	126	130	256
2008年1月1日～2011年9月20日の増減	26	21	47
移入（移入後出生死亡含む）	17	15	32
移出	11	9	20
出生	28	26	54
死亡	8	11	19

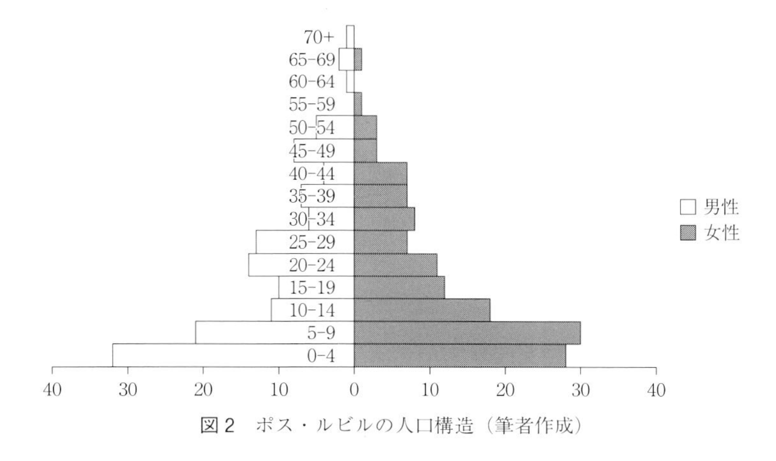

図2　ポス・ルビルの人口構造（筆者作成）

ポス・アリンなど他の村落，あるいは都市部に在住しているとされる者であっても，3か月以上滞在している者（実際には，そのすべての人々が，結婚，移住により，調査終了時まで継続して在住していた）はポス・ルビルの住民に含めた．調査期間中に他の登録地から移住してきた者は，移入としてカウントした．逆に，記録上ポス・ルビルの住民であっても，調査終了時まで継続して他の村落や都市に在住している者は住民から省いた．また，調査期間中に他の村落や都市に移動した者は，登録地にかかわらず移出としてカウントした．

この移動によるセンサスの困難さは，モビリティの高さが特徴である狩猟採集民の人口動態の把握に困難を生じさせてきたと考えられる．狩猟採集民の存在する地域が人口統計収集システムの整っていない地域であることと相まって，人口動態研究の少なさにつながっているといっても過言ではないだろう．一方で，表1のようにポス・ルビルの移入，移出の合計は，総数のたかだか5分の1程度である．この数値は，地縁集団を作る農耕民社会と比較すれば依然高いと考えることもできるが，村落に継続して居住するという定住化政策の定着の表れとして，モビリティが減少していると考えることもできる．

図2は2008年1月1日時点の人口構造を図示したものである．総人口のサイズが小さいため，ポス・ルビル，あるいはネグリト集団の継続的な人口動態を表しているとは断定できないが，ある程度の特徴を把握することはできる．まず，9歳以下と10歳以上の人数に大きな差があり，乳幼児死亡率が高いことを示唆する．また，老年人口が少なく，若年人口の多い，いわゆる「富士山型」の人口ピラミッドであり，今後の人口増加の可能性を示唆する．

12.5 出生率

表2は，調査期間内の出生数と，それにもとづいて算出した粗出生率，および合計特殊出生率（TFR）を表したものである．日本の2010年における合計特殊出生率は1.39であり［厚生労働省 2011］，また世界の狩猟採集民に対する先行研究において，この値はおおよそ5から6の間に収束する［Kelly 1995; Pennington 2001; 口蔵 2011］．さらに，2010年におけるマレーシア全体の粗出生率は17.5，マレー人，華人，インド人のそれは順に20.5，11.3，14.2である［Jabatan Perangkaan Malaysia 2011: 5］．このことから，ポス・ルビルの出生率は非常に高い値で推移していると言える．

表3に，近隣の狩猟採集民であるスマッ・ブリにおいて口蔵が分析した合計特殊出生率の推移を提示した．スマッ・ブリにおける1965年以降の値は，おおよそポス・ルビルにおける値と同等である．エスニシティの違いがあるとは

表2　ポス・ルビルにおける出生率（筆者作成）

	2008	2009	2010
年央（7月1日）人口	260	270	278
出生数	13	15	13
粗出生率（‰）	50.0	55.6	46.8
合計特殊出生率	7.50	9.03	6.85

表3　スマッ・ブリにおける出生率の推移（口蔵［2011: 表8］を改変）

母親の出産年代	1930-1955	1945-1970	1965-1995	1980-2005
合計特殊出生率	4.71	5.44	8.50	9.64

いえ，狩猟採集に依存する程度，定住化政策の実施形態と年代は両者にあまり違いはなく［Dentan et al. 1997］，近年の出生率の高さは半島マレーシアの狩猟採集民の一般的な特徴であると考えられる．定住化の進んだ現在のポス・ルビル，そして定住化政策の導入以後のスマッ・ブリにおいて出生率が高いことは，モビリティの減少が狩猟採集民の人口動態に大きな影響を与えるという先行研究の分析を支持する．

12.6　死亡率

表4は，調査期間内の全死亡数および乳児死亡数（1歳未満死亡数）と，それにもとづいて算出した粗死亡率および乳児死亡率，そして出生数と差し引きして算出した人口増加率を表したものである．乳幼児死亡率（5歳未満死亡率）は，5年間のデータが必要となるので算出せず，参考までに乳幼児死亡数を掲載した．また，表5は出生率と同様に，スマッ・ブリの値を比較のために表したものである．

2010年におけるマレーシア全体の粗死亡率と乳児死亡率は，順に4.8と6.8である．また，粗死亡率は，マレー人で4.9，華人で5.4，インド人で5.8である［Jabatan Perangkaan Malaysia 2011: 1–3］．これらの値と比較すると，ポス・ルビル，およびスマッ・ブリにおける死亡率は高い値で推移していると言える．この死亡率の高さは，半島マレーシアの狩猟採集民，あるいはオラン・アスリ全体が，マレーシアの社会経済的状況の中で周縁化されていることを如実に表している．

人口増加率は，高い死亡率を高い出生率が上回る形で，高いプラスの値を示している．例えばスマッ・ブリの1970年代以前の出生率が現在も継続しているならば，人口増加率は低いままであったと推測されるが，人類集団全体で見てもかなり高い現在の出生率は，半島マレーシア狩猟採集民の人口転換の兆候を示していると言える．

今後もこの人口増加率が維持されるならば，少なくともポス・ルビル，さらには半島マレーシアの狩猟採集民全体における爆発的な人口増加が予測される．狩猟採集は，離散する少量の資源を高いモビリティで探索するという生業形態であり，人口増加にたいして安定しているとは考えにくい．筆者の観察によれ

表4　ポス・ルビルにおける死亡率および増加率（筆者作成）

	2008	2009	2010
死亡数	5	4	7
粗死亡率（‰）	18.9	14.5	24.9
乳児死亡数	0	1	0
乳児死亡率（‰）	0.0	66.7	0.0
乳幼児死亡数	1	2	4
人口増加率（%）	3.13	4.30	2.34

表5　スマッ・ブリにおける死亡率および年平均人口増加率（口蔵［2011: 表4］を改変）

年代	1979-1984	1984-1989	1989-1994	1994-1999	1999-2004	2004-2007
粗死亡率‰	15.2	24.8	17.2	11.0	15.6	13.2
乳児死亡率‰	125.0	166.7	133.3	82.0	88.9	125.0
年平均増加率％	3.76	4.01	4.82	5.72	5.95	5.14

ば，現在，主に男性によって行われている狩猟採集活動は，オートバイや自動車を利用し1日で50 km以上の移動を必要とするものとなっている［小谷 2013］．このことは，ポス・ルビルの人々が近代化を契機に付加価値の高い資源を探索する方法を手に入れたことを示すと同時に，周囲における資源の枯渇を示していると考察できる．

12.7　狩猟採集民の人口動態と定住化政策

以上述べてきたように，本研究の対象であるポス・ルビルにおいて，出生率，死亡率，および人口増加率がそれぞれ高い値を示した．JAKOAによって提供された定住促進住宅に生活の拠点を置き，男性がそこから狩猟採集に「出勤」する一方，女性は「専業主婦」として村内に留まるという，ポス・ルビルにおける定住化の進行状況が，そのような人口動態に影響していることは間違いない．スマッ・ブリにおける人口動態の推移は同じような結果を示しており，半島マレーシアの狩猟採集民において定住化が人口増加率を上昇させている要因であることが示唆される．特に，口蔵がスマッ・ブリにおける事例で結論付けているように［口蔵 2011］，女性のモビリティの減少が人口動態に影響を与える重要な要素であると考えられる．

冒頭に先行研究の議論を紹介したが，定住化やモビリティの変化が人口動態に影響を与えるメカニズムが完全に解明されたとは言い難い．ポス・ルビルにおいても，栄養状態の把握，生理学的分析，医療福祉実践の評価を今後進めていく必要がある．本研究でも問題となったように，狩猟採集民特有のモビリティの高さと公式の人口統計の不備から，統計資料のみを用いて人口動態研究を行うことは困難である．中澤が提唱するような小集団人口学の枠組み［中澤 2007］を用いて，人類学者や人口学者の協働によって個別の民族誌的データを蓄積してくことが，農耕の開始前後におきた人口動態の変化と定住化をはじめとする社会変容の関係を明らかにしていく唯一の方法であろう．

一方，本研究でも顕著であった死亡率の高さは，人類史解明という問題ではなく，現在の狩猟採集民の置かれている社会経済的状況についての問題として扱われるべきである．同じ東南アジアの狩猟採集民であるフィリピンのアエタにおいても，他集団に対する死亡率の顕著な高さが大きな問題として提起されている［Early and Headland 1998: 102］．現在の彼らの狩猟採集活動自体に死亡率，特に乳児死亡率を上げる顕著な要因があるとは考えにくく，その活動に従事する集団が国家やグローバル経済の中で周縁化されてしまうメカニズムの解明を目指すべきだろう．

出生率，および人口増加率の高さも社会経済的状態についての問題として考察する必要がある．本研究の結果は，将来のさらなる人口増加を示唆しており，すでに資源が枯渇しつつあると考えられる環境の下で，このまま狩猟採集活動を継続することは困難であると予想される．人口動態と周囲の状況から，ポス・ルビルの人々の今後を展望すると以下の３つのシナリオを描くことができる．第一は，ポス・ルビル全体で生業転換がおきる，つまり狩猟採集を放棄して農耕あるいは商工業に従事するようになるというシナリオである．第二は，一部の人々は狩猟採集を継続するとしても，資源にアクセスできなくなった人々が都市や他村落に流出していくというシナリオである．第三は，人口転換が急激に進み，人口増加が止まるとともに，狩猟採集活動は形態を変えつつも維持されるというシナリオである．

第一，第二のシナリオにかんして，新たに他の生業に従事することを強いられる人々が安定的な収入を得られるようになるとは考えにくく，すでに周縁化されている人々がさらなる貧困に陥ることが予想される．JAKOA をはじめとする行政によって立案されている定住化政策は，狩猟採集民を定住化させ，他の生業に従事させることにより貧困に陥ることを回避するという目的を掲げている．しかし，その立案において人口動態の変化は全く考慮されていない以上，その目的の達成が危惧される．

また，第三のシナリオにかんして，本研究の結果からはその可能性が低いと言わざるを得ない．ただし，2011年時点の再生産年齢（15～49歳）の女性51名の内，9名が近代的避妊法を実施しているというインタビューデータがあり，そのデータに対して49歳以上の女性は「自分たちの頃はそのような知識もなかったし，実施も考えていなかった」という印象を語っていたことから，その可能性が全くないと判断することもできない．いずれにせよ，現在の人口動態の諸相が，今後のポス・ルビル，および半島マレーシアの狩猟採集民の社会経済的状況にどのような影響を与えるのかを継続して調査していく必要があるだろう．

参照文献

Benjamin, G. (1985) In the Long Term: Three Themes in Malayan Cultural Ecology, *Cultural Values and Human Ecology in Southeast Asia*, K. L. Hutterer, A. T. Rambo, and G. Lovelace (eds.), University of Michigan, Center for South and Southeast Asian Studies, pp. 219–278.

Bentley, G. R., T. Goldberg, and G. Jasienska (1993) The Fertility of Agricultural and Non-Agricultural Traditional Societies, *Population Studies* 47: 269–281.

Bocquet-Appel, J. P. (2011) The Agricultural Demographic Transition during and after the Agriculture Inventions, *Current Anthropology* 52(S4): 497–510.

Cohen, M. N. (2009) Introduction: Rethinking the Origins of Agriculture, *Current Anthropology* 50: 591–595.

Dentan, R. K., K. Endicott, A. G. Gomes, et al. (1997) *Malaysia and the "Original People": A Case Study of the Impact of Development on Indigenous Peoples*, Allyn and Bacon.

Early, J. D., and T. N. Headland (1998) *Population Dynamics of a Philippine Rain Forest People: The San Ildefonso Agta*, University Press of Florida.

Endicott, K. (1979) *Batek Negrito Religion: The World-View and Rituals of a Hunting and Gathering People of Peninsular Malaysia*, Oxford University Press.

Gomes, A. (2010) *Modernity and Malaysia: Settling the Menraq Forest Nomads (The Modern Anthropology of Southeast Asia)*, Routledge.

Howell, N. (1986) Demographic Anthropology, *Annual Review of Anthropology* 15: 219–246.

池谷和信（2002）『国家のなかでの狩猟採集民――カラハリ・サンにおける生業活動の歴史民族誌』国立民族学博物館.

Jabatan Perangkaan Malaysia（2011）*Perangkaan Penting Malaysia 2010*, Jabatan Perangkaan Malaysia.

Kelly, R. L.（1995）*Foraging Spectrum: Diversity in Hunter-Gatherer Lifeway*, Smithsonian Institute.

Konner, M.（1980）Nursing Frequency, Gonadal Function, and Birth Spacing among !Kung Hunter-Gatherers, *Science* 207(4432): 788–791.

厚生労働省（2011）『平成 22 年（2010）人口動態統計（確定数）の概況』大臣官房統計情報部人口動態・保健統計課.

Kuchikura, Y.（1988）Efficiency and Focus of Blowpipe Hunting among Semaq Beri Hunter-Gatherers of Peninsular Malaysia, *Human Ecology* 16(3): 271–305.

口蔵幸雄（2011）「Semaq Beri 女性の出生力――半島マレーシアの狩猟採集集団の社会・生態学的変化と人口動態」『岐阜大学地域科学部研究報告』28: 161–201.

中澤港（2007）「小集団人口学」『現代人口学の射程』稲葉寿編，ミネルヴァ書房，pp. 172–195.

Nicholas, C.（2000）*The Orang Asli and the Contest for Resources: Indigenous Politics, Development and Identity in Peninsular Malaysia*, IWGIA.

信田敏宏（2004）『周縁を生きる人びと――オランアスリの開発とイスラーム化』京都大学学術出版会.

小谷真吾（2013）「狩猟採集民におけるモータリゼーション――マレーシア半島部バテッの事例から」『生態人類学会ニューズレター』18: 10–11.

Pennington, R.（2001）Hunter-Gatherer Demography, *Hunter-Gatherers: An Interdisciplinary Perspective*, C. Panter-Brick, R. H. Layton, and P. Rowley-Conwy（eds.）, Cambridge University Press, pp. 170–204.

Price, T. D., and O. Bar-Yosef（2011）The Origins of Agriculture: New Data, New Ideas; An Introduction to Supplement 4, *Current Anthropology* 52(S4): 163–174.

須田一弘（2009）「トレンガヌ州オランアスリ集落における地域開発とその影響に関する生態人類学的研究」『北海学園大学人文論集』42: 161–184.

Wilmsen, E. N.（1982）*Biological Variables in Forager Fertility Performance: A Critique of Bongaarts' Model*, African Studies Center, Boston University.

13　国立公園の普及と中部アフリカの狩猟採集民

服部 志帆

13.1　はじめに

本章では，これまで世界中ですすめられてきた国立公園の設定と国立公園の周辺エリアにおいて行われてきた保全プロジェクトが，国立公園の内外に暮らす人々にどのような影響をもたらしてきたのかをみてみたい．まず，国立公園制度と保全プロジェクトの歴史を概観する．次に，中部アフリカの熱帯雨林で行われるようになった森林保全プロジェクトの背景とこの地域に暮らすピグミー系狩猟採集民が置かれている状況の全体像について述べる．そして筆者がこれまで16年にわたり研究を行ってきたカメルーン東南部で行われている森林保全プロジェクトとピグミー系狩猟採集民のバカを事例として取り上げる．森林保全プロジェクトがバカの活動域と野生動物利用とどのように異なっているのか，バカは森林保全プロジェクトをどのように理解しどのような反応を示しているのか述べる．最後に，森林保全プロジェクトに対抗して新たにみられるようになった先住民支援の動向を紹介し，森林保全のあり方について考えてみたい．

なお，森林保全プロジェクトやバカの生計と伝統的な生態学的知識（TEK: Traditional Ecological Knowledge）の詳細については，筆者による『森と人の共存への挑戦――カメルーンの熱帯雨林保護と狩猟採集民の生活・文化の両立に関する研究』（松香堂書店，2012年）を参考にされたい．この本は2006年までの調査に基づいており，本章はそれ以降の情報を付け加えたものとなっている．

13.2　国立公園制度と保全プロジェクトの普及

世界で初めての国立公園は，1872年アメリカ合衆国のアイダホ州，モンタナ州，ワイオミング州にまたがる地域に作られたイエローストーン国立公園である［Nash 1970: 726］．その後，ヨーロッパ諸国とこれらの国々が植民地支配していた地域において次々と国立公園が作られた．国立公園制度はグローバリゼーションを背景に140年ほどの間で植民地を経験したことがない国にも広まったが，これとともに設立当初からの問題も輸出された．

国立公園の設置は，もともとその地域に住んでいた住民の排除や自然資源の利用禁止をともなうことが多く，地域において新たな対立や住民の周辺化などの問題を生み出しているのである．イエローストーンの場合は，ショーショーニーやバンノックが住んでおり，19世紀末に伝統文化のバッファロー狩りが禁止された．文化再生運動によって1990年代に彼らは狩猟権を取り戻したが，過去1世紀の間に彼らの生活は大きな変貌をとげた．現在，世界の国立公園の周辺や内部には住民が暮らしている場合が多く，国立公園制度から住民はさまざまな影響を受けている．とくに途上国では，居住地域の周辺の自然資源に強く依存して暮らしている人々が多く，活動域や狩猟活動の制限によって生活を根底から脅かされているのである．このような人々のなかには狩猟採集民が多く含まれている．

筆者がこれまで研究を行ってきたアフリカについて述べてみたい．アフリカの国立公園は宗主国や国際機関，NGOなど外部社会の影響を強く受けて設立・運営されてきた歴史があり，現在も国際社会の影響のもとに成り立っている．アフリカではじめて国立公園が作られたのは，1925年，ベルギー領コンゴ（現・コンゴ民主共和国）であった．マウンテンゴリラの保護を目的に東部のヴィルンガ火山群の一部がアルバート国立公園（現・ヴィルンガ国立公園）と定められた．その後，東アフリカのサバンナ地域を中心に植民地政府によって国立公園が作られた．当時の国立公園は，宗主国の支配者が観光狩猟を行うために動物資源や保養地を確保するという目的を併せ持つこともあったようだ［Neumann 1998: 35］．独立後は，宗主国に代わってアフリカ諸国の政府が国際機関やNGOとともに国立公園の運営を行うようになり，野生動物の保護と生態系の保全がより強く打ち出されるようになっていった．1980年代以降は，開発の分野の世界的な動向を受けて「住民参加型保全（community-based conservation）」が戦略として掲げられ［Western and Wright 1994: 7］，国立公園の外側エリアで住民を対象にした保全プロジェクトが活発化した．

このような背景には，住民を排除することによって生じた数々の失敗例があり，住民はこの時期から保全の担い手として新たに期待されるようになったのである．1990年代以降は，中部アフリカで伐採事業による熱帯雨林の荒廃が国際社会の注目を浴び，国立公園の設定と森林保全プロジェクトが活発化した．このようにアフリカの国立公園制度は管理の主体や設置の目的，戦略，担い手などが時代とともに変わってきたが，設置当初からみられた住民と国立公園を管理する当局とのあいだの対立は続いている［e.g., Hill 1998; Nishizaki 2004］．

13.3　アフリカの熱帯雨林とピグミー系狩猟採集民

アフリカの熱帯雨林は，総面積が1億7000万ヘクタールに及び，ゴリラやチンパンジーなどの絶滅危惧種をはじめ，多くの固有種が生息する森として知られている．しかし，この豊かな森は伐採によって野生動物の減少に直面し，1990年代後半から中部アフリカ諸国の政府と国際自然保護団体によって国立公園の設定と森林保全プロジェクトが行われるようになった．世界で初めて国立公園ができてから1世紀以上が過ぎてのことである．中部アフリカの国立公園はアフリカのなかでも最も新しいものであり，保全の戦略としては「住民参加型保全」をさらにすすめた「共同管理（collaborative management）」と「適応管理（adaptive management）」がとられている．「共同管理」とは，自然保護団体の援助を受けて住民が政府とともに自然資源の管理や保全にあたるというもので，「適応管理」とは，地域を取り巻く状況の変化に応じて柔軟にプロジェクトを練りなおすというものである［Strum 1994］．

2002年には，中部アフリカ諸国，主要援助国の政府，国際機関やNGOが，「コンゴ盆地森林パートナーシップ（CBFP: Congo Basin Forest Partnership）」というプログラムを開始し，生態学的に重要な11地域を対象に保全活動をすすめている［CBFP 2005: 2］．さらに2000年代後半には，温暖化への危惧から二酸化炭素濃度の抑制のために森林そのものを保全する必要性が認識され，世界銀行が中心となって，熱帯雨林を有する国に炭素隔離機能に応じた経済的還元を行うことを決めた．国際機関や政府は，住民主体の森林保全とこれに対する経済的還元の仕組みについて検討している．さらに森林における非木材資源の活用という観点も加わり［Hirai 2014: 199］，新たな形の森林経営と保全について議論が行われている［Ichikawa 2014］.

過去数十年のあいだに国際的な関心を集めるようになった中部アフリカであるが，この地域にはもともとピグミー系狩猟採集民が暮らしていた．ピグミー系狩猟採集民とは総称であり，バカのほかにもアカやムブティ，エフェ，バギエリなど合計で約10の民族集団が含まれている．ピグミー系狩猟採集民は，身体的な特徴のほかに森に強く依存した生活，宗教的実践ともいえる歌と踊り，集団のなかにヘッドを作らない平等主義社会，近隣に暮らす農耕民とのあいだに築いた相互依存関係など文化的・社会的な特徴を共有している．いつから彼らがこの地に暮らしていたかは議論の余地があるが，紀元前2400年ごろのエジプト古王朝の記録では，「ナイルの源の樹の国」に住む「神の踊り子」として記されている［Turnbull 1961: 20］．少なくとも今から4400年以上前には，現在のコンゴ民主共和国の東北部森林地帯に彼らの先祖が住んでいたと考えられる．現在のような民族分布の由来は興味深いテーマのひとつであるが，上述の諸集団が多くの特徴を共有していることから同一の起源を持っていることは間違いないだろう．

ピグミー系狩猟採集民はこれまでも政府や商人などの外部社会から影響を受けて生活や文化を変容させてきたが，2000年以降国際社会からの影響を受けてこれまでにない変化の波を経験するようになった．森林伐採や森林保全プロジェクトが活発化し，森林との深いかかわりによって築きあげてきた生活と文化を維持するのが難しくなってきているのである．コンゴ盆地では，現在25の国立公園を含む31の保護区が作られており，これらの内外にはピグミー系狩猟採集民が暮らしている．このような国立公園や保護区の設置により，中部アフリカでは12万人以上がすでに土地を奪われ，いずれは17万人以上が影響を受けるようになるともいわれている［Schmidt-Soltau 2003: 1］.

このような政治的・経済的に周辺化されている先住民に対する関心が国際社会で高まり，国連は1993年を「世界の先住民の国際年」とし，その後さまざまなプロジェクトを行っている．中部アフリカにおいても国連や世界銀行による先住民を対象にした開発プロジェクトやNGOによる先住民の支援活動が行われるようになった．イギリスのNGOであるForest Peoples Programmeは，カメルーン南部に居住するバギエリが石油パイプラインの開発とCampo Ma'an国立公園の設置によって土地を奪われつつあったことに目をつけた．GPSを用いてバギエリとともに慣習的利用域の地図を作り，これをもとに企業や政府，自然保護団体などと交渉し土地を奪い返したのである［Lewis 2012: 23-25］．慣習的利用域の地図をもとに交渉を行う戦略は，その後カメルーン東南部，コンゴ共和国，ガボン，中央アフリカ，ウガンダなどにおいてもとられている［Lewis 2012: 26］．同じくイギリスのNGOのRainforest Foundationもまた，カメルーン，コンゴ共和国，コンゴ民主共和国，中央アフリカ，ガボンにおいて地図作りとピグミー系狩猟採集民の法的権利の確立を行っている［Lewis 2012: 29］．このようななか，ローカルNGOが次々と作られ［Robillarde 2010: 274-275］，なかには活動家となるピグミー系狩猟採集民も出てきている．

13.4　カメルーンの森林保全プロジェクトと狩猟採集民の生活

カメルーン東南部では1970年代から伐採事業が始まり伐採地区は年毎に拡大した．2004年の時点で国立公園や共有林，住民が居住する道路沿いの区画を除いた森林の大半が伐採対象地となり，フランスやベルギーなどの伐採会社が操業を行うようになった．森に開かれた伐採路を使って野生動物の密猟者や交易人が森林地帯を訪れるようになり，需要の高いレッドダイカーやゾウの減少が危惧された．観光狩猟会社は，1980年代から操業を開始し，2002年には観光狩猟用に割りふられた狩猟区の大半が貸し出された．近年では鉱物採掘者が加わり利害関係者がさらに多様化している．

自然保護団体は80年代後半にこの地域にやってきた．この地ではじめての本格的な生態系の調査を行ったのは，IUCN（International Union for the Conservation of Nature and Natural Resources: 国際自然保護連合）である．その後，WCS（Wildlife Conservation Society: 野生生物保護協会）やWWF（World Wide Fund for Nature: 世界自然保護基金）が動物相の調査を行い，絶滅危惧種の生息密度が高く生態学的に重要な3地区（Lobeke，Boumba-Bek，Nki）の国立公園化と周辺エリアの持続的管理をめざしたJengiプロジェクトを1998年に開始した．Jengiは，バカの儀礼に登場する最も強力な精霊の名前である．この地域には50の行政村に住民6万人が暮らしているといわれている．おもに狩猟採集民バカと焼畑農耕民である．プロジェクトは，合計70万haに達する3つの国立公園を含む270万haのエリアに及んでおり，カメルーンの国土

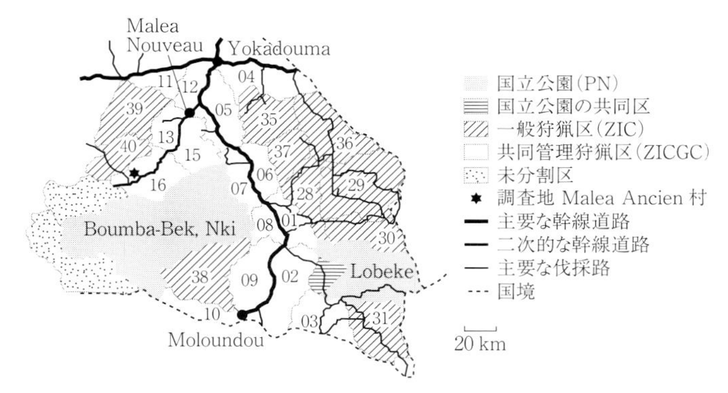

図 1　東部州における狩猟区画（GIS database, WWF South East Jengi Forest Project, August 2002 を改変）

の 12.5% を占めている．

どのような森林管理が行われているのかみてみたい．他の多くの国立公園と同様に Jengi プロジェクトにおいても，国立公園と狩猟区の設定，狩猟規制が採用されている．3 つの国立公園を取り囲むように 9 つの一般狩猟区と 14 の共同管理狩猟区が割りふられており，一般狩猟区，共同管理狩猟区はそれぞれ約 100 万 ha を占めている（図 1）．一般狩猟区は森林省から狩猟ライセンスを取得した観光狩猟のハンターがおもに利用するエリアであり，共同管理狩猟区は住民が利用するエリアである．

しかしこのような国立公園や狩猟区の設定はバカによる森林資源の利用を無視したものとなっている．調査村（東部州 Boumba-Ngoko 県 Malea Ancien 村）のバカは，狩猟が許可されていない一般狩猟区内のキャンプを利用し molongo を実施する．Molongo とは，集落から離れた森林に移動し，狩猟や採集，漁撈を行い，森林産物に依存した生活を送るというものである．一般狩猟区では 2006 年から観光狩猟会社が営業を始めた．この時期から 2008 年にかけてこの会社のオーナーであるトルコ人とバカの間で土地や動物資源をめぐる対立がみられるようになった．バカによると，バカは一般狩猟区だけでなく国立公園に狩猟や採集に出かけることもあり，国立公園をパトロールする森林保護官に出会うことを恐れていた．他の地域のバカの活動域も一般狩猟区や国立公園まで広がっており，プロジェクトで狩猟が許可されている共同管理狩猟区内におさまらないことが明らかとなっている［Njounan Tegomo et al. 2012: 51–54］．プロジェクトの推進側は新たな保全戦略を取り入れたりバカの精霊をプロジェクト名に採用したりなど表面的には住民に配慮する姿勢を見せながら，実際は住民の狩猟活動を厳しく制限するという方策をとっているのである．

共同管理狩猟区は，それぞれ各村の代表者によって組織された動物資源管理委員会が管理・利用にあたることになった．カメルーンでは，観光狩猟のハンターには狩猟した動物ごとに異なる狩猟税が課せられ，狩猟税の一部はハンターが狩猟を行った一般狩猟区に隣接する共同管理狩猟区の住民に還元されることになっている．動物資源管理委員会は，このような還元金を住民に分配したり密猟者の通報を行う役割を担っている．

調査村が所属している委員会は2002年に結成され，森林面積が111 haに及ぶ共同管理狩猟区を管理することになっている．この委員会は13村の村長と代表者，合計31人からなっているが，コナベンベの男性27人と女性1人，バカの男性3人の計31人から構成されていた．，圧倒的にコナベンベの割合が多い．バカは3人いるが，これは同じ村に農耕民が暮らしていないという特殊な社会環境のために代表者として選ばれた．筆者がこれまで調査を行ってきた集落から南西にのびた道路の終点にあたる集落Ngato Ancienのバカである。通常この地域の村には，農耕民コナベンベと狩猟採集民バカがともに暮らしており，行政に関する代表者はコナベンベから選ばれる．動物資源管理委員会の民族構成は，この地域にみられる農耕民優位の社会構図が反映されたものとなっている．

狩猟規制はどうであろうか．カメルーンの森林法［Law No. 94-01 of 20 January 1994］と政令［Decree 95-466 PM of 20 July 1995］は狩猟規制の詳細を定めている．森林法によると，カメルーンの動物種はすべて保護種とされており，クラスA（全面的保護種），B（保護種），C（部分的保護種）の三階級に分類され，分類される動物種は森林省の大臣の出す省令によって決められる［森林法78条（1）］．2006年12月に出された省令［No. 0648 of 18 December 2006］は，ワシントン条約において定められている取引規制種の分類に基づいて，カメルーンの動物種を哺乳類，鳥類，爬虫類，両生類ごとにクラス分けしている．これらのうち調査地に生息する哺乳類は，クラスAが15種，クラスBが12種である．

クラスA種は狩猟が完全に禁止されており［森林法78条（2）］，クラスB種とクラスC種は政府から狩猟許可を得ることによって狩猟が可能となる［森林法78条 (3)]．クラスC種は，住民による「伝統的な狩猟」が可能とされている［省令24条 (2)]．「伝統的な狩猟」とは，植物性の素材で作られた猟具を用いた狩猟と定められており［省令2条 (20)]，これによって得られた獣肉は食用とすることのみが許可され売買は禁止されている［省令24条 (3)]．猟期については，野生動物管理局がクラスごとに禁猟期を定めることになっている［森林法79条]．野生動物管理局は，7〜12月の間はクラスA種とクラスB種を対象にした狩猟を禁止していた［MINEF & GTZ 1999]．クラスAやBに分類される動物の肉片を持っているところを発見された場合，5〜20万FCFA（セーファーフラン）の罰金または（もしくは両方）20日間から2か月間の禁固刑に処せられる［森林法155条]．FCFAは西アフリカや中部アフリカ地域で用いられる共同通貨で，罰金は日本円に換算すると，約1万から4万円程度である．

このような狩猟規制はバカの狩猟実態とかけ離れている．2001年8月〜2002年2月の約7か月間に調査村の成人男性25名の狩猟活動を調べた結果，狩猟動物（重量）の5%がクラスA，84%がクラスB，11%がクラスCの動物であった．クラスAとBは狩猟が禁止されており，バカの狩猟動物の90%が狩猟禁止動物にあたる．また2001年9月〜2002年2月にかけてのべ129日間ある世帯の現金収入を調べた結果，禁止されている獣肉売買が現金収入の45%となっていることがわかった．さらに2001年8月〜2002年2月と2004年3〜7月に行った食事調査の結果，バカがほぼ1年を通して1日平均150〜260 kcalを獣肉から得ていることや禁止されているワイヤーによって88%の動物（数量）を捕獲していることがわかった．このように，6か月間の禁猟期や猟具の制限は狩猟活動の実態と大きくかけ離れたものとなっているのである．

13.5　バカの反応

森林保全プロジェクトの説明会

調査村の周辺においてJengiプロジェクトが開始された2001年から2006年の間に，住民を対象にした説明会は3回行われた．以下では，調査村で初めて行われた説明会に対するバカの態度を，農耕民コナベンベの態度と比較しながらみたい．

2001年8月12日の午後の3時間，調査村において説明会が行われた（図2)．

図2　森林保全プロジェクトの説明会の様子

当日，バカはコナベンベの村の集会所に集められた．参加者は，コナベンベの男性が27人，コナベンベの女性が7人，バカの男性が12人，女性が3人であった．コナベンベの男性の大半が環境教育に参加したのに対して，バカの男性は半数以上が森に行ってしまった．また，コナベンベは年配の女性の大半が参加していたが，バカは年配の女性が参加していなかった．役人と普及員のコナベンベが集会場の中心に位置取り，その周りを取り囲むようにコナベンベが腰を下ろした．参加したバカの大半は，集会所に入りきれず外側に直接座った．

はじめに，森林省の役人がこの地域で計画されているプロジェクトの内容とその必要性をフランス語で説明し，普及員がコナベンベの言語に翻訳した．バカはコナベンベの言語を理解する．参加したバカの反応は，心ここにあらずといった様子でただ遠くをぼんやりと見つめているだけというものであった．バカの消極的な態度とは対照的にコナベンベは，質問を繰り返し，プロジェクトに従っていては，自分たちは生きていけないことを声高に訴えた．環境教育が終わった後，農耕民は集会所に残り森林保全プロジェクトについて話し合っていたが，バカは一言も感想をもらすことなくすぐさま森へ行ってしまった．

このようなバカとコナベンベの対照的な態度には，不均衡な民族間関係があらわれている［服部 2010］．バカはコナベンベに労働力や森林産物を提供し，見返りとしてコナベンベから農作物や酒などを得ている．両者の関係は相互依存的でありながらも，畑に豊富な農作物を蓄え乾燥魚を商人に売りに出してはバカの10倍以上の現金収入を得るコナベンベのほうが経済的にも政治的にも優位である．森林保全プロジェクトから最も強い影響を受けるにもかかわらず，バカは地域の有力者であるコナベンベを前に自分たちの意見を述べることができなかったのである．

森林保全プロジェクトの内容に対するバカの理解と意見

2006年7月，調査村においてバカにプロジェクトの内容について質問を行った．その際，バカは狩猟区の区分や動物資源管理委員会の発足を知らないと答えた．彼らは国立公園の存在は知っており，国立公園を「政府が動物を一箇所に集めている場所（nganda a so nda pode gominan）」と呼んでいた．バカ語でNyambonji（Apom）川の南方の森であるという．あるバカの男性は，国立公園の利用について下記のように語り，他の多くのバカの男性がこの意見に共感を示していた．

> WWFはバカが国立公園に入ることを禁止している．私は国立公園内にあるsafa（*Dioscorea praehensilis* Benth.，ヤマノイモ科）の群生地Godoaleにmolongoに行ったことがあるが，WWFとの争いを避けるために今後は国立公園には行かない．（推定年齢40歳男性A）

狩猟規制について，保護種の正確な分類や獣肉の売買禁止，禁猟期など狩猟規制の詳細について知るバカは皆無であった．あるバカの男性は下記のように語り，バカの多くは類似した意見を持っていた．

> どのような手段であれ，WWFはバカが動物を狩猟すること望まない．WWFは，バカが動物を殺したら動物が子供を産まなくなって，動物がいなくなるという．バカに森へ行かずに村で畑をしろという．だが，バカは動物の代わりに何を食べるのか？　動物が食べられないと，バカは飢えて（pene）死んでしまう．（推定年齢44歳男性D）

森林保護官との対立

森林保護官は，2001年から2006年に3回調査村にパトロールにやってきた．保護官が来るとわかっていた日は，バカの多くは朝から森へ出かけて保護官と会わないようにしていた．コナベンベの村長によると，調査村においてコナベンベの男性が獣肉を持っているのが見つかり，県庁所在地のYokadoumaにある監獄に数日間入れられたという．また，2004年10月に近隣村のバカが森林保護官に家にあった獣肉を取り上げられたという．その後2009年2月と2012年8月に調査村を訪れた際バカに聞き取りを行うと，森林保護官が村を訪れたことがあったが，接触を避けたバカは森のキャンプに逃げこみ，森林保護官は調査村より奥にある村に向かったという．

調査村のバカは獣肉や象牙の交易を行う商人とほとんど接触がなくゾウ狩りは行っていない．国立公園の利用もそれほど頻繁ではない．そのため，森林保護官に目をつけられにくかったようだが，他の地域のバカのなかにはゾウ狩りや国立公園の利用を活発に行う集団があり，キャンプの焼き討ちや暴力，投獄など厳しい懲罰の対象になっている［Oishi et al. 2015］．

2009年4月には，カメルーン政府が緊急介入部隊（BIR: Brigade d'Intervention Rapide: Rapid Intervention Battalion）50人と森林保護官など113人の要員を動員し，コンゴ共和国との国境沿いやLobeke，Boumba-Bek，Nkiの3公園周辺で反密猟作戦を行った．このときは10人をこえる逮捕者が出たという．ただし，民族構成は不明である．その後も，取り締まり活動が続き，2014年には先住民の人権保護を行っているイギリスのNGOのSurvival Internationalと社会問題省が調査委員会を組織し，緊急介入部隊や森林保護官の職権乱用について調査を開始した［Freddie Weyman私信，2014年5月28日］．このような状況のなか，反密猟作戦に対して，住民は大きな不安と恐怖，そして反発を抱いているという．

13.6　森林保全プロジェクトへの狩猟採集民の参加

カメルーン東南部で実施されている森林保全プロジェクトを概観しバカの反応についてみてきた．Jengiプロジェクトはバカの移動生活や狩猟活動の実態とかけ離れたものとなっていた．バカはプロジェクトの説明会で無関心のようにみえる態度をとっており，動物資源管理委員会や狩猟区画法，狩猟規制については正確に理解していなかった．動物資源管理委員会やプロジェクトの説明会では地域の有力者である農耕民によって参加する機会を奪われていた．また，調査村のバカや農耕民と観光狩猟会社の間では狩猟地や資源をめぐる対立関係が生じていた．2009年には観光狩猟会社が狩猟地使用の再契約を結ばなかったために対立がなくなっていたが，今後新しい観光狩猟会社が営業を開始すれば，対立が生じる可能性がある．また，東部州のなかには森林保護官による厳しい取り調べが行われている地域があり，バカや農耕民に大きな影響がみられるようになっている．東部州全体を見ると，観光狩猟や森林保全プロジェクトの影響の大きさは場所によって異なるが，多くの地域が潜在的な対立を内包しており，観光狩猟や森林保護官によるパトロールがさらに活発化すれば，対立はただちに顕在化するだろう．緊急介入部隊や森林保護官が集中的に取締りをした地域では，対立の激化と人権侵害が危惧される．

このようなバカを取り巻く厳しい状況に対し，Forest Peoples Program や Rainforest Foundation などの NGO は活動を活発化させている．活動のひとつに参加型地図作成（participatory mapping）がある．これは中部アフリカ諸国で行われているものと同手法であり，トレーニングを受けたバカが GPS を用いて慣習的な利用地や利用植物をマッピングするというものである．これをもとに，政府や自然保護団体と交渉し，バカの活動域の拡大や法的権利の確立を行おうとしているのだ．住民の居住域における違法伐採についても，マッピングによって報告できるシステムを作っている．このような先住民の支援団体による活動や国際社会の関心から影響を受けて，WWF などではバカの慣習的な利用域を調べ，森林管理に加えることが検討されている［Njounan Tegomo et al. 2012: 56］．

先住民支援の影響によってこれまで森林管理において適切に議論されてこなかったバカによる森林利用が地図をもとに議論の土台にあがることはもちろん評価するべきである．活動域の検討とともに，本章で示したようなバカによる野生動物利用の実態と大きくかけはなれた狩猟規制についてもただちに検討する必要があるだろう．バカが保全プロジェクトに参加するための最低限の条件として彼らの生活や文化の保障と尊重は外せない．

しかしバカの権利の尊重が地域社会において民族間の対立を促進する可能性をはらんでいることには注意するべきである．地域社会においてバカよりも優位な立場にある農耕民が，動物資源管理委員会や森林保全プロジェクトの説明会において最大の利害関係者であるバカが主体的に関与する機会を奪っていたことを考えると，森林保全プロジェクトにおいて地域社会のマイノリティであるバカの権利に配慮することは否みようがないが，先住民支援の活発化が農耕民の排除を生み出す危険性についても留意する必要があるだろう．森林保全のプロジェクトの説明会でコナベンベがみずから主張したように，農耕民のなかには住民による狩猟の許可がなされていない一般狩猟区で狩猟活動を行うものが少なくない．農耕民にとっても野生動物は重要なタンパク源であり現金収入源でもある．森林保全プロジェクトにおいて，バカが尊重され農耕民の排除が行われた場合，バカと農耕民の民族間関係がより対立の様相を帯びたものとなる可能性がある．実際，農耕民のあいだでは国際社会から注目され支援の対象となっているバカに対しての不満が募りつつある．プロジェクトにバカだけでなく農耕民を取り込むことは，地域社会の安定に不可欠であるのだ．地域社会における民族間関係に留意しながら，いずれの民族も排除・周辺化しない方法ですすめる森林保全プロジェクトが求められている．

参照文献

CBFP（Congo Basin Forest Partnership）（2005）*The Forests of Congo Basin: A Preliminary Assessment.* http://pfbc-cbfp.org/docs/news/nov-dec2009/EDF-Preliminary%20Assessment.pdf

Government of Cameroon（1994）Law No. 94-01 of 20 January 1994.

Government of Cameroon（1995）Decree No. 95-466-PM of 20 July 1995.

Government of Cameroon（2002/2003）Oecree No. 2002/003 of 19 April 2002.

Government of Cameroon（2006）Decree No. 0648 of 18 December 2006.

服部志帆（2010）「森の民バカを取り巻く現代的問題――変わりゆく生活と揺れる民族関係」『森棲みの社会誌――アフリカ熱帯林の人・自然・歴史 II』木村大治・北西功一編，京都大学学術出版会，pp. 179-206.

服部志帆（2012）『森と人の共存への挑戦――カメルーンの熱帯雨林保護と狩猟採集民の生活・文化の両立に関する研究』松香堂書店．

Hill, M. C.（1998）Conflicting Attitude toward Elephants around the Budongo Forest Reserave, Uganda, *Environmental Conservation* 25(3): 244-250.

Hirai, M.（2014）Agricultural Land Use, Collection and Sales of Non-Timber Forest Products in the Agroforest Zone in Southeastern Cameroon, *African Study Monographs* 49: 169-202.

Ichikawa, M.（2014）How to Integrate a Global Issue of Forest Conservation with Local Interests: Introduction to the SATREPS Project in Southeastern Cameroon, *African Study Monographs* 49: 3-10.

Lewis, J.（2012）Technological Leap-Frogging in the Congo Basin Pygmies and Global Positioning Systems in Central Africa: What Has Happened and Where Is It Going?, *African Study Monographs* Suppl. 43: 15-44.

MINEF & GTZ (1999) *Le MINEF et la conservation*, MINEF & GTZ Cameroon.

Nash, R. (1970) The American Invention of National Parks, *American Quarterly* 22(3): 726–735.

Neumann, R. P. (1998) *Imposing Wilderness: Struggles over Livelihood and Nature Preservation in Africa*, University of California Press.

Nishizaki, N. (2004) Resisting Imposed Wildlife Conservation: Arssi Oromo and Senkelle Swayne's Hartebeest Sanctuary, Ethiopia, *African Study Monographs* 25(2): 61–77.

Njounan Tegomo, O., L. Defo, and L. Usongo (2012) Mapping of Resource Use Area by the Baka Pygmies inside and around Boumba-Bek National Park in Southeast Cameroon with Special Reference to Baka's Customary Rights, *African Study Monographs*, Suppl. 43: 45–59.

Oishi, T., O. W. T. Kamgaing, R. Yamaguchi, et al. (2015) Anti-Poaching Operations by Military Forces and Their Impacts on Local People in South-Eastern Cameroon, Symposium "Beyond Enforcement: Communities, Governance, Incentives and Sustainable Usein Combating Wildlife Crime," Organised by IUCN CEESP/SSC Sustainable Use and Livelihoods Specialist Group (SULi) / International Institute of Environment and Development (IIED) / Austrian Ministry of Environment / ARC Centre of Excellence for Environmental Decisions (CEED), University of Queensland / TRAFFIC - the wildlife trade monitoring network, February 27th 2015 at Glenburn Lodge, Muldersdrift, South Africa.

Robillard, M. (2010) Pygmées Baka et voisins dans la tourmente des politiques environnementales en Afrique Centrale, Thèse doctorat en ethnoécologie, Museum National d'Histoire Naturelle.

Schmidt-Soltau, K. (2003) Conservation-Related Resettlement in Central Africa: Environmental and Social Risks, *Development and Change* 34: 525–551.

Strum, S. C. (1994) Lessons Learned, *Natural Connections: Perspectives in Community-Based Conservation*, D. Western, R. M. Wright, and S. C. Strum (eds.), Island Press, pp. 512–523.

Turnbull, M. C. (1961) *The Forest People*, Simon and Schuster.

Western, D., and R. M. Wright (1994) The Background to Community-Based Conservation, *Natural Connections: Perspectives in Community-Based Conservation*, D. Western, R. M. Wright, and S. C. Strum (eds.), Island Press, pp. 1–14.

14 アマゾンの森林開発のもとでの現代的な民族間関係

大橋 麻里子

14.1 ペルーアマゾンのシピボとアシャニンカ

本章はアマゾンに暮らすシピボ（Shipibo）とアシャニンカ（Asháninka）の２つの先住民集団の事例を通して，森林開発をはじめとする近代化の影響を受ける現在のアマゾンにおける狩猟採集のようすを紹介するとともに，生活形態が異なる集団間の交流関係について考察する．

筆者は2008年から，シピボの住むドス・デ・マジョ村（Comunidad nativa de Dos de Mayo，以下Ｍ村）で，調査をしてきた（図1）[1]．村は主にパノ（Pano）系シピボで構成されていて，16世帯約100人が暮らす．シピボは，この地域ではもっとも早い1960年代にキリスト教徒化や市場経済化の影響を受けて文化変容が進んだ民族とされるが［Hern 1992］，Ｍ村はウカヤリ川本流から離れた支流に位置していてアクセスも悪く，小学校や売店などがあるもののシピボの集落としては小規模である．筆者の主たる研究テーマは，村人たちの「伝統的」な生業や食生活，および木材の伐採を中心とする資源利用の実態であったが，アシャニンカとの交流を含む村人たちの外部との交流についても，フィールドワークの中で観察してきた[2]．

これらの先住民集団は，ともにアマゾン川の源流の１つであるウカヤリ川中流域に住むが，以下のような異なる特徴をもつ．シピボは土壌が肥沃な氾濫原と呼ばれる土地にバナナを植え，川で漁を行う．アシャニンカは高地（水につからない土地）にキャッサバを植え，森で狩猟を行う（「氾濫原」と「高地」それぞれの土地の性格については，第２節で詳述）．彼らは伝統的に民族間の

1）これまで筆者はＭ村に2008年11月から2015年4月までの間に断続的に約11か月間滞在してきた．

2）こうした事情から，アシャニンカよりシピボの事例の記述の方が詳しくなるが，その偏りについてはご理解を頂きたい．

交流をもたなかったが[3]，1960年代以降は交流も見られるようになってきている．これらの点に見られるように，彼らは農耕と狩猟採集あるいは漁撈を同時に行っており，アジア・アフリカ地域の事例を中心に議論されてきた「狩猟採集民」か「農耕民」か，という議論の枠組みは，必ずしも当てはまらないどころか，日常的に消費する資源の量だけに着目すれば，シピボもアシャニンカも「農耕民」と呼ぶ方が適切とさえいえる[4]。しかし，これらの民族について考察することは，以下の理由から本書にとって有意義である．

第一に，歴史的に見て彼らは狩猟採集（シピボの場合漁撈を含む）も生業の柱としてきた．シピボの場合，現在では狩猟をするのは一部の男性に限られるなどの変化が生じているが，ブッシュミートは今も彼らの好物である．そして，漁撈から得られる魚は今日も彼らの食事には欠かせないものであり，漁撈はすべての男性が連日行う生業の基盤であり続けている。第二に，シピボにとっての主要作物であるバナナは，大航海時代に新大陸にもち込まれた作物であるが，氾濫原の土壌の豊かさのおかげで，栽培方法が非常に粗放的であり，利用の仕方についても，ある条件の下では他人の畑から勝手にバナナを収穫してもよいとされるなど［Ohashi et al. 2011］，農耕といっても採集に近い生産形態である．さらには３点目として，シピボの社会では食物を分配する寛容さが美徳とされ，逆に吝嗇は厳しく戒められるが[5]，こうした平等主義的分配に重きを置く考え方は，狩猟採集社会の特徴とされるものである［e.g., 岸上 2003, 2012］．これらの点からシピボやその隣人であるアシャニンカの事例は，狩猟採集民の研究にとって重要なものであると考えられる[6]。

さらに言えば，近年森林開発や資源の商品化が進むなか，彼らの資源利用と分配のあり方は大きく変化しつつあり，また異なる民族の間の関係にも影響を

3）アマゾンの先住民にかんする先行研究では特定の民族に着目した膨大な蓄積がある一方で，その民族が周辺他民族とどのような関係を築いているのかという視点を中心に据えた研究はなく，基本的に他民族とは敵対関係にあったとする見解［e.g., Lu 2010］が主流となってきた．

4）Bergman［1980: 177］は，カロリーベースでみればバナナを主とする農作物がシピボの食生活にとって81%を占め，もっとも重要であると指摘している．

5）この点に関して詳しくはOhashi et al.［2011］およびOhashi［2015］を参照のこと．

6）シピボに関する先行研究の代表的なものとして，Bergman［1980］は，シピボの複合的な生業を生態人類学的調査によって明らかにし，シピボの生活の労働効率性の高さを指摘した．また1970年代のシピボの狩猟を研究したBehrens［1992］は，商品経済化が進むなかでの獲得量の減少と，その分配の変容について明らかにした．

与えている．本章は（先住民の復権政策として導入された）事実上の定住化政策や森林開発プロジェクトといった，現代のナショナル・グローバルな動向が広義の「狩猟採集民」に与える影響のアマゾンの例としても，本書に貢献するものであると考えられる．

14.2　アマゾンの土地区分
——氾濫原と高地，そしてシピボの土地利用

シピボとアシャニンカの生活を記述するにあたって，彼らの住む土地の地理的特徴を整理しておくことが不可欠である．というのも，どのような土地を生活拠点としているかによってその民族の生業形態は異なるからであり，本事例ではそれが民族間の社会関係にも影響しているからである．

アマゾン流域の土地は先行研究において，高地と氾濫原に分類されてきた［Hiraoka 1985］．高地とは，雨季になっても川の氾濫の影響を受けることがない土地，対する氾濫原は，幅の広い川の流域（支流や三日月湖周辺も含む）に広がり，雨季に川が氾濫して冠水する土地である．調査地周辺では，ウカヤリ川の雨季と乾季の水位差は4m以上にもなり，雨季に上流から流れてきた土壌が堆積することから，氾濫原は作物を半永続的に収穫ができる肥沃な土地とされる．それに比べて高地は，生産性が低い土地である．こうした研究者による分類に加え，シピボの人々は氾濫原をさらに２つに分けている．１つは雨季になると毎年水没する低氾濫原であり，もう１つは数十年に一度の大氾濫が発生したときにのみ冠水する高氾濫原である．後者はシピボ語で「ナシュバー（nashobá）」と呼ばれる．彼らはこうした土地の特徴を生かし，年中育つバナナは高氾濫原に，乾季に育つトウモロコシは低氾濫原に植えて，集落は高地に作って生活している[7]．

シピボの村で日常的に食されているのはプランテイン・バナナ（料理用バナナ）を含むバナナ（*Musa* spp.，以下単にバナナと呼ぶ）と魚であり，時にはこれにブッシュミートが加わる。主食となるバナナは，主に高氾濫原で栽培さ

7）シピボもアシャニンカと同様，高地でスウィートキャッサバ（*Manihot esculenta*）を育てている（詳細は後述）．なお３つの土地分類の詳細は大橋［2013］を参照のこと．また，シピボであっても村の境界内には氾濫原か高地のいずれかしかない土地条件となる集落もある［Tournon 1988］．

れる．高氾濫原では氾濫による浸水は少ないものの土壌は肥沃で，バナナを植え付けてから6～9か月は放置し，その後は時折除草をするだけで，畑からバナナを半永続的に収穫できる．つまり，少ない労働力で長期間収穫を維持できるのである．このためアシャニンカは，シピボを「バナナばかり食べているなまけ者」と呼ぶほどである[8]．

M村は，1977年にひとりのシャーマンによって開かれた．元々シピボは半定住型の生活を営み，所有者が利用を独占できるとする排他的な土地所有の概念をもたなかった．しかし，1974年にペルー政府が先住民集団を行政村に認定する先住民コミュニティ制度を始めると，一部の住民のあいだには「土地がもらえる」との認識が広まった．前述のシャーマンはこうした動きを受けて，未開拓の土地を探してこの地に移り住んだ．その後，彼は親族を呼びよせて開拓を行い，集落は1984年に政府に先住民コミュニティに指定された．こうして彼らは，周辺の土地と資源の占有的な利用権を得たのである（2016年現在の面積は約2398 ha）．この制度以前から，氾濫原の住民は高地に比べると定住性が高いとの指摘はなされていたが［メガーズ 1977］，彼らは必要に応じて移動する半定住型の生活をしていた．だが，こうした土地権利の付与制度によって，彼らは定住を強いられることになったのである。なお，村はもともとウカヤリ川本流沿いに建設されたが，川の流れは氾濫によって移動するため，現在では本流と集落の間には3 kmほどの距離がある．

14.3　シピボの漁と狩猟

シピボの村ではバナナと魚，そしてそれほど頻繁ではないが，ブッシュミートが食されるが，彼らはそれらの食料をみずから調達する．バナナの栽培については前節ですでに述べたが，本節では彼らがどのように漁や狩りを行って，魚や肉を調達するかを述べる．

魚

シピボにとって，食事においてはたとえ少量（少数）でも「魚がある」こと

8）対するシピボは，自らを「なまけ者」と呼ぶことはないものの，自分たちの生活が氾濫原の豊かな土壌に支えられていることは十分認識している．

が重要である．日本語でいう「ごはん」にあたる言葉は，シピボ語では魚である．つまり，「（食事として）食べるものがない」という表現は魚がないことを意味する．村人にとって魚を食べていなければ，バナナやキャッサバを食べたとしても，食事をしたことにはならない．

漁でもっともよく利用する道具は刺し網である．刺し網漁では，対象となる魚に合わせた目の大きさの網をしかけ，目に絡まった魚をつかまえる．前述したような例年の季節的な水位変化にともなって，漁場は異なってくる．M 村周辺のウカヤリ川支流域は，水量の減少する乾季には水位が 10 cm にも満たなくなるため刺し網漁は主に三日月湖ですることになる．

一方，雨季になって水位が上昇すると，低氾濫原つまりは丸木舟で移動できるようになった支流から広がる浸水林が漁撈の場となる．村人は木々の間を丸木船で移動しながら刺し網を仕掛ける．その際，セクロピア（*Cecropia* spp.）など浸水林内にある結実期を迎えた樹木を探し，その実を食べにくる魚を狙って，水中に 50 m ほどの刺し網を垂らしていく．浸水林では水面下の枝に網が引っかかる危険があるが，村人はそれを避けるために乾季のあいだに，雨季に水路となる場所の枝うちや除草をして，次の雨季の漁に備える． なお，ウカヤリ川の本流は村からかなり距離があるため，そこで漁をするのは，雨季の始まりごろに魚の群れが遡上してきたときや，他集落を訪問するときの行き帰りなどの機会に限られている．

シピボは漁の道具として，刺し網以外に釣り道具や弓矢，ヤスも使う．釣りではエロンゲート・ハチェット（*Triportheus angulatus*）などが獲れる．なかには，釣れた魚を刻んでエサにしてさらに大きいピラニア（*Pygocentrus* spp.）を狙うこともある．弓は特に村でブウと呼ばれる *Prochilodus nigricans*（カラシン目の一種）を獲るのに使う．雨季の 2，3 月になると，多くの男性や子どもが「ブウを弓で獲りに行く（boe tsuakai kai）」と言いながら集落を後にする．ヤスは 3 m はある長いもので，大型ナマズ類を獲るのに使う．大型淡水魚のコロソマ（*Colossoma macropomum*）も，かつては弓で獲っていたが，1988 年に商業漁業船が村の周辺のウカヤリ川で操業を開始したこと，そしてウカヤリ川が遠ざかったことで，弓で獲得できる魚の大きさも量も急激に小さくなっていったという．1990 年頃になると，「自分の世帯に十分な量の魚を確保するには 3，4 時間もかかるようになった」と村人はいう．こうした状況のもと，村人たちが，他の村の人々を通して刺し網という道具の存在を知ったことから，この翌年に2人の村人が共同でコメの栽培を始め，それを現金化して既製品の刺し網を初めて入手した[9]．つまり現在主流の刺し網は，比較的新しい漁法なのである．

狩猟

ブッシュミートも魚と同じくシピボの大好物であるが，森林開発の影響のため，その獲得の機会は減っている．もともと彼らにとって漁撈と狩猟は別のものではなく，村人によると，「弓矢は矢先が異なるものを3本持って出かけて，出会った獲物の大きさによって使い分けた」．村人は刺し網以外にも釣りや弓を使うなどして魚を毎日のように獲りに行くが，それに対して，狩猟を行うのは一部の人々で，また狩りに出たとしても獲物を仕留められるかどうかは，腕の差が大きい．現在狩猟で使われる道具は，銃や弓矢，既製品のトラバサミ（ワナ），それに犬である[10]．村人は，開拓期に比べると野生動物の獲得量は減少したという．その理由として近年，外部者による伐採が急速に進み，野生動物が開発の騒音を嫌って奥地に逃げたので捕まえることが難しくなった，と村人は考えている．これに加えて，一部の外部者が狩猟を行っている，あるいは開発によって周辺の環境が悪化しているという可能性も否定できない．

現在では，すべての男性が猟を行うわけではない．2009年5月当時，弓矢（槍（やり））は村の全世帯が所有していたものの，銃は3世帯，罠（わな）は2世帯，猟犬は1世帯しか所有していなかった．銃猟を行う村人は限られているが，腕のよい者はカピバラ（*Hydrochoerus* spp.）やクビワペッカリー（*Tayassu tajacu*），パカ（*Cuniculus paca*）などの動物を仕留めてくる．

わざわざ森へ行かずともキンカジュー（*Potos flavus*）やコモンリスザル（*Saimiri sciureus*）など，動物の方から集落にある果実を食べにくることがある．銃がある場合はそれを使い，なければ弓矢で狙う．弓矢はヤシ類の樹種で作られたものであり，子どもも使いこなす．そして，銃猟をしない／得意でな

9）コメは，1980年代後半に農山村地域での収入向上にむけた換金作物として政府から栽培が推奨された作物である．M村では，コメは自家消費される一方で，トウモロコシ同様に現金の必要性から植えられることが多く，栽培する世帯（および栽培する年）は非常に限定的である．

10）筆者の聞き取りによれば，1950年代まではシピボも吹き矢を使っていたと考えられる（祖父が吹き矢をもっていたとの50歳の男性の証言より）．

い者でも，運がよければキアシリクガメ（*Geochelone denticulata*）を素手で捕まえたり，ココノオビアルマジロ（*Dasypus novemcinctus*）を山刀でとることもある．近年ではブッシュミートは換金性が高いため，獲物がとれてもより現金経済の浸透した近隣集落へ売りに行くこともある．昔に比べると明らかにブッシュミートを口にする機会は減少しているが，村人は「リクガメの足1つ（でいいから）食べたい」と冗談交じりにいったりする．自分でとることのできない者は腕のよい人物に弾丸を渡して自分の代わりに獲物をとってきてもらうという，いわば代理狩猟の依頼をすることもあるし，後述のようにアシャニンカからの入手をはかることもある．

14.4　シピボとアシャニンカの差異と補完関係

アシャニンカの特徴

前節ではシピボの生業を説明してきたが，ここからは隣接する地域に居住するアラワク（Arawak）系アシャニンカ（Asháninka）の特徴と，シピボとの関係を説明していく．アシャニンカは，ペルーアマゾンで最大の人口（約8万人）を擁する民族である．ペルーを南北に走るウカヤリ川の氾濫原に集落を形成しているシピボに対して，アシャニンカの居住域はさらに上流に位置し，主にはアンデス高地に入る熱帯高地までの広範囲に及ぶ（図1）．彼らの居住地域は前述の3つの土地分類でいうと高地であり，現在では基本的に集住型の生活をしているシピボに対して，アシャニンカは今も森のなかに世帯ごとに散住している．筆者が調査した村が境界を接する先住民コミュニティ，フアンシート村（Comunidad Nativa de Juancito，以下J村）はアシャニンカの居住区であり，隣接する村に住む2つの民族は，日常的に交流している．

J村も1984年に先住民コミュニティに登録され，現在では小学校や公衆電話を備えた集落を形成していて中心部には10世帯前後が居住している．だが，今でも集落から離れて散住する世帯も多く，住居の周辺に新たに伐開する土地がなくなれば，住居を放置して新たな耕作地を求め移動する人もいる．M村のシピボの集落からJ村の集落までは徒歩で1時間半程度である．また，M村の行政区内にはシピボの集落から離れて居住するアシャニンカの1世帯が含まれる．この世帯は，M村の共同労働などの義務的な活動に参加していて，近年で

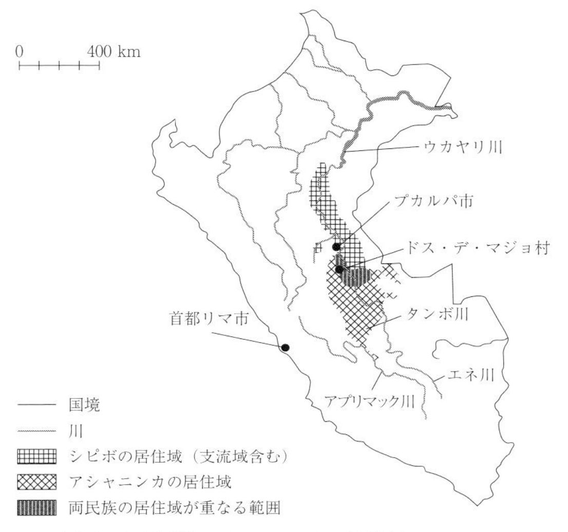

図1　シピボとアシャニンカの居住域
（Benavides and Soria［2011］を参考に筆者作成）

表1　シピボとアシャニンカの差異（筆者作成）

	シピボ	アシャニンカ
人口	3万人	8万人
居住拠点	氾濫原	高地
居住形態	集落形成・集住化	集落形成・散住
狩猟	○	◎
漁撈	◎	○
農耕	氾濫原農法（＋移動式焼畑）	移動式焼畑
主食	プランテインを含むバナナ	スウィートキャッサバ

注）◎：日常的，○：限定的（一部の人物あるいは時々実施）

は人々はエスニシティだけではなく行政区分に沿った行動をとっている．

アシャニンカとシピボの特徴を，生業の観点から整理すると，以下のようになる（表1）．シピボが主食にバナナをおかずに魚を食べることが多いのに対して，アシャニンカの主食はスウィートキャッサバ（以下，キャッサバ），おかずはブッシュミートであることが多い．こうした食べ物の違いは，どのような土地を利用しているのかに起因している．シピボが，季節性の作物は毎年浸水する低氾濫原，主食作物であるバナナは高氾濫原に植え，そして住居は高地に作っているのに対し，J村のアシャニンカの生活圏は基本的に高地に限定される．土地生産性の低い高地ではキャッサバの耕作は２年で放棄される．また，キャッサバの間にバナナを混植するが，バナナは高地に植えても，最初になる実は問題ないが，子株が成長した後の２回目からは，果房のサイズが急激に小さくなるという[11]．

このように耕作地としての生産性は氾濫原に見劣りする高地だが，キャッサバは浸水すると腐敗が始まるため，冠水がない高地での栽培が適している．また狩猟を得意とするアシャニンカは高地で日常的に野生動物を狩っている．たとえばアシャニンカは（シピボが行わない）銃を用いた待ち伏せ猟をする[12]．アシャニンカは漁撈もする．ウカヤリ川まで出向いて刺し網を用いたり，あるいは住居近くの幅の狭い渓流では手づかみや魚毒を使って魚を獲っている．先ほど，アシャニンカは，シピボを「バナナばかり食べているなまけ者」と呼ぶと述べたが，シピボはアシャニンカのことを「狩猟が得意で，広大な畑を拓く働き者」と見ている．

現在の関係性

シピボもアシャニンカも1950年代以前は好戦的な民族とされていたが［Brack 1997］，1960年代以降キリスト教が浸透するなかで宣教師が民族内外での「戦い」を「野蛮」であるとしてやめるよう指導したと村人はいう[13]．1960年代以前のこの２つの民族間関係を示す記述が見られないことは前述したとおりだが，シピボの年配者いわく鉢合わせすれば「戦い」を仕掛けることがあったという．以前はシピボも男性ならば「戦い」専用の武器を常に所持していたが，M村が開拓された1970年代にはみながみな日常的に「争い事」をしていたわけではなく，あくまで「喧嘩（けんか）好き」の者が好んでしていたに限られていたという．いずれにしてもシピボとアシャニンカは，もともと「川」と「山地」で生活圏が異なるため交わることは少なかったと考えられる．しかし現在では，交流があるどころか友好的な関係を築いている．たとえば，M村には約20年前にアシ

11）筆者によるシピボへの聞き取り．

12）彼らが猟場として利用する森のなかを歩くと，高さ２m以上の場所から遠くを見渡すための木製の骨組みや，ワカバキャベツヤシ（*Euterpe oleracea*: 別名アサイー）の葉で覆われた簡易な隠れ小屋を見かける．

13）今日，流血をともなう戦いはなくなったものの，民族内外で男女関係をめぐっての殴り合いが生じることは日常茶飯事である．

ャニンカを夫に迎えたシピボの女性や，育児放棄をしたアシャニンカの友人の子どもを引き取って育てたシピボの男性，あるいは，シピボの集落を出てアシャニンカの友人世帯の近くに住居を建てて居住していた世帯もいるなど，ここ20～30年の間であれば民族間での通婚や交友は決してめずらしいことではない．それには，現在では学校教育や出稼ぎなどでスペイン語を身につける機会も増えており，それを共通語にして会話をするため，基本的な意思疎通ができることが関係していると考えられる．以下では，現在シピボとアシャニンカがどういう交流をもっているのかを具体的に説明していく．

日常的な交流

筆者は2011年11月17日から2012年1月2日までの47日間にわたって，M村のシピボ全員の外出記録を調べた．その結果，村人たちが連れ立ってM村内あるいは隣のJ村に居住するアシャニンカを訪問した日は4回（一度は泊まりがけ）あった．村の大勢が訪問する目的としては，まず集落対抗のサッカー大会への参加があげられる．この調査期間ではサッカー大会が2回（2日）開催されていて，それぞれ参加者が38人と28人だった．次に，多くの人がアシャニンカを一度に訪問したのは友人・知人の誕生日会への参加である．この期間中は2回あり，参加人数はそれぞれ21人と15人であった．誕生日会には，アマゾンの多くの先住民社会で見られるキャッサバの口噛(か)み酒が，料理とともに用意される．祭り好きのシピボは日帰りや1泊で参加するが，それに加えてアシャニンカが主催する誕生日会では，必ずといっていいほどにブッシュミートが供されることもまた参加を促す動機となる．参加を迷っている仲間には「肉を食べに行こう」と声を掛けて誕生日会へ誘い出す．

こうした交流の機会以外にも，アシャニンカが行う畑の共同労働にシピボが招待されたり，シピボが栽培することがない魚毒用の植物であるバルバスコ（*Jacquinia barbasco*）や欲しいと思うバナナの品種を分けて（売って）もらうといった，自分がもたない資源の入手のための訪問があった．

一方でアシャニンカがシピボの家を訪問することもある．その目的は，アシャニンカがシピボの集落へ肉を売りにくるなどである．シピボが以前ほどには狩猟で肉を獲得できる機会が減ったことや，そうした状況で肉を食べたいと思っていることをアシャニンカは認識しており，急な現金が必要になるとペッカリーなどの肉を手に集落にやってくる.

こうした現在のシピボとアシャニンカとの関係を見ていると，階層構造化された社会関係やパトロン・クライアントのような恒常的な依存関係はなく，サッカーや誕生日会などの余暇や娯楽という点での交流が目立つ．こうした誕生日会やサッカーはメスティソ（混血・非先住民）とのかかわりが深まるなかで浸透してきた行事である[14]．特にサッカーは，先住民コミュニティ対抗の大々的なイベントが都市部で年に一度開催されるため，この地域の集落では今では日常的な娯楽となった.

以下に述べる大氾濫発生時をのぞき，互いに生業をめぐる依存関係はないが，狩猟が得意な人に肉を分けてもらうことを期待したり，品種を分けてもらったりあるいは共同労働に参加するといったことは，アシャニンカとシピボの間でも，同じシピボの親族や友人同士の間でするそれと変わりがなく，少なくともシピボは，日頃の付き合いにおいて民族境界を強く意識しているわけではない.

大氾濫発生時の対応

このようにシピボとアシャニンカは隣接しながらも異なる条件の土地に居住し，互いに（特に生業に関しては）自立的な生活を営みながら友好関係を築いている．ただし，シピボがアシャニンカに頼らざるをえない状況におかれることもある．それは，大氾濫が発生したときである．2011年と2012年は2年連続で20年以上ぶりの大氾濫が発生し，通常の雨季であれば冠水することのない高氾濫原にまで水が及んだ．特に2012年は氾濫が長期間に及んだため高氾濫原に植えられたバナナが根から浮いて倒れてしまうほどであった.

この結果，M村のシピボは主食作物を失った．当初M村の村人たちは，村で唯一高地に畑をもっていた人物のキャッサバをみなで分けあって利用した．それも不足すると，出稼ぎに行ってコメを購入して村の親族へ送る者も現れたが，それ以外の者は友人であるアシャニンカにキャッサバを分けてもらいに行った．アシャニンカの住む高地は，こうした大氾濫の影響を受けないからである．ある人物が60 kgにもなるキャッサバの袋を担いでもち帰ったこともあっ

14）以前は女子割礼の習慣があり，親族訪問の機会となっていた．誕生日会は，今では衰退したその祭りの代わりになったととらえることができる（なお，M村で女子割礼を経験したのは，2015年4月の調査時に50代だった女性が最後である）.

たが，同じ人物でも別の日にはまったく分けてもらえずそのまま帰らざるをえないこともあった．

この大氾濫の一件の後，多くの村人は高地にも畑を作る必要性を認識し，キャッサバの（実はもらえなくても）挿し木をもらいにアシャニンカのところに行き，それで実際にキャッサバ畑を作った．このように氾濫の発生による主食作物の不足という事態においては，異なる土地条件に住んでいるがゆえに救済を申し込めたという状況が少なからずはあったのである．ただし上で述べたように依頼を拒まれることもあった．その理由について村人は「(シピボは) 畑を作らないなまけ者だから」とアシャニンカに言われたと口をそろえて話していた．このことは大氾濫という非常事態の発生によって，それぞれの居住域の環境条件や生業の違いが浮き彫りになるなかで，その対応をとおして普段はそれほど強く意識されることのなかった民族境界が，互いに（再）確認されたことを意味している．

14.5　ペルーアマゾンの森林開発と民族間関係

村の森林をめぐる概史

アマゾンの氾濫原の土地や資源を基盤として生活を営むシピボであるが，現在ではグローバルな森林開発・保全の動きのまっただ中にある．最後にシピボがどのような森林開発の影響を受けてきたのかを概観したうえで，そこにさらなる外部という異質なアクターが加わるなかでの現在のシピボとアシャニンカとの関係を見てみたい．

森林開発の主軸となってきたのは1960年代から発展しはじめた商業伐採である．この時期，伐採企業に加え，アンデス高地や都市部から4～5名程度の単位の出稼ぎ集団が，アマゾン地域にやってくるようになった．シピボの村人がいうには，彼らは海外輸出用の高級家具や床材として高い経済価値のあったオオバマホガニー（*Swietenia macrophylla*）やヒマラヤスギ属のセドロ（*Cedrela odorate*）といった熱帯雨林の樹冠構成種の，優良大径木の伐採を目当てにやってきたという．彼らは来ると，まず銃を1発撃って自分たちが近くにいることを近隣の先住民に知らせた．そして，先住民から目当ての樹木の自生場所を聞き出して伐採した．彼らは情報提供の対価として村人は大量のパンや砂糖といった日用品をもらったという．

住民主体の伐採をめぐる民族間関係

このような，企業や出稼ぎの小集団が先住民から情報を得て行う形の木材伐採は，2006年に国連開発計画（UNDP）の支援を受けたペルーの公的機関（Instituto de Investigaciones de la Amazonía Peruana: ペルーアマゾン研究機関）により，「住民主体」で木材生産を行うプロジェクトがM村に導入されたことで，大きく変容する[15]．この過程でチェーンソーなどの道具が支給され，企業が好んで切っている樹種と同じ，トンカビーンズ（*Dipteryx odorata*）といった海外輸出用の高級床材などの経済価値の高い樹種を住民が自らで伐採するよう指導された．それまで，自分で木材を伐採した経験がある村人はたった2人だけだった．プロジェクトでは村人全員に丸木をブロック状にチェーンソーで切って，市場まで乗合船で運搬する方法が指導された．こうして先住民自身が森林伐採をして現金収入を直接得ることを目的とした「住民主体」のプロジェクトを受け入れる過程で，村人たちはグループを結成し，自分たちで伐採した木材を市場にもち込んで販売するようになった．

プロジェクト導入当初は，M村のシピボは同じ村の者同士で伐採を行っていたが，徐々にアシャニンカの友人と組んで働く者が出てきた．アシャニンカのなかにはこうした森林での伐採活動の経験をもつ者が多く，しかも伐採道具として生産効率を大きく上げるチェーンソーをすでに所有していた．シピボは自分が慣れない仕事をする際にそうした経験者の知識・知恵を拝借しようとしたのである．シピボの居住するM村は，氾濫原と高地の両方にまたがるが，そのうち氾濫原は都市部からのアクセスの利便性が高いために木材有用樹種は枯渇したとされ，伐採が主に行われているのは高地である[16]。シピボはこうした高地の奥深い森を日常的に利用することはないのに対し，高地を拠点とす

15）ペルー共和国では大規模な商業伐採だけでなく，地域住民が自ら木材の伐採から販売まで一連の作業を行うことで収入を得る，コミュニティ・ビジネス（community market-oriented enterprise）が広がっている．これは，住民たちの生活基盤である自然資源がグローバル市場に搾取されるという構図に対抗するローカルな仕組みとされる［Berkes and Davidson-Hunt 2010］．ただし，大規模な商業伐採を回避できたとしても，援助行為そのものが，グローバル市場をベースとした地域住民が有する資源からの便益の搾取につながる可能性については議論の余地があろう．

16）面積でいえば，氾濫原は村の面積の5％以下に過ぎない．

るアシャニンカは樹種の生育場所の知識をもっており，そうした知識をシピボが当てにして一緒に伐採をするようになったのである．アシャニンカにとっても，他の集落の土地境界内に生育する樹木の伐採に参加することは，現金獲得の機会となった．つまり，アシャニンカの道具や技術・経験をシピボは求め，一方でアシャニンカはシピボが占有権をもつ資源を利用することになったのである[17]．

念のため付け加えておけば，元々「漁撈」を得意とするシピボは，木材生産にそれほど熱心だったわけではない．むしろ彼らにとって，木材の伐採・加工・運搬は慣れない不得手な作業であった．極端な例では，木材から得られた収入で商業用の大きい刺し網を購入して魚販売を始め，木材加工をやめてしまった者もいる．それ以外の村人は，水量が増え魚が獲りにくくなり，逆に木材の運搬が容易になる雨季にのみ，木材の伐採を行うなどしている．

この事例は2つの意味で興味深いものである．第一に村人たちはこのプロジェクトの利益を一部は享受しながらも，森林伐採という新しい生業への転換を行ったわけではない．アシャニンカとの協力は，そのよい証拠である．第二に政府や国際援助機関は，「住民主体（community-based management）」を先住民コミュニティという行政村単位で進め，居住者の権利を確保するとともに，その土地の資源利用を管理しようとしているが，このシピボとアシャニンカの関係を見る限り，そうしたコミュニティごとの支援という計画通りの形ではこのプロジェクトは進んでおらず，むしろ隣接するコミュニティ同士のあいだの協力そして時には緊張関係を生んだといってもよいだろう[18]．

14.6　おわりに

本章では，ペルーアマゾン上流部に住むシピボとアシャニンカについて，彼らの住む土地の特徴と農耕の形態，シピボとアシャニンカの生業の違い，シピ

17）収入の配分については筆者が知り得た限りでもさまざまなケースがあり，シピボが伐採権を売って相応の金額を受け取るパターンや，売り上げを見て仲間内で適当に分配金額を決めるケース，そしてチェーンソーをもつ者が道具＋技術料として多めに受け取る場合など，さまざまな例があり，一般化はできない．

18）アシャニンカが自分たちだけでM村で伐採を行うことがあるため，村人は見回りを行うようになった．

ボのアシャニンカとの日常的な関係，そして「住民主体」の木材生産活動の導入という外的変化に伴う両者の新しい関係を見てきた．

シピボが生活拠点とする氾濫原は土地生産性が高く，また漁撈を行うための川も近くにあるため，労働時間も少なくてすむ．そのため，土地生産性が低い高地を拠点とし、農耕や狩猟を生業とするアシャニンカ，そして先住民以外の人々から見ると，「なまけている」とさえ評されるほどである．ただしそうした好環境には，数十年に一度の規模の大氾濫が発生したときにはすべての主食作物を一度に失うというリスクが存在しているのである．シピボは、作物を失ったときにそれをしのぐ方法の１つとして日常的に交流のあるアシャニンカを頼った．アシャニンカは，隣人として援助をすることもあったが，「シピボはふだんなまけている」のだからそれは自業自得として依頼を断ることもあった．日常的には友好関係にあっても，こうした極限状況においては，アシャニンカからシピボへの認識（評価）が表面化し，通常は認識されない民族間の差異が強調される，というよい例であろう．

他方，住民主体の木材生産活動の導入によって，シピボとアシャニンカは森林から現金収入を得るために共に行動するようになった．彼らの証言を信じるならば，シピボとアシャニンカは1950年代以前，全く関係を持っていなかったと考えられるが，（定住化）政策を利用して40年前に村を興した人々は，サッカー大会や誕生日会といった西洋的な娯楽の導入とそれに伴って進んだ関係の構築と同様に，森林開発という外部の影響によって，アシャニンカとの関係を深めていった。もし，以前のような半定住型の生活様式を彼らが維持していたとしたら，大氾濫の際，村を放棄し他のシピボの村に頼る，といった行動が取られていただろう．しかし定住という生活様式の変化により，彼らにとっては，村を放棄して移動するという選択技よりも，近くに住むアシャニンカに頼るという行動の方が選好順位の高いものとなったのであると，筆者は考える．これらの事例からわかるように，今後も隣人や政府との関係は深まっていかざるをえないといえるだろう．

本章で見てきたような開発による民族間関係の変化は，外部の影響によってもたらされた側面がある．しかし同時にその変化は外部の影響によってのみ決定されるものではなく，自然環境や集団内の文化・慣習にも規定されてきたことに注意を払う必要がある．今後もアマゾンの開発はさらに進んでいくと予想されるが，その際に起きるであろう社会の変化を考えるにあたっては，単に「開発対狩猟採集民（先住民）」という視点で見るのではなく，先住民集団同士の差異，つまり彼らの生業や文化の違いにも注目していくことが，社会の変化を理解するにあたって重要となるだろう．

参照文献

Behrens, C. A. (1992) Labor Specialization and the Formation of Markets for Food in a Shipibo Subsistence Economy, *Human Ecology* 20(4): 435–460.

Benavides, M., and C. Soria (2011) *Mapa amazonía peruana*, Instituto del Bien Común.

Bergman, R. W. (1980) *Amazon Economics: The Simplicity of Shipibo Indian Wealth*, University Microfilms International.

Berkes, F., and I. J. Davidson-Hunt (2010) Innovation through Commons Use: Community-Based Enterprise, *International Journal of the Commons* 4(1): 1–7.

Brack, A. E. (1997) *Amazonia peruana: comunidades indígenas, conocimientos y tierras tituladas, atlas y base*, Bobros S. A. Lima, Peru.

Hern, M. W. (1992) Shipibo Polygyny and Patrilocality, *American Ethnologist* 19(3): 501–521.

Hiraoka, M. (1985) Floodplain Farming in the Peruvian Amazon, *Geographical Review of Japan* 58: 1–23.

岸上伸啓（2003）「狩猟採集民社会における食物分配——諸研究の紹介と批判的検討」『国立民族学博物館研究報告』27(4): 725–752.

岸上伸啓（2012）「なぜ人は他の人にモノを与えるのか？」『民博通信』139: 20–21.

Lu, F. (2010) Patterns of Indigenous Resilience in the Amazon: A Case Study of Huaorani Hunting, *Journal of Ecological Anthropology* 14(1): 5–21.

メガーズ，B（1977）『アマゾニア——偽りの楽園における人間と文化』大貫良夫訳，社会思想社.

大橋麻里子（2013）「アマゾン氾濫原におけるバナナの自給的栽培——ペルー先住民シピボの事例」『ビオストーリー』19: 85–94.

Ohashi, M. (2015) Whom to Share With?: Dynamics of the Food Sharing System of the Shipibo in the Peruvian Amazon, *Collaborative Governance of Forests towards Sustainable Forest Resource Utilization*, M. Takana and M. Inoue (eds.), 223–245.

Ohashi, M., T. Meguro, M. Tanaka, and M. Inoue (2011) Current Banana Distribution in the Peruvian Amazon Basin, with Attention to the Notion of "Aquinquin" in

Shipibo Society, *Tropics* 20: 20–40.
Tournon, J. (1988) Las indundaciones y los patrones de occupation de las orillas del Ucayali por los Shipibo-Conibo, *Amazonía Peruana* 16: 43–66.

15 森のキャンプ・定住村・町をまたぐ狩猟採集民
——ボルネオ，シハンの現代的遊動性

加藤 裕美

15.1 はじめに

本章は，ボルネオ島の定住した狩猟採集民シハン（Sihan[1]）を取り上げ，多箇所に生活空間を展開していくシハンの柔軟な住まい方と，そこでの民族間関係の重層性について考察するものである．ボルネオには，約2万5000人の狩猟採集民がインドネシアとマレーシア，ブルネイの3か国にまたがって居住している［Kaskija 2016］．彼らの多くは1960年代前後に定住し，現在では焼畑農耕などの農業に従事している人が多い［Langub 1996］．なかには町に居住し，定職についていたり，ムスリムになっていたりする人々もいるため，彼らは定住した狩猟採集民，あるいは元狩猟採集民といえる．

これまで，ボルネオの狩猟採集民に関する研究は，マジョリティであるプナン（Penan，Punan[2]）を中心に行われてきた．先行研究では，森に暮らすプナンの森林資源利用や動植物との関係［金沢 2001; Puri 2005; Koizumi 2007; 奥野 2011］，プナンの社会性や他民族集団との関係［Needham 1972; Rousseau 1990; Sellato 1994; Brosius 1995］，あるいは森林伐採後のプナンと政府との関係［Hong 1987; Langub 1996; Manser 1997; Bending 2006; 奥野 2006; 金沢 2009］などについて，多くの研究が行われてきた．

ボルネオには，プナン以外にも少数民族集団としてブケット（Bhuket），ルガット（Lugat），ブカタン（Bekatan），スルー（Sru），アオヘン（Aoheng），バサップ（Basap），レブ（Lebu），ブンガン（Bungan），スプタン（Seputan），

1）シハンの表記として，Sandin［1985］はSian（Sihan）としているが，現地においてはSihanが一般的である．

2）PenanとPunanは，言語，居住域，生活スタイル，歴史などにおいて異なる民族集団である［Needham 1954, 1972］．

セボップ（Sebop），そして本章で取り上げるシハンなどの狩猟採集民がいる［Rousseau 1990］．これらの狩猟採集民と他民族集団との関係について，Thambiah［1995］はブケットとイバン（Iban）との歴史的な敵対関係について報告している一方で，Sandin［1968］や内堀［1994］は，ブカタンとイバンとの同盟関係について報告している．プナンとの違いや集団ごとの多様性が推察されるなかで，本章で取り上げるシハンも，かつてから要塞（fort）の近くに住んでいたため，華人との関係が強く，また町に生活の基盤を持つなど，他の狩猟採集民グループとは異なる特徴がみられる．

そこで本章では，定住した狩猟採集民の現代的多様性を示すために，以下の2点に着目して述べていく．1点目は現代的な遊動性についてである．現在，元狩猟採集民の生活環境は多様であり，前記のようにムスリムになっていたり，公務員になっていたりする人もいる［信田 2004; 丸山 2010; Kato 2016］．また，ボルネオでは1980年代以降，森林伐採やダム開発，プランテーション開発によって補償金が支払われ，それを足掛かりに車や家を購入し，都市部で生活を始める人々もいる．森に暮らさない元狩猟採集民が増えるなか，現在の生活における遊動性について考察したい．

2点目に，狩猟採集民と近隣の民族集団との現代的な関係についてである．先行研究においては，植民地時代におけるプナンと農耕民のパトロン－クライアント関係について報告されている一方で［Rousseau 1990; Ooi 1997］，1980年代以降は，政治化された森におけるプナンと政府の関係など，森林伐採をめぐる闘争に焦点が当てられてきた［Lau 1987; Chen 1990; Kaskija 1998; 池谷 2005; Sellato and Sercombe 2007; Klimut 2007］．そのため，狩猟採集民と従来から共存してきた隣人との関係については検討が必要であろう．本章で取り上げるシハンは，町で家を借り，賃金労働を行うなどこれまで見られなかったような隣人との関係を持つようになった．シハンのアイデンティティが日常生活における隣人との出来事の中でどのように意識されるのか，日々のやりとりから検討したい．

上記の2点に着目しつつ，第2節ではまずシハンの概況を示し，シハンがどのようにして森でのキャンプから定住村，そして町，伐採道路沿いと多箇所に生活空間を広げていったのかについて述べる．そして第3節では，そのなかでみられる隣人との関係について考察する．本章で使用する情報は2003年より筆者が行ってきた現地調査に基づくものである．

15.2　森のキャンプ，定住村，町にまたがる柔軟な住まい方

シハンは，マレーシア，サラワク州のバルイ川[3]流域に暮らす人々である（図1）．全人口二百数十人と，サラワクの先住民のうち，もっとも人数の少ない民族集団のうちの一つである（表1）．2012年10月20日版の現地紙，『ボルネオ・ポスト』の1面には，シハンが「消えゆく民族（“will soon disappear”）」として報道されている［Cheng 2012］．

狩猟採集に基づく生活を行い，森の中を遊動してきたという点で，シハンはプナンと共通するが，言語と居住域が異なる．プナンはカヤン－クニャ語系の言語を話すのに対し，シハンはルガットやプナン・ブハン（Punan Vuhang）に近い，ムラナウ－カジャン語系の言語を話す[4]［Lewis 2009］．また，プナンは，河川の上流域に暮らしてきたが，シハンは河川の中流域に暮らしていたという点で異なる．

シハンが初めて史料に登場するのは1882年の政府官報「サラワク・ガゼット」である［Low 1882］．そこでは，シハンがラジャン川の中流域に暮らし，狩猟採集を中心とした生活を営んでいたことが記されている．20世紀半ばまで，シハンは森の中にキャンプをつくり，主食となるサゴヤシ澱粉（でんぷん）のほか，ヒゲイノシシ（*Sus barbatus*）やラタンなどを採集して暮らしていた．時には野生の樹脂や樟脳（しょうのう）[5]，サイチョウの頭などを華人に売ることもあった［加藤 2011］．そしてキャンプ周辺の森林産物がなくなると，資源の豊富な別の場所へキャンプを移動させた．また，イバンやブカタンからの襲撃，カヤン（Kayan）やシカパン（Sekapan）からの圧政を逃れるためにも移動を繰り返したそうだ［Low 1884; Maxwell 1992］．

シハンが定住村（ロングハウス）に暮らすようになるのは1960年前後である［Sandin 1985; Kedit 1992］．それは，政府やシカパン，カヤンなど近隣の農耕民の首長による度重なる説得があったことによる[6]．同時に，近隣の農耕民か

3）バルイ川はラジャン川の上流域を指す．

4）シハン自身は，自分たちの言語はプナン・アプット（Punan Aput）に近いと認識している［Sandin 1985］．

5）樟脳は鎮痛消炎剤や香料として利用された．

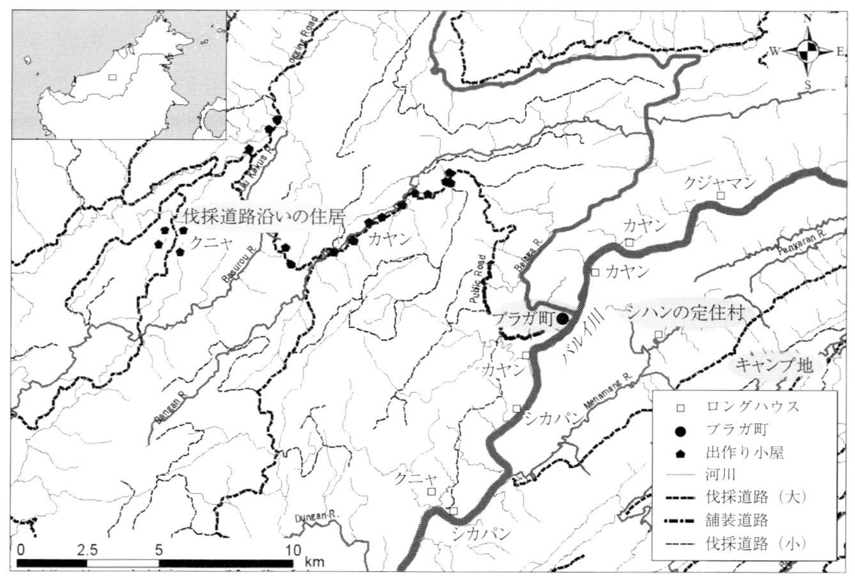

図 1　マレーシア，サラワク州ブラガ郡におけるシハンの居住地（筆者作成）

表 1　ブラガ郡における民族集団別人口の内訳

民族名		集落数	人口(人)
クニャ	Kenyah	15	9,010
カヤン	Kayan	15	6,795
プナン	Penan	20	2,793
プナン	Punan	7	1,457
クジャマン	Kejaman	2	962
ラハナン	Lahanan	2	758
マレー	Malay	1	648
シカパン	Sekapan	2	634
ブケット	Bhuket	1	518
スピン	Seping	2	470
華人	Chinese	1	379
シハン	Sihan	1	226
タンジョン	Tanjong	1	179
イバン	Iban	1	156
合計		71	24,985

Belaga District Office［2008］より筆者作成

図2　森のキャンプの様子（2008年9月筆者撮影）

図3　シハンの定住村（2009年2月筆者撮影）

ら焼畑農耕を習い，徐々にコメなどを育てるようになった［Maxwell 1992］．しかしながら，森林産物に依存した半定住生活は，その後も長らく続いた．特に1980年代にイリペナッツ[7]などの森林産物の価格が高騰すると，これらを華人に売るために森のキャンプへの回帰がいっそう高まった（図2，3）．

森のキャンプと定住村を往復する生活が続くなか，一部のシハンは1980年ごろからブラガ町にも住み始めるようになる（図4）．ブラガ町における労働力の需要が高まったからだ．ブラガ町では，1970年代後半よりインフラの整備が進められ，それに携わる労働者が求められた［Yao 1987］．また，1980年代初頭には，ブラガ町が沿岸都市ビントゥルと伐採道路で結ばれ，市場経済化がいっそう進んだ．そのため，道路工事や建設業，各商店まで物資を運ぶための労働者が求められるようになったのだ．

こうした労働力の需要に応えたのがシハンであった．実際，ブラガ町に現在ある建物や道路のほとんどは，シハンによって建設されたものである［Abdullah 2000］．道路工事などを施業するのはブラガの華人であり，シハンは長年華人との強い交易関係があった．また，シハンの定住村はブラガ町から近く，他の農耕民のように焼畑農耕に精を出すことがなかったことにもよる．当初は数人が日帰りで町に出稼ぎに行っていたが，ある華人が自宅の隣の空き地に家を建て

6）1963年のマレーシア連邦成立前後，政府は森で遊動する狩猟採集民がインドネシアから来る共産主義ゲリラに加わることを恐れて定住化，統治を進めた．これに加えて，首狩りなど他民族集団による攻撃の回避やキリスト教の宣教活動，農業・保健指導などさまざまな要因が作用し，少しずつ半定住が進んだ［Langub 1974, 1990, 1996; Brosius 1986; Maxwell 1992; Chan 1995; Puri 2005］．

7）イリペナッツ（illipe nut）はフタバガキ科の植物の実で，この実からは油脂がとれる．

図 4　ブラガ町（2006 年 9 月筆者撮影）

図 5　伐採道路沿いのシハンの住居（2008 年 5 月筆者撮影）

てシハンを住まわせるようになった．さらに，1990 年代半ばからは，森林産物採集が下火になり，子供に学校教育を受けさせるために町に住む人も増えていった．そこで一部のシハンは，華人やマレー人やカヤンの借家を借りて，平日は町に住んで子供を学校に通わせ，週末は定住村に帰るという生活を行った．こうして，森林産物採集の減少，労働力の需要と教育政策は，シハンを定住村から町へと進出させる大きな要因となった．

さらに，1997 年には，カヤンの男性の勧めにより，一部のシハンは町の先にある伐採道路沿いに小屋を建てて住むようにもなった（図 5）．すでに伐採道路沿いに家を建て焼畑を作っていたこの男性が，仕事の部下であるシハンに勧めたのである．ボルネオではそれまで河川が重要な交通手段であったが，伐採道路が拡大することによって，道路沿いに農作業用の出作り小屋を建て，そこに住む人が増えていった［Kato 2013］．実際，ブラガでも，沿岸都市ビントゥルとつながる伐採道路沿いには，多くの出作り小屋が存在する．

すでに町に生活の拠点を持っている一部のシハンにとって，バイクでアクセスできる伐採道路沿いの土地の方が，バイクで行くことのできない定住村よりも便利であった．伐採道路沿いへの進出は，町に住み始めたシハンが，町での就労機会を維持しつつ，森林資源を手に入れるための方策といえよう．伐採道路沿いの「未開墾の森」では，これまでのようにイノシシやラタンなどの森林産物の狩猟採集や焼畑農耕が可能だからだ[8]［加藤・鮫島 2013］．このようにシハンは森のキャンプ生活から，近隣の農耕民の説得に応じる形で定住村に住み始め，労働力需要や教育政策によって町に住み始めた．さらにアクセスしやすい伐採道路沿いの森にも新しい住居を構え，生活空間をどんどん拡大させている．

多箇所に居住するシハンの生活の特徴は，これらの居住地を個々人が数日から数週間の期間で頻繁に行き来することである．彼らは，伐採道路沿いに住居を構えつつも，定住村での居室や町での借家は維持している．また，たとえ町や伐採道路沿いに家がなくとも，居候させてもらえる親族は大勢いる．そのため，個々人でこれらの居住地を頻繁に行き来することが可能だ．森のキャンプでは果物やイノシシやラタンを狩猟採集し，定住村や伐採道路沿いでは焼畑農耕やアブラヤシの栽培を行っている［加藤 2008］．そして町では学校に通い賃金労働にも従事している．そして学校がないときや町での仕事が一区切りついたら，また森のキャンプに戻って狩猟や漁撈（ぎょろう）をするのである．

15.3　多箇所居住における隣人との関係の重層性

シハンは現在，森のキャンプ，定住村，町，伐採道路沿いと，複数の場所に住むなかで，さまざまな民族集団と関係を形成している．以下では，現代的状況におけるシハンと隣人との関係の重層性について考察したい．シハンはかつて河川の中流域に暮らしていたため，ルガットやブカタン，リスム（Lisum）など複数の民族集団と日常的な関係を築いてきた．現在でも，過去のそれとは異なるものの，シカパン，クジャマン（Kejaman），カヤン，クニャや町に住むマレー人，華人とは，農作物や手工芸品の売買，農作業や家事手伝い等の雇用など，経済的関係がみられる［加藤 2011; Kato 2016］．そして，シハンはこれらほぼすべての民族集団と婚姻関係がある．

町の生活で特異的なのは，華人との経済的関係の強さである．これは，長年シハンが華人と森林産物の交易を行ってきたことに由来する．シハンは19世紀後半より華人と直接森林産物を取引していた．定住後も狩猟採集が基本的な生業活動であったため，他の農耕民と比較して華人との関係が強かった．現在，多くのシハンは華人のもとで建設労働などに従事し，現金収入を得ている．ま

8）サラワクにおける慣習的な土地利用では，最初に森を開墾した人が，その土地の占有権を得られる．慣習的な占有権は政府による土地所有権とは異なるものの，伐採会社やプランテーション会社がその土地で施業する際には，慣習的な土地占有者に補償金を支払うことが多い．

た華人は借家の貸主であったり，シハンが余ったお金を預ける相手であったりする．

近隣の農耕民とは，別の関係もみられる．シハンが近隣の農耕民について語る際，頻繁に口にするのはウィ・バリウ（wi Baliu）という呼称である．直訳すると「バルイ川の民」という意味である[9]．特にカヤン，シカパン，クジャマン，クニャ，ラハナン（Lahanan）などの，従来からロングハウスに住み，焼畑農耕を行ってきた人々を指す．シハン自身は「バルイ川の民」ではないと認識している．それは長年バルイ川沿いには住まず，森の中で暮らしてきた経験による認識であろう．

現在のシハンの生活は，ある一面ではバルイ川の民のそれと変わらない．例えば，焼畑農耕を行い，ロングハウスに居住し，賃金労働にも従事している．その状況はバルイ川の民からも「シハンは，昔は今のプナンのような生活をしていたが，長年我々の近くに暮らすうちにましになってきた」と語られる．

しかしながら，ある状況ではシハンとバルイ川の民との違いが明白になる．それは，村落間の土地争いや慣習法をめぐる争い，開発補助金をめぐる政府との交渉の際である．長年，階層制社会[10]を形成して来たバルイ川の民の首長層には，現在弁護士になったり，政治家になったりと村人を統率する人たちがいる．しかし，シハンにはこうした首長層やリーダーシップをとる人はいない．また，バルイ川の民には明文化された慣習法（adet）が存在するが，シハンには明文化された慣習法は存在しない．そのため，婚資の支払いや慣習法の侵犯を含め，他民族集団や政府と交渉する際には，不利な状況に置かれてしまうことがたびたびある．もともとバルイ川に暮らしていたわけではないという記憶は，日常生活においても，シハン自身をバルイ川の民とは対置的な存在として認識させている．

バルイ川の民からは，時に「シハンはプナンに似ている」と語られるが，シハン自身はプナンとも対置される存在として認識している．それは，シハンとプナンの政府からの扱いの違いによるものであろう．プナン・ブラガン（Penan Belangan）とシハンは，1960年代から1980年代にかけて，キャンプを共有し，

9）シハンは，バルイ川のことをバリウ（Baliu）と呼ぶ．

10）首長層（maren），貴族層（hipuy），平民層（panyin），またかつては奴隷層（dipen）などの階層があった［Rousseau 1990］．それぞれの名称は各民族集団によって異なる．

森の中で共住しつつ，森林産物の狩猟採集を一緒に行ってきた [Chan 1995]．そのため，婚姻関係も多く，現在ほとんどの人がシハンとプナンの両方にルーツを持っている [Egay 2008]．しかしながら政府からの扱いに明確な差がある．というのも，サラワクのプナンの一部は 1990 年代に伐採道路封鎖運動を行い，世界中のメディアで「闘う民」として取り上げられた [奥野 2006; 金沢 2009]．そのため，現在多くの補助金が支払われ，開発プログラムが行われている．また，プナン・ブラガンは，バクンダム建設の際に移住し，2 階建ての立派なロングハウスに住み，多くの補償金を受け取っている．こうした状況を目にし，シハンは嫉妬と羨望のまなざしでプナンを見ることもある．森の中のキャンプでの共住の記憶，そして現代の異なる生活について複雑な心境を抱いている．

このような政府からの扱いの違いを目の当たりにし，自分たちも言語が近いプナン・ブハンと同じグループになろうと言い始めるものもいる．行政上プナン・シハンと呼ばれれば，開発補助金が回ってくるだろうと考えたためだ．つまり，シハンは状況に応じて，二重，三重のエスニックカテゴリーを使い分けている．こうしたエスニックカテゴリーの使い分けは，個人間でさらに多様である．シハンはかつてから，ほぼすべての近隣の民族集団と婚姻関係を持ってきた．そのため，同じシハンの集落に暮らしていても個人のエスニックアイデンティティは多様である．現代的な状況におけるシハンと隣人の関係は，集団レベルでは争いや葛藤が認められるものの，個人レベルでは血縁関係や友人関係があり，重層的な関係がみられる．

15.4　まとめ——グローバル社会とのつながりを住まい方からとらえる

ボルネオにおける狩猟採集民を取り巻く環境は，ここ数十年で大きく変化した．それは，世界経済とも大きく関わっている．シハンの生活は森に依拠しているゆえ，森林資源をめぐるグローバルな需要，あるいは国家の森林政策の影響を直接受けてきた．例えば，遊動時代には世界市場で需要のあるラタンや野生ゴムなどの森林産物を採集し，華人に売っていた．1980 年代に定住村での暮らしが定着するなかで，森へのキャンプに回帰していったのも，グローバルな森林産物需要があったからだ．1990 年代以降は商業伐採により森林産物採集が減少すると，シハンの生業活動は賃金労働へと移行した．これは，従来焼畑農耕に傾倒しなかったのと同時に，マレーシア国内の経済発展によるインフラの整備が進んだことも関係する．また，2000年代にシハンが伐採道路沿いにてアブラヤシ栽培を始めたのも，世界市場におけるパーム油需要と大きく関係する．

このように，シハンの多箇所居住はグローバル経済の需要と直接関係し，そのなかで個々の世帯生計を安定化させるための工夫といえよう．シハンの動向を把握したい政府からすると，複数の居住地を行ったり来たりする彼らの流動的な住まい方は「安定した生活をしていない（hidup tidak tentu)」と問題視される．実際，政府機関や学校関係者がシハンに対して口をそろえて言う不満は，この安定性のなさ（tidak tentu）である．

しかし，森でのキャンプ，定住村，町，道路沿いの集落と，いくつも生活空間を持ち頻繁に移動する彼らの住まい方は，森林資源と現金収入の両方，あるいは狩猟採集と学校教育を並立させるためには都合の良いものであろう．シハンは現在，賃金労働による現金収入や学校教育の大切さを語りながらも，森でイノシシや果物を獲ることの楽しさを誇らしげに語る．森での生活と，町で営まれる生活のふたつの価値観を共存させている．

先行研究における近年の狩猟採集民と隣人の関係については，プナンと外部アクターつまり伐採会社やNGOとの交渉・連携といった関係が多く報告されてきた．しかし，本章ではよりローカルなレベルにおける隣人との日常生活の関係を見てきた．

これまで，シハンと隣人をめぐる関係は，森林産物の交易や雇用関係など，経済活動に基づくものが多かった．こうした関係は現在でもみられるものの，ここ数十年の間に起きたシハンと隣人をめぐる関係はより複雑化した．森林伐採後には村落境界が明確になり，境界をめぐる土地争いが起こるようになった．また町に住み始めたことで，近隣に住むマレー人と電気や空き地の利用をめぐる争い，あるいは飲酒による若者同士での諍(いさか)いも起こるようになった．さらに，開発補助金の獲得をめぐって，政府との交渉が得意ではないシハンは周辺民族と比べ不利な状況におかれることも多い．

しかし，集団レベルでこのような衝突がある一方で，個人レベルでは町での新しい友人関係や婚姻関係などより多様な関係がみられる．特に婚姻関係は，従来シハンどうし，あるいはプナン，ブカタンとの婚姻が多かったが，近年ではインドネシア人をはじめ都市在住の人など，多様な人々との婚姻関係がみられる．教育や就業など個人の選択肢が多様化するなかで，シハンがシハンとしてどのようにまとまりを持っていくのか，あるいは持たないのか今後も注目していきたい．

本研究は，サラワク州政府より調査許可を取得して行った．現地調査のカウンターパートになってもらったサラワク開発研究所（Sarawak Development Institute），マレーシア・サラワク大学（Universiti Malaysia Sarawak）には感謝を申し上げる．現地調査は，松下国際財団アジアスカラーシップ（07-009），日本学術振興会特別研究員奨励費（22-1236），および科学研究費補助金（15K21109）の助成を受けて行った．現地調査に協力をしてくださったシハンの人々に感謝を申し上げる．

参照文献

Abdullah, A. R. (2000) Sihan Community, Paper Presented at the Workshop on Community Profiles of Ethnic Minorities in Sarawak, Sarawak Development Institute, May 26-27, 2000, Centre for Modern Management, Kuching, Malaysia.

Belaga District Office (2008) List of Village Heads and Population in Belaga District (Typescript).

Bending, T. (2006) *Penan Histories: Contentious Narratives in Upriver Sarawak*, KITLV Press.

Brosius, J. P. (1986) River, Forest and Mountain: The Penan Gang Landscape, *Sarawak Museum Journal* 36 (New Series 57): 173-184.

Brosius, J. P. (1995) Signifying Bereavement: Form and Context in the Analysis of Penan Death-Names, *Oceania* 66(2): 119-146.

Chan, H. (1995) *The Penan Talun of Long Belangan: An Ethnographic Report, Report No. 3 Community Studies in the Bakun Hydroelectric Project Area*, State Planning Unit, Chief Minister's Department Sarawak.

Chen, P. C. Y. (1990) *Penans: The Nomads of Sarawak*, Pelanduk Publications.

Cheng, L. (2012, October 20) On the Verge of Extinction: Three Orang Ulu Ethnic Groups, Sihan, Bhuket and Seping, Will Soon Disappear, *The Borneo Post*, p. 1, http://www.theborneopost.com/2012/10/20/on-the-verge-of-extinction/.

Egay, K. (2008) The Significance of Ethnic Identity among the Penan Belangan Community in the Sungai Asap Resettlement Scheme, *Representation, Identity and Multi-*

culturalism in Sarawak, Z. Ibrahim (ed.), Dayak Cultural Foundation and Persatuan Sains Sosial Malaysia.
Hong, E. (1987 [1989]) *Natives of Sarawak: Survival in Borneo's Vanishing Forest*, Institut Masyarakat.［『サラワク先住民――消えゆく森に生きる』北井一・原後雄太訳，法政大学出版局］
池谷和信編（2005）『熱帯アジアの森の民――資源利用の環境人類学』人文書院.
金沢謙太郎（2001）「生物多様性消失のポリティカル・エコロジー――サラワク，バラム河流域のプナン集落における比較調査から」『エコソフィア』7: 87.
金沢謙太郎（2009）「熱帯雨林のモノカルチャー――サラワクの森に介入するアクターと政治化された環境」『東南アジア・南アジア――開発の人類学』明石書店，pp. 119–154.
Kaskija, L. (1998) The Penan of Borneo: Cultural Fluidity and Persistency in a Forest People, *Voices of the Land: Identity and Ecology in the Margins*, A. Hornborg and M. Kurkiala (eds.), Lund University Fress, pp. 321–360.
Kaskija, L. (2016) Devolved, Diverse, Distinct?: Hunter-Gatherer Research in Borneo, *Borneo Studies in History, Society and Culture*, V. King, Z. Ibrahim, and N. Hasharina (eds.), Springer, pp. 125–158.
加藤裕美（2008）「サラワク・シハン人の森林産物利用――狩猟や採集にこだわる生計のたてかた」『東南アジアの森で何が起こっているのか』秋道智彌・市川昌広編，人文書院，pp. 90–110.
加藤裕美（2011）「マレーシア・サラワクにおける狩猟採集民社会の変化と持続――シハン人の事例研究」京都大学大学院博士論文.
Kato, Y. (2013) Changes in Resource Use and Subsistence Activities under the Plantation Expansion in Sarawak, Malaysia, *Social-Ecological System in Transition (Global Environmental Series)*, S. Sakai and S. Umetsu (eds.), Springer, pp. 179–194.
Kato, Y. (2016) Resilience and Flexibility: History of Hunter-Gatherers' Relationships with their Neighbors in Borneo, *Senri Ethnological Studies* 94: 177–199.
加藤裕美・鮫島弘光（2013）「動物をめぐる知――変わりゆく熱帯林の下で」『ボルネオの〈里〉の環境学――変貌する熱帯林と先住民の知』市川昌広・祖田亮次・内藤大輔編，昭和堂，pp. 127–163.
Kedit, P. M. (1992) Bornean Jungle Foragers: The Sihan of Sarawak, *Bulletin of the Indo-Pacific Prehistory Association* 12: 44–47.
Klimut, K. A. (2007) The Punan from the Tubu' River, East Kalimantan: A Native Voice on Past, Present, and Future Circumstances, *Beyond the Green Myth: Hunter-Gatherers of Borneo in the Twenty-First Century*, P. G. Sercombe and B. Sellato

(eds.), NIAS Press, pp. 110-134.

Koizumi, M. (2007) Ethnobotany of the Penan Benalui of East Kalimantan, Indonesia, PhD diss., Kyoto University.

Langub, J. (1974) Adaptation to a Settled Life by the Punan of the Belaga Sub-District, *Sarawak Museum Journal* 22 (New Series 43): 295-302.

Langub, J. (1990) A Journey through the Nomadic Penan Country, *Sarawak Gazette* 117 (1514): 5-27.

Langub, J. (1996) Penan Response to Change and Development, *Borneo in Transition: People, Forests, Conservation, and Development*, C. Padoch and N. L. Peluso (eds.), Oxford University Press, pp. 103-120.

Lau, D. (1987) *Penans: Vanishing Nomads of Borneo*, Inter State Publishing.

Lewis, M. P. (2009) *Ethnologue: Languages of the World*, SIL International.

Low, H. B. (1882) Journal of a Trip up the Rejang, *Sarawak Gazette* 7(189): 52-54.

Low, H. B. (1884) Mr. Low's November Diary, *Sarawak Gazette* 14(219): 30-33.

Manser, B. (1997 [1997]) *Stimmen aus dem Regenwald: Zeugnisse eines bedrohten Volkes Gesammelt und illustriert von*, Bruno-Manser-Funds. [『熱帯雨林からの声——森に生きる民族の証言』橋本雅子訳, 野草社]

丸山淳子（2010）『変化を生きぬくブッシュマン——開発政策と先住民運動のはざまで』世界思想社.

Maxwell, A. R. (1992) Balui Reconnaissances: The Sihan of the Menamang River, *Sarawak Museum Journal* 43(64): 1-14.

Needham, R. (1954) Penan and Punan, *Journal of the Malayan Branch, Royal Asiatic Society* 27(1): 73-83.

Needham, R. (1972) Punan-Penan, *Ethnic Groups in Insular Southeast Asia*, vol. 1, M. M. Lebar (ed.), Human Relations Area Files Press, pp. 176-180.

信田敏宏（2004）『周縁を生きる人びと——オラン・アスリの開発とイスラーム化』京都大学学術出版会.

奥野克巳（2006）『帝国医療と人類学』春風社.

奥野克巳（2011）「密林の交渉譜——ボルネオ島プナンの人, 動物, カミの駆け引き」『人と動物, 駆け引きの民族誌』奥野克巳編著, はる書房, pp. 25-55.

Ooi, K. G. (1997) *Of Free Trade and Native Interests: The Brookes and the Economic Development of Sarawak, 1841-1941*, Oxford University Press.

Puri, R. K. (2005) *Deadly Dances in the Bornean Rainforest: Hunting Knowledge of the Penan Benalui*, KITLV Press.

Rousseau, J. (1990) *Central Borneo: Ethnic Identity and Social Life in a Stratified So-*

ciety, Clarendon Press.

Sandin, B.（1968）The Bukitans-II, *Sarawak Museum Journal* 16: 111–121.

Sandin, B.（1985）Notes on the Sian（Sihan）of Belaga, *Sarawak Museum Journal* 34（55）: 67–76.

Sellato, B.（1994）*Nomads of the Borneo Rainforest: The Economic, Politics, and Ideology of Settling Down*, University of Hawaii Press.

Sellato, B., and P. Sercombe（2007）Introduction: Borneo, Hunter-Gatherers, and Change, *Beyond the Green Myth: Hunter-Gatherers of Borneo in the Twenty-First Century*, P. Sercombe and B. Sellato（eds.）, NIAS Press, pp. 1–49.

Thambiah, S.（1995）*Culture as Adaptation: Change among the Bhuket of Sarawak, Malaysia*, PhD diss., University of Hull.

内堀基光（1994）「民族の消滅について――サラワク・ブキタンの状況をめぐって」『民族の出会うかたち』黒田悦子編，朝日新聞社，pp. 134–152.

Yao, S.（1987）*Chinese Traders in Belaga Town, Sarawak, East Malaysia: Geography, Indebtedness and Aappropriation*, A Final Report of a Research Project Undertaken under the South Asian Communities and Community Networks Award Program, Institute of Southeast Asian Studies, Singapore.

附論 5　狩猟採集民・農耕民・文明人における病気と病

山本　太郎

1　はじめに――原初の医学から狩猟採集民の時代

本論の目的は，人類の歴史を大きく3区分して，狩猟採集民の病気の特徴を考察することにある．まずは原初の医学から狩猟採集民の時代までに言及する．

なぜ病は起こるのか．人類が，人類として誕生して以降，あるいはそれ以前から，人々は長くこの問題と向き合ってきた．なかでも感染症は，ヒトからヒトへ伝播し，集団そのものが大きな被害を受けるという，その特性ゆえに恐れられてきた．しかしその原因は近代医学が，感染症の本体（＝微生物）を明らかにするまで長く不明であった．そのため，さまざまな迷信や神がかりが病気（感染症）や病を彩ってきた．

そうした病気や病に対して，私たちの祖先はどのように対処してきたのか．1万5000年前の旧石器時代の遺跡，ラスコーの洞窟壁画には，植物を治療目的で用いたらしいようすが描かれた壁画が残る．すでに経験則としての医学が存在し，その継承が行われていた証拠と考えられる．ちなみに，ラスコーは，フランス西南部にあるモンティニック村近郊にある洞窟．クロマニヨン人によって描かれた，数百もの野生動物，幾何学模様，ヒトの手形などの壁画が知られている．第二次世界大戦中の1940年9月，近所に住む子どもたちによって，遊びの最中偶然に発見された．黄土，赤鉄鉱，二酸化マンガン，炭で描かれた動物たちは，狩猟の成功を祈った，あるいは祝したまじないだったのかもしれない．

病を癒すことが人類始まって以来の，あるいはそれ以前からの挑戦だったとしても，草を食み，傷口をなめる，先史時代の原始的な医学とは，おそらくこのようなものだったに違いない．一方そうした原始的な治療はチンパンジーやゴリラといった霊長類にも見られる．とすれば，病気や病に対するこうした適応的行動は進化の古い時代において，私たち祖先の遺伝子に組み込まれたものなのかもしれない［Andrew 1964］．そうした先史時代を貫く，狩猟採集時代の人類の健康状態はどうだったのか．次にそのことを考えてみたい．

農耕以前の狩猟採集を行っていた時期の人類は，暗い洞窟のなかで，不衛生で不健康な生活を送っていた，という（誤った）イメージがある．しかしそれは本当だろうか．当時の社会のようすを考えてみよう．

がんや循環器疾患を引き起こす環境要因は，現代社会と比較して少なかっただろうし，結核やハンセン病といった慢性感染症を除けば，麻疹や風疹（ふうしん），おたふく風邪といった急性感染症，あるいはエボラ出血熱などのウイルス性出血熱はほとんど見られなかったようだ．とすれば，外傷や妊娠・出産に関わる疾病，干ばつ，冷夏等の自然災害による栄養不良に起因する病気を除けば，先史時代人類は比較的健康な生活を送っていた可能性が高い．また外傷を除けば，妊娠・出産に関わる疾病，干ばつ，冷夏等の自然災害による栄養不良に起因する病気は，狩猟採集時代特有のものではなく，人々が農耕を始めた後でさえ，多く見られたはずである．そうした状況から演繹すると，この時期の病気の主体は慢性感染症だったと思われる［Cockburn 1971; Black 1975; Howell and Bouliere 2007］．

他に宿主を持つ微生物は別としても，ヒトにしか感染できない微生物が宿主に致命的な病気をもたらしたとすれば，そうした感染症を引き起こす微生物（その本体は共生体であるが）は，それがゆえに自ら絶滅することを余儀なくされる．というのも，農耕以前の人々は，100人ほどの血縁集団で狩猟採集を生業として暮らしていたにすぎないのだから．

麻疹（はしか）を例に考えてみよう．どのような状況が起こったと考えられるだろうか．まず，感染が起こる．集団の何人かが麻疹で死亡する．一方，感染はしたが回復する人もいる．麻疹から回復した人は再び感染することはない．これを終生免疫という．そうして全員に感染が行き渡れば，もはや麻疹の病原体（ウイルス）に行き場はなくなる．その結果，病原体はその集団から消えていく．このように限られた人数の小集団の中では，急性の感染症が一定以上に広がることはない．麻疹が，人類社会に定着するには最低数十万人の人口が必要だといわれている．それ以下の人口規模だと感染は単発的なものに終わり，恒常的流行には至らない．また，小さな狩猟採集の集団が散在している状況下では，集団以外の構成員に感染を広げる可能性も低い．とすれば，ヒトに適応し，どんなに感染性が高い病原体があったとしても，そうした病原体が狩猟採集を主体とした移動生活の中で，恒常的に人々を苦しめたとは考えられないということになる．さらにいえば，そうした病原体の感染性が高ければ高いほど，病原体は燎原(りょうげん)の火のように小さな集団を焼き尽くし，それがゆえに新たな宿主を獲得する機会を失うといった事態に陥ることになるのである［Jelliffe et al. 1962; Cockburn 1971］．

2　旧石器時代の人骨が語ること

一方，理論的な考察以外にも，遺跡などから発掘される所見からもそうした狩猟採集時代の人類の健康が比較的良好だった可能性は示唆されている．例えば，旧石器時代以前のヨーロッパ人の人骨が現代の私たちに伝える事実の一つは，彼・彼女らの身長は高く，現代人と比較してもしっかりした骨格を有していた．それが旧石器時代後期以降低下する．原因は，感染症の流行だった可能性がある．

人類の長い歴史において，ヒトの身長は高くなり続けているわけではない，というと不思議に思うかもしれない．多くの人が人類の身長は，その歴史を通して，高くなり続けてきたと信じていた．しかし近年の研究はそうした通念を覆しつつある．例えば，18 世紀のジョージ・ワシントン軍の兵士の身長は 1860 年代に南北戦争で戦った兵士より高かったというデータが残っている［Beard and Blaster 2002］．アメリカに限らず，軍は長年にわたって新兵の身長を記録し続けてきた．では，なぜ古い時代の兵士が，それより新しい世代の兵士より高身長だったのか．考えられる一つの理由が，感染症だというのである．

19 世紀は当初，産業化の推進によって都市の衛生状態が悪くなった．悪化した都市衛生状態は，公衆衛生導入の結果，19 世紀後半になって改善するが，その初頭の都市は，上水は良い細菌も悪い細菌も含めて，細菌で満ち満ちていたし，道には糞尿が溢(あふ)れていた．それが 19 世紀後半以降，上水道は濾過され，塩素で消毒されるようになった．それによって世界中の多くの上水道から病原体が除去された．少なくともそれ以前と比較して激減した．下痢症は減少し，人々は健康になった．一方，そのころ開発され，実用化されたワクチンは，子

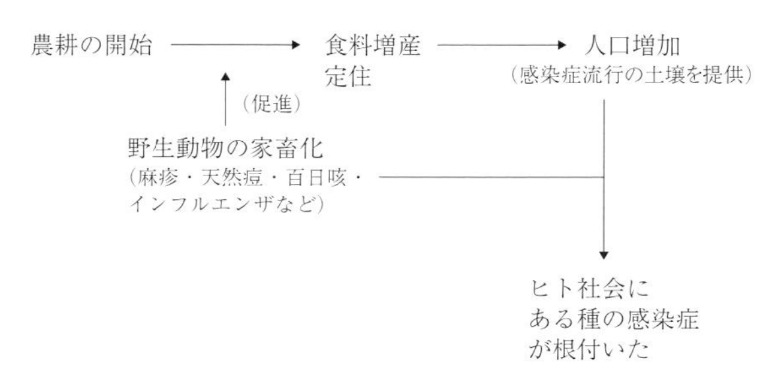

図1　農耕の開始と感染症

どものジフテリアや百日咳，他の重要な感染症を制御することに成功した．そして19世紀後半以降，人々の身長は高くなった．しかしそれ以前の18世紀後半から19世紀前半の約100年間，人々の身長は，その前後の時代と比較して低かったというのである．

18世紀半ばの農場は，80年後の密集した都市と比較すれば，相対的に隔離されていた．一方，80年後の南北戦争当時の都市では，水は汚染されており，さまざまな感染症が存在した，ということなのである．

いずれにしても，旧石器時代後期以降人類の身長は低下した．それは，その時期に何かが，それまでと異なる規模で起こったことを示唆している可能性がある．それまでの健康な状況を変えるような何かが．

3　農耕の開始がすべてを変えた

結論を最初に書くと，この時期，人々の衛生状況や健康を根本から変えたのは，農耕の開始であり，定住であったということになる（図1）．もう少し詳しく見ていくと，農耕の開始によって増加した人口であり，その結果，勃興した都市国家をはじめとする文明だったということになるかもしれない．その意味では，確かに「文明は感染症のゆりかご」だったのである．では，文明が感染症のゆりかごだったとして，感染症の本体はどこから来たのか．その答えは，また別のところに見出すことができる．野生動物の家畜化が，ヒトと感染症の関係を大きく変えた，ということである．

また，文明が勃興した時代，ヒトに定着した感染症は，主としてヒトが家畜化した群落性の動物由来であった．そのことは多くの研究者も指摘するところである．農耕の開始と前後して多くの動物が家畜化された．例えば，アナトリア東部でヒツジの家畜化が為されたのは，1万年以上前だった．ブタの家畜化も約1万年前のメソポタミア，またニワトリは東南アジアで，ウマは中央アジアでそれぞれ家畜化されたと考えられている．

イヌの祖先がオオカミだというのはよく知られた話である．イヌの家畜化は約1万4000年前という推定もある．そうした野生動物の家畜化が，ヒトと動物の物理的距離を縮めた．そこへ農耕の開始による食料増産と定住を通して，人口増加がもたらされた．それが感染症の受け皿となった．例えば，麻疹はイヌ，天然痘はウシ，インフルエンザは水禽（すいきん）（アヒル），百日咳はブタあるいはイヌにその起源を持つ．

余談になるが，基本的に，この時期以降，家畜化された野生動物はいない．これは，この時期世界規模で，網羅的に野生動物の家畜化が試されたという事実を示しているのかもしれない．

一方，農耕とともに始まった定住は，糞便と社会の距離を縮め，鉤虫（こうちゅう）症や回虫症といった寄生虫疾患を増加させた．鉤虫症は，糞便から排泄された虫卵が土の中で孵化（ふか），成長し，皮膚から感染することによって起こる．回虫症は，便から排泄された虫卵を経口摂取することによって伝播する．増加した人口が排泄する糞便は，居住地周囲に集積される．それによって，寄生虫疾患は，感染環（かん）を確立することに成功し，糞便が肥料として再利用されることによって，それはより強固なものとなった．

4　生態系への際限のない進出と感染症

文明が感染症のゆりかごだった，と書いた．そのことは間違いないと思う．一方，私たち人類に感染症をもたらしたのは，それだけではなかった．文明勃興以降続く，際限のない生態系への進出が新たな感染症をヒト社会にもたらした．例えば，AIDS（エイズ）（後天性免疫不全症候群）やSARS（サーズ）（重症急性呼吸器症候群）はそうした感染症の例である．すべての感染症の起源にはコウモリやチンパンジーといった自然宿主が存在する．病原体は通常，そうした自然宿主には病気を起こさない．長い期間にわたる共進化が，お互いにとってお互いを無害なものにしたに違いない．

ところが，野生動物と人間の接触が増大することによって病原体がヒト社会へ入り，宿主としてのヒトに初めて出会うと，その病原体は時に大きな被害を人類にもたらす．少なくとも，病原体と宿主が共進化をする進化的時間を持つことができるまでは．

無秩序な開発や生態系への進出は，欧米の植民地主義時代以降加速している［Curtin 1998; Steverding 2008; Miller 1973］．それによって，さまざまな感染症がヒト社会で流行した．そのことを，エイズの世界的流行を例として見ていこう．

エイズは，ヒト免疫不全ウイルス（HIV）［Edelstein 1986; Keet et al. 1996; Veugelers 1994］によって引き起こされる感染症で，ヒトに免疫不全を引き起こす．治療をしなければ，95％以上の感染者が平均十数年で亡くなるという致死性の高い感染症である．原因ウイルスは中央アフリカに棲むツェゴチンパンジーに由来する．現在の世界的流行の起源は，1920 年代初頭に遡る．

1920 年代初頭の中央アフリカは，フランスやベルギーの植民地化で開発とそれに伴う都市化が進んだ時代だった．鉱山や鉱物輸送のための鉄道敷設は，熱帯雨林の破壊とともに，多くの男性労働者を労働キャンプに引き寄せ，過密な人口と，極端な男女比の不均衡を生み出した．1920 年代初頭，レオポルドビル（現コンゴ民主共和国の首都キンシャサ）に住む成人の男女比は，およそ５対１だった．過密な人口は感染症流行の土壌を準備し，極端な男女比は「性」の売買を職業とする人口を生み出した．

ある日，１人の男が偶然にチンパンジーから HIV に感染した．最初の１人は，狩猟者か，屠殺業者だった可能性が高い．時代は，欧米の植民地主義の下，ヒトの移動，都市化，都市での売春が，それまでアフリカの何人も経験したことのない規模で起こっていた．感染した男の１人が，都市に，あるいは建設ブームに沸く労働キャンプに移動した．ある研究によれば，1920 年代初頭の中央アフリカで，偶然にも，その１人の男がウイルスを売春婦に感染させ，売春婦がさらに，その顧客にウイルスを感染させた確率は，１年間で 80 分の１から 40 分の１だったという．それに，１人の男がチンパンジーから HIV に感染する確率，ウイルスに感染した男が都市に移動する確率（元気な期間でなければ移動や労働はできなかったに違いない）が掛け合わされると，その数字は極めて低いものとなる．後に 6000 万人を越す累積感染者数と 2000 万人の死亡者を出すことになるウイルスが，世界的流行の引き金を引いたのは，この植民地時代にあってさえ，偶発的な事象だったのである．

そうした事象が植民地以前にあったとすれば，どうだったか．野生ツェゴチンパンジーと人々との接触は，植民地下における小火器（銃など）の導入によって増加した．野生のチンパンジーとのそれ以前の，小火器のない状況下での，深い森の奥での接触は，チンパンジーの生態を考えれば稀（まれ）だったに違いない．植民地以前の状況下では，人口の密集は低く，男女比もほぼ同数で安定した伝統的生活を送っていた．すなわち植民地以前の状況では，感染は疫学的袋小路に入り込み，そのまま消滅した可能性が高い．感染は，夫から妻へ，あるいは妻から夫へ，何回かの伝播があったとしても，10 年後に感染者はエイズで死亡し，それで終わった．

状況を決定的に変えたのが植民地政策だった．鉱山開発や鉱物を輸送する鉄道の敷設に加えて，植民地を支配した欧米諸国は，熱帯病に対し近代医学を持ち込んだ．集団的治療を目的とした，注射が，同じ注射器，注射針を用いて行われた．それが，偶発的に起こった感染を，もはや制御不能なまでに広げた．

森の近くで起こった，たった一つの偶発的な感染は，都市へ持ち込まれ，その時期の植民地主義とその政策を通して広がり，やがて大洋を越え，累積で 6000 万人に迫る感染者，3000 万人以上の死亡者を出した．現在の感染症の世界的流行の一つの類型を示している．

5　現代人の健康と病気

ここまで，農耕以前の狩猟採社会から農耕の開始，さらには 18 世紀，19 世紀から 20 世紀を通した私たちヒトの健康や，病気を俯瞰してきた．それぞれの時代が，それまでの時代とは異なる，疫学上の転換点として機能してきたことがわかる．

農耕の開始は，麻疹などの野生動物の家畜化に由来する急性感染症をヒト社会にもたらした．18 世紀の産業革命は大気汚染や水質汚染を通じて多くの病気をヒトにもたらしたが，それに続く，公衆衛生革命によって，そうした病気の多くは減少した．

そして今という時代を考えれば，21 世紀を迎えて，私たちは新たな疫学上の転換点を迎えつつあるのかもしれない．20世紀の人類は，抗生物質の開発，寄生虫疾患の大幅な減少や帝王切開といった医学上の成果の上に繁栄を謳歌した．しかし今，そうしたかつての医学上の成果が，一つの転換点を迎えつつあるのではないかと思うことがある．そのことについて触れてみたい．

私たち人間の身体には膨大な数の微生物が，そこを住処として暮らしている．その個数は数百兆単位（ヒトの細胞数の総計は60兆個と推計されている）で，重さは総計数kgに及ぶ．遺伝子総数でいえば，150万個，ヒト遺伝子の30倍くらいの数の遺伝子が常時発現している，といったことが近年の研究で明らかになってきた．

そうしたヒトに常在する細菌とヒトそのものを合わせて構成される私たち「ヒト」を「超個体」と呼んだりもする．

ヒトに常在する細菌の総重量は，心臓や腎臓，肝臓といった人体の臓器に匹敵する．ヒトの適応に関する第三の器官として機能している可能性も高い．これをヒト・マイクロバイオームと呼び，その機能は，さまざまなヒトの生理機構や免疫の発現や抑制に関与することがわかってきた．そうしたヒト・常在細菌叢（そう）（マイクロバイオータ）が今，大きな攪乱（かくらん）に晒（さら）されている．食生活を含む生活の変化，抗生物質の使用，帝王切開などによって．その結果，さまざまな不具合が起こっている可能性が指摘されているのである．大まかな推計で言えば，ヒト常在細菌叢の3分の1は人類に共通で，3分の1が人種や地域に共通で，3分の1が個人で異なるということになっている．そうした細菌叢の大半は，祖母から母，母から子，子から孫へと継代され，3歳までに個人の微生物相の骨格が規定される．なかには，人体にとって重要な細菌も含まれている．そうした重要な細菌が消滅し，その構成が歪むと，肥満や糖尿病，自閉症，炎症性腸疾患，がんなどの発症リスクが亢進するというのである．

例えばヒトの胃に常在するピロリ菌の存在は，ヒトに老年期の胃がん発症のリスクをもたらすが，一方で若年期の逆流性食道炎や食道がんの発生を抑える．また，アレルギー性疾患の発症を抑制するとの報告もある．その不在は，もしかすると，健康に大きな影響を与える可能性がある．

さらに言えば，そうした事実はいくつかの重要な示唆を私たちに与えてくれる．生態系のなかでは，私たちが知らないうちに多くの生物が消えている．同じことが，今，私たち人間の体の中でも起こっているとすればどうだろう．その結果，起こることは何か．１種類，２種類の生物「種」（細菌）が消えても，通常，目に見えるような問題が起こることは少ない．

例えば，次のような「リベット抜きの寓話」は示唆的である．

空港のターミナルから少し歩いたところにある飛行機整備工場では，梯子（はしご）に乗って翼のリベット抜きにいそしんでいる男たちがいた．心配になったわたしは，リベット抜きのところに歩いていき「いったい何をしているのか」と尋ねた．

「私は航空会社の仕事をしていて……．会社はこのリベットが１個２ドルで売れることに気づいたんですよ」

「でも，そんなことをして，取り返しがつかないほど翼が弱くならないと，どうしてわかるのですか？」

「心配はいりません．飛行機は必要以上に強く作ってあることは確かだし，現に，翼はまだ胴体から外れていないじゃありませんか」

「……」

「リベット１個に付き，私たちには，50 セントの手数料が入るのです」

「気は確かですか？」

寓話は教訓として，何を私たちに教えてくれるのだろうか．ある閾値以上の割合で生物種が消えると，あるいは生物種の消滅割合は少なくとも，中枢（キーストーン）種が消滅すると，一気にその影響は生態系全体に現れるということかもしれない．生物種の場合，その消滅の割合は全生物の２割ともいう．私たちの体内の細菌についても同じことがいえる．生物の相互関係がその棲家（すみか）である生態系に与える影響は，巨視的（マクロの）生態系でも微視的（ミクロの）生態系でも同じなのである．まるで，生物多様性の中で，一つの種が失われても，全体に大きな変化がなくとも，ある閾値を超えて生物種の絶滅が起こると，生態系そのものが回復不可能になるように，ヒトも病気を発症する，という考え方である．そしてそうした変化が今，私たちに体内で確実に起こっている．

今，私たちに求められているもの，それは身体内に棲む微生物との共生かもしれない．これは，人類の健康に大きな貢献をした「抗生物質の発見」にも匹敵する影響を持つ可能性が指摘されている．

私たちの体内に棲む膨大な数の微生物は「マイクロバイオーム」という一つのまとまりをなしている．そうした細菌叢は，細胞や脳とのやり取りを通して身体機能に影響を与えている．しかもその構成は，誰一人として同じではなく，個人の生まれてくる以前からの，何万年，何十万年に及ぶ背景をそのまま持ち込んだものとなっている．

ヒトの赤子は，母親の細菌叢を受け継ぐ．その過程は以下のようになる．妊娠期間中の母親の膣（ちつ）では乳酸桿菌（かんきん）が優位になり，他の細菌の増殖が妨げられる．通常この過程は妊娠38週から39週にかけて起こる．妊娠期間は，その準備のための期間を用意する．次いで，妊娠が満期を迎えると，羊水の破裂が起こる．すると破裂した羊水は膣を満たす．膣内の細菌は母親の体を羊水とともに流れていく．この飛沫のなかでは乳酸桿菌が優位であり，乳酸桿菌は母親の皮膚に群落を形成する．

次いで，陣痛が強くなり，子宮頸（けい）が広がって，新生児は外界へ出てくる．無菌であった新生児は，やがて膣内に存在していた乳酸桿菌と接触をする．膣は手袋のような柔らかさをもって新生児の表面を覆いつくし，それによって母親の細菌が移植される．新生児の皮膚はスポンジのようなものである．新生児は顔を母親の背中に向けて，ぴったりとくっつくようにして産道を通過する．新生児が吸い込む最初の液体は母親の細菌を含む．そこにはいくぶんかの糞便も含まれているだろう．出産は無菌的ではない．その営みは，初期の哺乳動物の頃から7000万年にもわたって繰り返されてきたものなのである．

生れ落ちた新生児は，乳酸桿菌で満ち溢れた自分の口を本能的に母親の乳首にもっていく．こうして乳酸桿菌は初乳とともに新生児に受け渡される．乳酸桿菌やその他の乳酸系細菌は，母乳中の主要な糖分であるラクトース（乳糖）を分解してエネルギーを作る．こうした一連の過程によって，新生児の腸管に棲む最初の細菌にミルクを消化できる種が含まれることが担保される．妊娠期に母親膣内で増殖した乳酸桿菌は，新生児の消化管の初期構成細菌となり，それに続く細菌群の基礎となる．新生児はこうして，新たな命を始めるために必要なものを得る．

一方，出産後数日から分泌される母乳は新生児に大きな利益をもたらす．その母乳には，新生児には消化できないオリゴ糖が含まれている．母乳に栄養豊富だが新生児が直接利用できない栄養素を含んでいる理由は何か．

それは微生物にある．オリゴ糖は，インファンティス菌と呼ばれる細菌によって消化され，エネルギー源として利用される．インファンティス菌は，健康な新生児に見られるもう一つの創始細菌である．こうして新生児は細菌に満ち溢れた世界に生まれ，そこで生きていくことになる．

しかし，新生児に常在する細菌は偶然の産物ではない．長期間にわたる進化のなかで，ヒトという種が自然は常に役に立つものを選択してきた結果なのである．ゴリラにはゴリラの，チンパンジーにはチンパンジーの最適な細菌叢があるに違いない．

選択された細菌は，新生児が発達するために必要な代謝機能を提供する．それは新生児の腸管細胞を栄養し，悪玉細菌を追い出す働きをする．何万年，何十万年に渡って受け継がれてきた営みである．

それが今，急速にその多様性を喪失しつつある．人類の健康に大きな貢献をした「抗生物質の発見」や帝王切開によって．こうした事実に私たちはもっと注意を向ける必要がある．このことはまた，人は，一人では生きていけない，という単純だが深い真実を教えてくれる．地球という大きな生態系の中でも．あるいは，人体という小さな生態系の中でも．

6　まとめ

本論を通してみると，いつの時代においても，病気はヒトの生活や生活のあり方と密接に結びついているということがわかる．狩猟採取時代の病気にはその時代の人類の営みが色濃く反映している．ただ，歴史を振り返ってみると，農耕の開始が人類に与えた影響の大きさと，いまだ，私たち人類は農耕に適応途上ではないかといった感を強くする．そこへ向けて，都市化，人口増加，近代化，グローバル化といった環境負荷が，私たちの日常を取り巻く．そしてその結果としての気候変動（地球温暖化）が起こる．そうした環境への適応に私たち人類は苦しんでいるかのようにも見受けられる．いま，英知が求められる所以（ゆえん）でもあろう．

参考文献

Andrews, C. (1964) *Viruses of Vertebrates*, Williams and Wilkins.

Beard, A. S., and M. J. Blaser (2002) *The Ecology of Height: The Effect of Microbial Transmission on Human Height*, Perspectives in Biology and Medicine 45(4): 475–498.

Black, F. L. (1975) Infectious Diseases in Primitive Societies, *Science* 187(4176): 515–518.

Cockburn, T. A. (1971) Infectious Diseases in Ancient Populations, *Current Anthropology* 12: 45–62.

Curtin, P. D. (1998) *Disease and Empire: The Health of European Troops in the Conquest of Africa*, Cambridge University Press.

Edelstein, S. J. (1986) *The Sickled Cell: From Myths to Molecules*, Harvard University Press.

Howell, F. C., and F. Bouliere (eds.) (2007) *African Ecology and Human Evolution*, Aldine De Gruyter.

Howell, N. (1986) Demographic Anthropology, *Annual Review of Anthropology* 15: 219–246.

Jelliffe, D. B., J. Woodburn, F. J. Bennett, et al. (1962) The Children of the Hadza Hunters, *Tropical Pediatrics* 60: 907–913.

Keet, I. P., P. J. Veugelers, M. Koot, et al. (1996) Temporal Trends of the Natural History of HIV-1 Infection Following Seroconversion between 1984 and 1993, *AIDS* 10 (13): 1601–1602.

Miller, M. J. (1973) Industrialization, Ecology and Health in the Tropics, *Canadian Journal of Public Health* 64: 11–16.

Simmons, I. G. (1996) *Changing the Face of the Earth, Culture, Environment, History*, Blackwell.

Simmons, I. G. (1998) *Curtin, Philip, Disease and Empire: The Health of European Troops in the Conquest of Africa*, Cambridge University Press.

Steverding, D. (2008) The History of African Trypanosomiasis, *Parasites and Vectors* 1: 3.

Veugelers., P. J., K. A. Page, B. Tindall, et al. (1994) Determinants of HIV Disease Progression among Homosexual Men Registered in the Continental Seroconverter Study, *American Journal of Epidemiology* 140: 747–757.

結論　地球の先住者から学ぶこと

池谷 和信

1　はじめに

本書は，古今東西の狩猟採集民（あるいは漁撈採集民，1章）からみた地球環境史を考える試みであった．これまで，いわゆる狩猟採集民研究は，考古学，民族学，歴史学，地理学，社会学，美学，遺伝学，生態学など，多様な分野で個別に数多くの研究が行われてきた．しかしながら，研究はますます細分化，専門化し，国内の学会をみてもお互いの交流は決して多くはなく，研究の全体像をみるのはきわめて難しい．海外ではCHAGS（Conference on Hunting and Gathering Societies，国際狩猟採集社会会議）が知られているが，狩猟採集民の個別の民族誌から一般化して人類の普遍的性質を議論する研究報告はあっても，本書のように各地域の歴史をふまえて地球全体の歴史との関係で議論することはほとんどおこなわれていない．

わが国では狩猟採集民を専門とする考古学者や民族学者の数が比較的多い．しかも本書のように，ほぼ全世界をカバーできるという研究の幅を持っている．確かに，本書においても考古学と民族学との考え方の乖離，対象地域の違いはあらかじめ想定されていたが，これまでの狩猟採集民研究の流れのなかでは挑戦的な試みであると思われる．

ここでは，本書の意義について，以下のように3つの点からまとめてみたい．

2　本書の3つの意義

狩猟採集民研究の統合——対象地と対象時間

本書では，本論となる14の論文と5つの附論があまりにも多様な地域と時代を対象にしているので，全体がみにくく混乱した読者もいたかもしれない．そこで，まずは，今回の対象地を地図上に示した（図1）．この図から，アフ

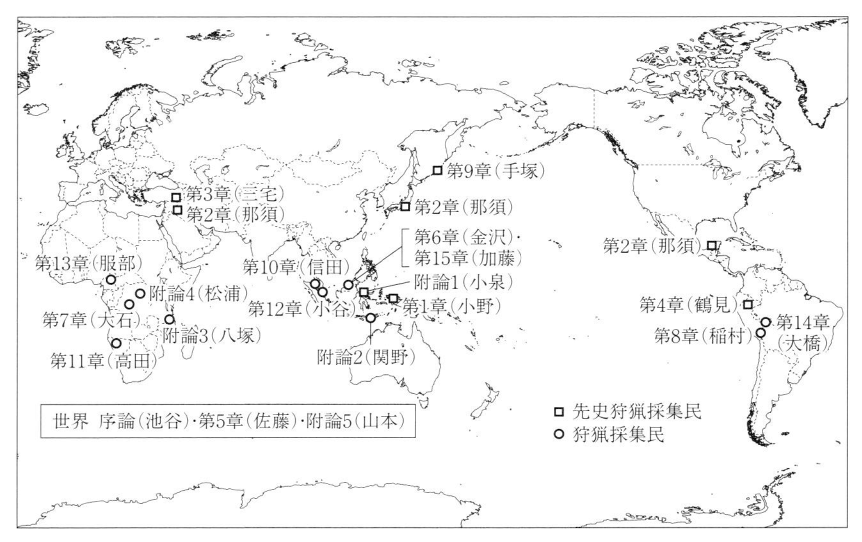

図1　各章の調査地の分布（池谷作成）

リカと東南アジアに地域が集中していることがわかる．これらの地域は，世界的にみても日本の民族学研究者が活躍している地域であり，今回も主として数千年前の狩猟採集民と農耕民との関係以降現在までが内容の中心になっている．一方で，考古学の視点の中心は，西アジア，オセアニア，中米，アンデス，日本などの日本の考古学の盛んな地域が選ばれている．本書としては，民族学と考古学との統合が１つの目的ではあったが，同じ地域をそろえることは不可能であった．しかしながら，各地域の歴史の特徴がよく示されていた．それは，先史時代の狩猟採集民が近現代まで生きてきたか否かの違いである．例えば，アンデスや日本では農耕民化が早くから進み，一方ルソン島やコンゴ盆地では農耕民との共存関係が維持された．これらに応じて，前者では考古学，後者では民族学の方法が有効になる．

読者の中には，本論を読み，なぜ日本の縄文人がもっと詳しく触れられていないのか，インドのムガール帝国の時代やヨーロッパの事例が抜けているのか，疑問に思われた方も少なくないであろう．これらはあくまでも頁数が限定されているためである．本書は，研究の全体を展望して，各地域の事例を時間と空間のなかに位置付けようとする最初の試みである．今後，世界各地の新たな事例研究が加わることで図１の地図のポイント数が各時代別（例えば，色分けで

表1　各章の対象年代（池谷作成）

20万年前	20万年前～現在	序論・結論（池谷）
	10～1万年前	第1章（小野）
	4万5000～3万9000年前	附録1（小泉）
	2～1万年前	第3章（三宅）
	2万～3000年前	第2章（那須）
	1万5000年前～現在	第5章（佐藤）
	1万5000年前～現在	附録5（山本）
	1万4000年前～5000年	第4章（鶴見）
1万年前		
	6000年前～現在	第8章（稲村）
	5000年前～現在	第7章（大石）
	13～14世紀	第9章（手塚）
1800	19世紀後半～20世紀前半	附録4（松浦）
	19世紀後半～現在	附録3（八塚）
	19世紀～現在	第11章（高田）
	19世紀～現在	第10章（信田）
1900	1980年代～現在	第13章（服部）
	1960年代～現在	第14章（大橋）
	1960年代～現在	第15章（加藤）
	1990年代～現在	第6章（金沢）
2000	2006～2008年	附録2（関野）
	2008～2011年	第12章（小谷）

表記）に増加し，各時代区分を含めて批判的に検討され，この分野が体系化の方向に進むものと考えている．

もう1つは，本書の各論を時間軸のなかで位置付ける表が必要である（表1）．表1では，年代対象を古い順に上から並べている．例えば，狩猟採集民の東南アジア・オセアニア海域への進出（10～1万年），西アジアの先史時代における定住狩猟採集民社会（2～1万年）である．この表を全体としてみると，本書では15～18世紀の時代の研究が欠けていることがわかる．これに対して19世紀以降現在までを対象にした研究は多い．今後，地球全体の狩猟採集民の動態を把握することが重要であり，ミクロな現在調査を継続しながらもミクロな研究がどのような意義を持つものであるのか，考えなくてはならないであろう．

地球の開拓者・先住者，狩猟採集民

本書の事例から，狩猟採集民は，オセアニアの島嶼部（とうしょ）（ニュージーランド，ハワイほか）などをのぞいて，各地域の先住者であったということがわかる．現在の私たち新人は，約 20 万年前にアフリカ大陸で生まれて約 10 万年前にはアフリカ大陸から出て，世界中に拡散していった．現在の研究では，これら人の移動の原因について探究心，気候変動などが挙げられているが，決め手になる要因はわかっていない．人の移動には，筆者は，日常レベルの単距離移動，異常時の長距離移動の 2 つの形が存在したと考えている［池谷 2013］．

狩猟採集民は地球の極北のツンドラから赤道の熱帯雨林にいたるまで拡散してきたが，その適応力は目を見張るものがある．その後，農耕や家畜飼育などの生業様式では，地球の環境利用の集約化は一部の地域で進行するが，その広がりという点では狩猟採集を越えていない．つまり，狩猟採集民は，これらの多様な自然に関する膨大な知識や技術を持ってきたということである．これは，都市文明中心の現在，化石燃料に依存している私たちが，ほとんど忘れた知識である．東大日本震災の直後に，被災者が海や川の採取をおこなったというのも文明のなかの採取のあり方について考えさせられる．

同時に，農耕や古代国家が中心の社会になっても，マダガスカルのミケアのように農耕から狩猟採集に生業を移行して水分の得にくい森に適応するパターンも存在する．これらは，ボルネオのプナン，タイのムラブリの場合とも類似している．今後，このような文化退行（cultural reversion）の事例は世界的視野から資料の収集が必要である．これは，現在でも適用できる場合がある．現代アフリカの狩猟採集民では本拠地のない遊動者は皆無であるが，いったん定住化した人々がブッシュや森林にもどることもみられる．

以上のことは，狩猟採集民は，地球の最初の先住者であり，また開拓者であることから地球の歴史のなかのどこにでも登場する可能性があることを示している．農耕社会から非農耕地帯へ人が移動することで狩猟採集中心の社会になることもみられるし，文明人が狩猟採集民的になる可能性もある．筆者は，日本の中世のマタギ集落もまた，非農耕地帯への適応と解釈できるのかもしれないと考えている．

狩猟採集民時代に人類の基礎はつくられた――つながりが生み出したもの

私たち人類は，様々な石器と木片をつなげ，より複雑になった道具で狩りの効率を高めることができるようになった．また，言葉をつなげることでコミュニケーションの伝達が容易になった．そして，ものとものをつなげることから生まれるビーズもまた，およそ10万年前に生まれた．ビーズは，人類最初のアートといわれており，最初のビーズは内陸部で見つけられた海の貝殻であった．これには，ものを海岸部から内陸部に運ぶことで貝の価値を高める戦略をよみとることができる．その後も，世界の狩猟採集民の多くはビーズに高い関心を持つ．狩猟採集社会の特徴として，ビーズからものや人のやり取りをとおして集団と集団の関係を説明することができる[1)]．同時に，ビーズは，農耕文化や文明の時代にはいっても消えることはなく人類にとって世界に拡散した装身具である．

人類の交易品としてのビーズに関しても，新人以外の動物では行われておらず，交易ネットワークは貝殻のみならず黒曜石でも形成されていたとされる．それは，太古から現在まで共通した形であり，単なる貝殻のようなものが運ばれただけではなく，広範な知識のネットワークが想定されている［ハラリ 2016］．

人類の農耕や家畜飼育においても本書（3章）のなかで，西アジアにて定住化した狩猟採集民によって始められたことが明らかにされている．これは，1960年代の生態人類学のモデルは，人類の初期的な姿を追い求めるあまり純粋な狩猟採集民の像を追い求めて，狩猟採集民の定住化や農耕化をあまり積極的に評価しなかった．今後の研究では，1960年代から現在までの動態モデルこそが，狩猟採集民の農耕開始を考えるヒントになるであろう．

このようにみていくいと，狩猟採集民と農耕民の最大の違いは，農耕の有無ではなくて富の蓄積の有無である．ものを所有するという人類の欲望には際限がないが，狩猟採集民時代にはあまり強くなかった．ものがなくては幸せになれないという考え方は，狩猟採集民時代にはあまりなかった．この考え方は農耕民時代に始まり都市社会に入りよりエスカレートしていると考えられる．

1）国立民族学博物館では，開館40周年記念特別展「ビーズ——つなぐ・かざる・みせる」（実行委員長・池谷和信）が2017年3月9日から6月6日まで開催される［池谷 2017］．人類にとってビーズとは何かという問題意識のもと，サン，ピグミー，アイヌ，イヌイット，現代日本（数珠，真珠の首飾り）ほか，世界中のビーズが展示される．とくに，ビーズの生み出す文化，ものともの，ものと人，人と人のつながりが注目される．

3　狩猟採集民研究と地球学

筆者は，自然，文化，文明という3要素を設定して，3つのバランスから現代や未来の地球の問題について考える「地球学」を構想している．もちろん現代では文明の要素が中心であるのはいうまでもないが，地球が文明で等質化したわけではない．自然を維持しながら文化の多様性も維持することで，地球の持続可能な利用を考えることができる．その際に，20万年の人類史，辺境まで含めた地球空間という視野からみた狩猟採集民研究を，これらの枠組みの基礎をしめる分野に位置付けている．

人類は，本当にどこへ行くのであろうか．将来の地球のあるべき土地利用計画を考えるにあたり，エクメーネとアネクメーネという観点から地球をとらえ直してみよう．人類の住むエクメーネは都市が中心となり，人類のいないアネクメーネがますます増大しているのが地球である．そして，アネクメーネにおける自然とは，私たち人類が拡散する前の自然にもどるということなのか．そのようななかで，興味深い地域がある．ロシアのシベリア・ツンドラ地域である．トナカイとともに生きる人が暮らしているが，彼らはほぼ完全に国の経済援助のもとに生かされているのが現状である．このため，ツンドラは現在でもエクメーネであり，そこでの生き方の知識が人々によって維持されている．

このように，本書は，地球のエクメーネの拡大と縮小という視角から地球の土地利用計画を考えるなど，地球学の視点からみて有効な視座を与えてくれるものである．

参照文献

ハラリ，Y・N（2016）『サピエンス全史——文明の構造と人類の幸福』（上・下）柴田裕之訳，河出書房新社．

池谷和信（2013）「熱帯地域における狩猟採集民の移動の特徴」『人類の移動誌』印東道子編，臨川書店．

池谷和信編（2017）『ビーズ——つなぐ，かざる，みせる』国立民族学博物館．

尾本恵市（2016）『ヒトと文明——狩猟採集民から現代を見る』筑摩書房．

あとがき

筆者は，これまで地球環境と人類とのかかわりの研究に従事してきた．現在までに，『地球環境問題の人類学』（2003年，世界思想社）と『地球環境史からの問い』（2009年，岩波書店）という2冊の編著をすでに刊行している．いずれも，狩猟採集民，漁民，牧畜民，焼畑民ほか，地球上で自然資源に依存する人々を対象にして，前者は空間軸からのアプローチ，後者は歴史軸からのアプローチに対応していた．そして3冊目になる本書は，後者の流れを引き継ぎながら，地球環境と狩猟採集民とのかかわりにより焦点を当てたものである．

さて，本書は，2012年10月から2015年3月までの2年半の間に行われた，国立民族学博物館の共同研究会（「熱帯の狩猟採集民に関する人類学的研究」）の成果である．この研究会では，会のメンバーの方々のみならず，数人の特別講師（ウイリアム・バレー教授，羽生（はぶ）淳子教授ほか）の報告のもとに多くの参加者を得た．参加者のみなさまにこの場を借りて御礼を申し上げたい．

ただ，2015年6月にメンバーの一人松井章（あきら）さんが亡くなられたことは残念でならない．松井さんは，動物考古学をご専門とされて，日本の縄文研究を中心にして東アジアや東南アジアの考古学の知識も豊かであった．本書では，松井さんの原稿を受けとることはできなかったが，近い将来，地域間比較と1つのフィールドを掘り下げる若い考古学者が埋めていってくれるであろう．ご冥福をお祈り申し上げたい．

本書の編集作業の過程においては，東京大学出版会編集局・住田朋久氏の多大なる尽力を得た．なお，本書の出版にあたり，館外での出版を奨励する国立民族学博物館の制度を利用した．

最後に，本書を通して，狩猟採集民の活動が深く作用してきた地球の過去，現在，未来に思いを寄せながら，20万年の狩猟採集民の歴史について問いなおす機会になれば幸いである．

池谷 和信

執筆者紹介（執筆順）

池谷 和信（いけや・かずのぶ）［編者］

国立民族学博物館民族文化研究部 教授

主要著作：『人間にとってスイカとは何か――カラハリ狩猟民と考える』（臨川書店，2014年），Interactions between Hunter-Gatherers and Farmers: From Prehistory to Present, *Senri Ethnological Studies* 73（co-editor, 2009），『地球環境史からの問い――ヒトと自然の共生とは何か』（編，岩波書店，2009年），『山菜採りの社会誌――資源利用とテリトリー』（東北大学出版会，2003年），『国家のなかでの狩猟採集民――カラハリ・サンにおける生業活動の歴史民族誌』（国立民族学博物館，2002年）など．

小野 林太郎（おの・りんたろう）

東海大学海洋学部 准教授

主要著作：『海の人類史――東南アジア・オセアニア海域の考古学』（雄山閣，2017年），Prehistoric Marine Resource Use in the Indo-Pacific Regions, *Terra Australis* 39（co-editor, 2013），『海域世界の地域研究――海民と漁撈の民族考古学』（京都大学学術出版会，2011年）．

那須 浩郎（なす・ひろお）

総合研究大学院大学先導科学研究科 助教

三宅 裕（みやけ・ゆたか）

筑波大学人文社会系 教授

主要著作：Excavations at Tell Umm Qseir in Middle Khabur Valley, North Syria: Report of the 1996 Season（co-editor, Institute of History and Anthropology, University of Tsukuba, 1998）．

鶴見 英成（つるみ・えいせい）

東京大学総合研究博物館 助教

主要著作：『黄金郷を彷徨う――アンデス考古学の半世紀』（共編，東京大学出版会，2015年）．

小泉 都（こいずみ・みやこ）

日本学術振興会 特別研究員（RPD），京都大学総合博物館

佐藤 廉也（さとう・れんや）

大阪大学大学院文学研究科 教授

主要著作：『ネイチャー・アンド・ソサエティ研究 3 身体と生存の文化生態』（共編，海青社，2014 年），『朝倉世界地理講座 大地と人間の物語 11・12 アフリカ 1・2』（共編，朝倉書店，2007・2008 年）．

金沢 謙太郎（かなざわ・けんたろう）

信州大学全学教育機構 准教授

主要著作：『熱帯雨林のポリティカル・エコロジー――先住民・資源・グローバリゼーション』（昭和堂，2012 年）．

大石 高典（おおいし・たかのり）

東京外国語大学世界言語社会教育センター 講師

主要著作：『民族境界の歴史生態学――カメルーンに生きる農耕民と狩猟採集民』（京都大学学術出版会，2016 年），Inland Traditional Capture Fisheries in the Congo Basin, *Revue d'ethnoécologie* 10（co-editor, 2016）．

稲村 哲也（いなむら・てつや）

放送大学 教授，愛知県立大学 名誉教授

主要著作：『新訂 博物館展示論』（放送大学教育振興会，2016 年），『遊牧・移牧・定牧――モンゴル・チベット・ヒマラヤ・アンデスのフィールドから』（ナカニシヤ出版，2014 年），『リャマとアルパカ――アンデスの先住民社会と牧畜文化』（花伝社，1995 年）．

関野 吉晴（せきの・よしはる）

武蔵野美術大学造形学部 教授

主要著作：『新グレートジャーニー――日本人の来た道』（全 2 巻，小峰書店，2006 年），『グレートジャーニー――人類 5 万キロの旅』（全 15 巻，小峰書店，1995 ～ 2004 年），『グレートジャーニー――人類 400 万年の旅』（全 8 巻，毎日新聞社，1995 ～ 2002 年）．

八塚 春名（やつか・はるな）

日本大学国際関係学部 助教

主要著作：『タンザニアのサンダウェ社会における環境利用に関する研究――狩猟採集社会の変容への一考察』（松香堂，2012 年）．

手塚 薫（てづか・かおる）

北海学園大学人文学部 教授

主要著作：『アイヌの民族考古学』（同成社，2011 年）．

信田 敏宏 (のぶた としひろ)

国立民族学博物館 教授

主要著作：『「ホーホー」の詩ができるまで――ダウン症児、こころ育ての10年』(出窓社，2015年)，『ドリアン王国探訪記――マレーシア先住民の生きる世界』(臨川書店，2013年)，『周縁を生きる人びと――オラン・アスリの開発とイスラーム化』(京都大学学術出版会，2004年).

高田 明 (たかだ・あきら)

京都大学大学院アジア・アフリカ地域研究研究科 准教授

主要著作：*Narratives on San Ethnicity: The Cultural and Ecological Foundations of Lifeworld among the !Xun of North-Central Namibia* (Kyoto University Press / Trans Pacific Press, 2015).

松浦 直毅 (まつうら・なおき)

静岡県立大学国際関係学部 助教

主要著作：『現代の〈森の民〉――中部アフリカ，バボンゴ・ピグミーの民族誌』(昭和堂，2012年).

小谷 真吾 (おだに・しんご)

千葉大学文学部 准教授

主要著作：『姉というハビトゥス――女児死亡の人口人類学的民族誌』(東京大学出版会，2010年).

服部 志帆 (はっとり・しほ)

天理大学国際学部 講師

主要著作：『森と人の共存への挑戦――カメルーンの熱帯雨林保護と狩猟採集民の生活・文化の保全に関する研究』(松香堂書店，2012年).

大橋 麻里子 (おおはし・まりこ)

日本学術振興会 特別研究員 (PD)，一橋大学大学院社会学研究科

加藤 裕美 (かとう・ゆみ)

京都大学白眉センター 特定助教，京都大学東南アジア研究所 連携助教

山本 太郎 (やまもと・たろう)

長崎大学熱帯医学研究所 教授

主要著作：『感染症と文明――共生への道』(岩波新書，2011年)，『ハイチ いのちとの闘い――日本人医師の300日』(昭和堂，2008年)，『新型インフルエンザ――世界がふるえる日』(岩波新書，2006年).

狩猟採集民からみた地球環境史
自然・隣人・文明との共生

2017年3月21日　初　版

［検印廃止］

編　者　池谷 和信（いけや かずのぶ）

発行所　一般財団法人　東京大学出版会
代表者　吉見 俊哉
153-0041 東京都目黒区駒場 4-5-29
http://www.utp.or.jp/
電話 03-6407-1069　Fax 03-6407-1991
振替 00160-6-59964

組　版　有限会社プログレス
印刷所　株式会社ヒライ
製本所　牧製本印刷株式会社

ISBN 978-4-13-060317-1　Printed in Japan